U0347292

普通高等教育"十一五"国家级规划教材

高等学校计算机基础教育教材精选

网页设计与制作教程
（第3版）

杨选辉 编著

清华大学出版社
北　京

内 容 简 介

本书是全面介绍网页设计与制作技术的教程,以目前最流行的网页设计软件作为技术支持,系统地介绍了网页的构思、规划、制作和网站建设的全过程。本书分为两篇共 8 章,并包括三个附录。第 1 篇(第 1～5 章)是基础篇,介绍了网页制作基础知识、HTML 简介、CSS 基础知识、网站建设概论和目前主流的网页制作工具 Dreamweaver CS5;第 2 篇(第 6～8 章)是提高篇,介绍了目前最主要的网页布局方法 CSS＋Div、最常用的网页制作辅助工具 Photoshop CS5 和 Flash CS5;附录中提供了实用的网页特效源代码和便捷的辅助设计小软件及每章课后习题的参考答案。

全书构思清晰、结构合理、内容丰富、循序渐进,兼顾了入门和提高两个层次,关注了每个软件最常用和最实用的部分,特别注重实践能力的培养,实用性、可操作性和可模仿性较强。此外,与本书配套的实验指导、多媒体教学课件和网络教学平台等立体化的教学资源,可以帮助读者在较短的时间内学会设计网页的知识和掌握制作网站的技能,创建出自己喜爱的网站。

本书可作为高等院校"网页设计与制作"课程的教材和网页制作培训班的教材,也可作为网页设计与制作爱好者的自学参考书。

图书在版编目(CIP)数据

网页设计与制作教程/杨选辉编著 . —3 版 . —北京:清华大学出版社,2014(2021.9重印)
高等学校计算机基础教育教材精选
ISBN 978-7-302-36432-0

Ⅰ. ①网… Ⅱ. ①杨… Ⅲ. ①网页制作工具-高等学校-教材 Ⅳ. ①TP393.092

中国版本图书馆 CIP 数据核字(2014)第 095835 号

责任编辑:焦   虹
封面设计:常雪影
责任校对:时翠兰
责任印制:宋   林

出版发行:清华大学出版社
   网   址:http://www.tup.com.cn,http://www.wqbook.com
   地   址:北京清华大学学研大厦 A 座   邮   编:100084
   社 总 机:010-62770175   邮   购:010-83470235
   投稿与读者服务:010-62776969,c-service@tup.tsinghua.edu.cn
   质量反馈:010-62772015,zhiliang@tup.tsinghua.edu.cn
   课件下载:http://www.tup.com.cn,010-83470236
印 装 者:三河市君旺印务有限公司
经 销:全国新华书店
开 本:185mm×260mm   印 张:28.75   字 数:657 千字
版 次:2005 年 4 月第 1 版 2014 年 9 月第 3 版   印 次:2021 年 9 月第14次印刷
定 价:58.00 元

产品编号:049235-03

出版说明

在教育部关于高等学校计算机基础教育三层次方案的指导下,我国高等学校的计算机基础教育事业蓬勃发展。经过多年的教学改革与实践,全国很多学校在计算机基础教育这一领域中积累了大量宝贵的经验,取得了许多可喜的成果。

随着科教兴国战略的实施以及社会信息化进程的加快,目前我国的高等教育事业正面临着新的发展机遇,但同时也将面对新的挑战。这些都对高等学校的计算机基础教育提出了更高的要求。为了适应教学改革的需要,进一步推动我国高等学校计算机基础教育事业的发展,我们在全国各高等学校精心挖掘和遴选了一批经过教学实践检验的优秀的教学成果,编辑出版了这套教材。教材的选题范围涵盖了计算机基础教育的三个层次,包括面向各高校开设的计算机必修课、选修课,以及与各类专业相结合的计算机课程。

为了保证出版质量,同时更好地适应教学需求,本套教材将采取开放的体系和滚动出版的方式(即成熟一本、出版一本,并保持不断更新),坚持宁缺毋滥的原则,力求反映我国高等学校计算机基础教育的最新成果,使本套丛书无论在技术质量上还是出版质量上均成为真正的"精选"。

清华大学出版社一直致力于计算机教育用书的出版工作,在计算机基础教育领域出版了许多优秀的教材。本套教材的出版将进一步丰富和扩大我社在这一领域的选题范围、层次和深度,以适应高校计算机基础教育课程层次化、多样化的趋势,从而更好地满足各学校由于条件、师资和生源水平、专业领域等差异而产生的不同需求。我们热切期望全国广大教师能够积极参与到本套丛书的编写工作中来,把自己的教学成果与全国的同行们分享;同时也欢迎广大读者对本套教材提出宝贵意见,以便我们改进工作,为读者提供更好的服务。

我们的电子邮件地址是:jiaoh@tup.tsinghua.edu.cn;联系人:焦虹。

清华大学出版社

前言

1. 本书第 3 版说明

本书的第 1 版和第 2 版至今已累积发行了 10 多万册,获得了高校师生和社会读者的一致好评,并被评为江西省普通高等学校优秀教材一等奖,第 2 版还被教育部评为普通高等教育"十一五"国家级规划教材。与本书配套的多媒体教学课件也获得了江西省高校优秀多媒体教学课件二等奖、第七届全国多媒体课件大赛优秀奖。

随着信息化的不断深入,网页设计技术也在不断发展,网页设计软件不断推陈出新,作者根据多年来的教学总结和读者提出的建议,再次重新编写了本套教材。本次改版主要对 Dreamweaver 部分的内容进行了优化,删除了 FrontPage 和 Fireworks 的内容,大大增加了 CSS 方面的内容,以适应网页设计技术发展的趋势。该套教材包括两册:《网页设计与制作教程》(第 3 版)为课堂教学教材,《网页设计与制作实验指导》(第 3 版)为实验辅助教材。

2. 本书内容

本书是全面介绍网页设计与制作技术的教程。书中由浅入深、系统地介绍了网页的构思、规划、制作和网站建设的全过程。全书分为两篇(共 8 章)和三个附录。

第 1 篇(第 1~5 章)是基础篇,介绍网页制作基础知识、HTML 简介、CSS 基础知识、网站建设概论和目前主流的网页制作工具 Dreamweaver CS5。

第 2 篇(第 6~8 章)是提高篇,介绍目前最主要的网页布局方法 CSS+Div、最常用的网页制作辅助工具 Photoshop CS5 和 Flash CS5。

附录中提供了非常实用的网页特效源代码和便捷的辅助设计小软件及每章课后习题的参考答案。

3. 本书特点

本书的主要特点如下。

1) 实用

本书从基础知识入手,挑选了网页设计与制作技术中最基本、最实用的知识进行了详细介绍,读者无须任何基础就可以在通俗易懂而又有趣的实例中学到设计网页的知识和掌握制作网站的技能。

2）精简

本书按照教学规律精心设计了内容和结构，按照循序渐进、由易到难的原则进行了合理编排，从理论到方法，再从方法到实践，重点突出了实例教学，并兼顾了入门和提高两个层次。全书内容系统精练，例题具有代表性，语言简单明了、通俗易懂。

3）方便

本书每章后面均提供了大量的思考与练习题供读者巩固和延伸所学知识。与本书配套的《网页设计与制作实验指导》（第 3 版）、多媒体教学课件（在 http：//www. tup. com. cn 下载）和网络教学平台（http：//online. ncu. edu. cn/eol/homepage/course/course_index. jsp?_style＝style_2_03&courseId＝5274），大大方便了老师的"教"与学生的"学"。

4. 本书编写情况说明

本书各章内容主要由杨选辉编写完成，其中谷艳红参与编写了本书第 5、6、8 章的部分内容，曾群、郭路生、李晚照、龚花萍、方玉凤、葛伟、屈文建分别参与编写了本书的第 1、2、3、4、6、7 章和附录的部分内容，孙斌、赵珑、郭晓虹、饶志华、敖建华、张婕钰参与了本书 2、3、5、6、7、8 章部分案例的设计和编写工作。全书由杨选辉拟定大纲和统稿。

本书得到了南昌大学教材出版项目的资助。

由于作者水平有限，书中难免有不足与错误之处，敬请读者批评指正。

作 者

2014 年 8 月

目录

第 1 篇 基 础 篇

第 1 章 网页制作基础知识 ……………………………………………… 2

1.1 Internet 的基础知识 …………………………………………… 2

　　1.1.1 Internet 简介 …………………………………………… 2

　　1.1.2 Internet 的发展历程 …………………………………… 3

　　1.1.3 中国 Internet 的发展 ………………………………… 4

　　1.1.4 Internet 的功能 ………………………………………… 8

1.2 万维网的基础知识 ……………………………………………… 10

　　1.2.1 WWW 简介 …………………………………………… 10

　　1.2.2 HTTP 和 FTP 协议 …………………………………… 12

　　1.2.3 超链接和超文本 ……………………………………… 13

　　1.2.4 Internet 地址 …………………………………………… 13

　　1.2.5 域名 …………………………………………………… 15

　　1.2.6 URL ……………………………………………………… 16

1.3 网页与网站的基础知识 ………………………………………… 17

　　1.3.1 网页、网页文件和网站 ……………………………… 17

　　1.3.2 静态网页和动态网页 ………………………………… 18

　　1.3.3 网页界面的构成 ……………………………………… 18

　　1.3.4 网站的分类 …………………………………………… 19

　　1.3.5 Web 服务器和网页浏览器 …………………………… 20

　　1.3.6 网站开发工具 ………………………………………… 21

　　1.3.7 网页编程语言 ………………………………………… 22

　　思考与练习 ………………………………………………………… 23

第 2 章 HTML 简介 …………………………………………………… 25

2.1 HTML 概述 …………………………………………………… 25

　　2.1.1 HTML 的发展历程 …………………………………… 25

　　2.1.2 一个简单的 HTML 实例 ……………………………… 26

　　2.1.3 HTML 的基本概念 …………………………………… 27

2.1.4　HTML 文档的基本结构 ·· 28

2.1.5　HTML 的基本语法规则 ·· 29

2.2　HTML 的文本格式标记 ·· 31

2.2.1　标题文字标记 ·· 31

2.2.2　文字字体标记 ·· 32

2.2.3　文本修饰标记 ·· 33

2.2.4　段落标记 ··· 33

2.2.5　强制换行标记 ·· 34

2.2.6　插入水平线标记 ··· 34

2.2.7　预排格式标记 ·· 35

2.2.8　定位标记 ··· 35

2.2.9　列表标记 ··· 37

2.2.10　文字滚动标记 ··· 39

2.3　HTML 的图像与多媒体标记 ·· 40

2.3.1　图像标记 ··· 40

2.3.2　背景声音标记 ·· 42

2.3.3　多媒体标记 ·· 42

2.4　HTML 的超链接标记 ·· 43

2.5　HTML 的表格标记 ··· 44

2.6　HTML 的表单标记 ··· 47

2.7　HTML 的框架标记 ··· 53

2.8　HTML 综合实例 ·· 57

思考与练习 ·· 58

第 3 章　CSS 基础知识 ··· 62

3.1　CSS 概述 ··· 62

3.1.1　CSS 与 HTML 的关系 ·· 62

3.1.2　CSS 的优点 ··· 62

3.1.3　一个 CSS 的应用实例 ·· 63

3.2　CSS 的基本语法 ·· 64

3.2.1　CSS 的语法 ··· 64

3.2.2　CSS 的语法规则 ··· 65

3.3　CSS 的使用方法 ·· 66

3.3.1　行内式 ··· 66

3.3.2　嵌入式 ··· 67

3.3.3　链接式 ··· 68

3.3.4　导入式 ··· 69

3.3.5　引入方式的优先级 ··· 69

3.4　CSS 选择器 ··· 70

　　3.4.1　标记选择器 ·· 70

　　3.4.2　类选择器 ·· 71

　　3.4.3　ID 选择器 ··· 72

　　3.4.4　伪类选择器 ·· 74

　　3.4.5　后代选择器 ·· 75

　　3.4.6　通用选择器 ·· 75

　　3.4.7　选择器的集体声明 ·································· 75

3.5　CSS 的层叠性 ·· 77

3.6　CSS 的继承性 ·· 80

3.7　CSS 属性的值和单位 ······································ 81

3.8　应用 CSS 修饰网页文本 ··································· 83

思考与练习 ··· 87

第 4 章　网站建设概论 ··· 89

4.1　网站建设的步骤 ··· 89

　　4.1.1　网站的规划 ·· 90

　　4.1.2　网站的设计 ·· 92

　　4.1.3　网站的实现 ·· 98

　　4.1.4　网站的测试和发布 ·································· 98

　　4.1.5　网站的推广和维护 ································· 101

4.2　网站建设的原则 ·· 104

4.3　网页的可视化设计概论 ···································· 108

　　4.3.1　网页的版面布局 ··································· 108

　　4.3.2　网页的色彩搭配 ··································· 115

　　4.3.3　网页的艺术设计 ··································· 119

　　4.3.4　网页的点、线、面的运用 ·························· 122

　　4.3.5　网页中文字和图形的设计 ·························· 125

思考与练习 ·· 128

第 5 章　Dreamweaver CS5 基础知识 ··························· 130

5.1　Dreamweaver CS5 概述 ···································· 130

　　5.1.1　初识 Dreamweaver CS5 ······························ 130

　　5.1.2　Dreamweaver CS5 的工作界面 ······················· 130

5.2　站点的创建和管理 ·· 132

　　5.2.1　创建本地站点 ····································· 132

　　5.2.2　管理本地站点 ····································· 134

　　5.2.3　管理本地站点中的文件 ····························· 134

5.3　网页文档的基本操作 ……………………………………………… 135
　　5.3.1　新建网页 ……………………………………………………… 135
　　5.3.2　设置页面属性 ………………………………………………… 135
　　5.3.3　保存、打开和预览网页 ……………………………………… 140
5.4　编辑与设置网页文本 …………………………………………… 141
　　5.4.1　输入普通文本 ………………………………………………… 141
　　5.4.2　设置文本格式 ………………………………………………… 142
　　5.4.3　插入其他元素 ………………………………………………… 145
　　5.4.4　创建一个纯文字页面的实例 ………………………………… 147
5.5　插入图像 ………………………………………………………… 150
　　5.5.1　插入图像 ……………………………………………………… 150
　　5.5.2　编辑图像 ……………………………………………………… 153
　　5.5.3　插入其他图像元素 …………………………………………… 157
　　5.5.4　创建添加图像元素的页面的实例 …………………………… 158
5.6　插入多媒体 ……………………………………………………… 160
　　5.6.1　插入 Flash …………………………………………………… 160
　　5.6.2　插入音频 ……………………………………………………… 160
　　5.6.3　插入视频 ……………………………………………………… 162
　　5.6.4　创建添加多媒体元素的页面的实例 ………………………… 163
5.7　创建超链接 ……………………………………………………… 166
　　5.7.1　创建文本链接 ………………………………………………… 166
　　5.7.2　创建图像链接 ………………………………………………… 167
　　5.7.3　创建电子邮件链接 …………………………………………… 168
　　5.7.4　创建锚记链接 ………………………………………………… 169
　　5.7.5　检查与修复链接 ……………………………………………… 171
　　5.7.6　创建添加超链接的页面的实例 ……………………………… 172
5.8　表格的使用 ……………………………………………………… 173
　　5.8.1　创建表格 ……………………………………………………… 174
　　5.8.2　选择表格元素 ………………………………………………… 175
　　5.8.3　表格的属性设置 ……………………………………………… 176
　　5.8.4　表格的基本操作 ……………………………………………… 177
　　5.8.5　表格运用的实例 ……………………………………………… 180
　　5.8.6　表格的布局功能 ……………………………………………… 182
　　5.8.7　应用表格布局设计网页的实例 ……………………………… 187
5.9　框架的使用 ……………………………………………………… 193
　　5.9.1　创建框架 ……………………………………………………… 193
　　5.9.2　框架集和框架属性的设置 …………………………………… 194
　　5.9.3　在框架中设置链接 …………………………………………… 196

　　　5.9.4　使用框架布局功能设计页面的实例 ···················· 197

　　　5.9.5　嵌入式框架的应用方法 ·········· 201

　5.10　表单的使用 ····················· 205

　　　5.10.1　创建表单 ···················· 205

　　　5.10.2　添加表单元素 ················· 206

　　　5.10.3　制作表单页面的实例 ·············· 209

　5.11　模板的使用 ····················· 210

　　　5.11.1　模板的基本操作 ··············· 211

　　　5.11.2　模板的应用实例 ··············· 212

　5.12　行为的应用 ····················· 215

　　　5.12.1　行为的基本操作 ··············· 215

　　　5.12.2　常见的行为事件和行为动作 ·········· 215

　　　5.12.3　行为的应用实例 ··············· 218

　5.13　CSS 样式表的应用 ················· 220

　　　5.13.1　CSS 的基本操作 ··············· 220

　　　5.13.2　CSS 的应用实例 ··············· 223

　5.14　AP Div 的应用 ··················· 225

　　　5.14.1　AP Div 的基本操作 ············· 225

　　　5.14.2　AP Div 的应用实例 ············· 226

　思考与练习 ······················· 229

第 2 篇　提　高　篇

第 6 章　CSS＋Div 网页布局 ················ 234

　6.1　盒子模型 ······················ 234

　　　6.1.1　盒子模型的属性及设置 ············· 234

　　　6.1.2　盒子模型的计算 ················ 238

　　　6.1.3　盒子模型的应用举例 ·············· 239

　6.2　普通流：display 属性 ················ 240

　　　6.2.1　display 的引入 ················ 240

　　　6.2.2　display 属性的取值 ·············· 242

　　　6.2.3　display 的应用举例 ·············· 243

　6.3　浮动：float 属性 ·················· 244

　　　6.3.1　float 属性的取值 ··············· 245

　　　6.3.2　浮动的清除 ·················· 247

　　　6.3.3　float 属性的应用举例 ············· 248

　6.4　定位：position 属性 ················ 249

　　　6.4.1　position 属性的取值 ············· 249

　　　6.4.2　相对定位 ··················· 250

　　　6.4.3　绝对定位 ·· 252

　6.5　CSS＋Div 布局 ·· 255

　　　6.5.1　布局前的准备 ··· 255

　　　6.5.2　常见的布局种类 ··· 257

　　　6.5.3　布局实例一 ··· 268

　　　6.5.4　布局实例二 ··· 271

　思考与练习 ·· 281

第 7 章　**Photoshop CS5 基础知识** ·································· 284

　7.1　Photoshop CS5 概述 ·· 284

　　　7.1.1　图形图像的基本概念 ······································· 284

　　　7.1.2　Photoshop CS5 的功能简介 ······························· 286

　　　7.1.3　Photoshop CS5 的工作界面 ······························· 287

　7.2　Photoshop CS5 的文件操作 ······································· 289

　　　7.2.1　新建文件 ··· 289

　　　7.2.2　打开文件 ··· 291

　　　7.2.3　置入文件 ··· 291

　　　7.2.4　保存文件 ··· 291

　　　7.2.5　使用标尺、网格等辅助工具 ································· 292

　7.3　图像的基本操作 ··· 292

　　　7.3.1　剪切、复制和粘贴 ··· 292

　　　7.3.2　图像的旋转和变形 ··· 293

　　　7.3.3　移动图像 ··· 296

　　　7.3.4　清除图像 ··· 296

　　　7.3.5　还原、重做与恢复操作 ····································· 296

　7.4　色彩和色调的调整 ··· 297

　　　7.4.1　颜色的基本属性 ··· 297

　　　7.4.2　调整图像色调 ··· 298

　　　7.4.3　调整图像色彩 ··· 299

　7.5　Photoshop CS5 的文字操作 ······································· 300

　　　7.5.1　文字的输入 ··· 300

　　　7.5.2　文字的编辑 ··· 305

　　　7.5.3　文字的转换 ··· 306

　7.6　Photoshop CS5 的选区操作 ······································· 308

　　　7.6.1　创建选区 ··· 308

　　　7.6.2　编辑选区 ··· 311

　7.7　Photoshop CS5 的图层操作 ······································· 312

　　　7.7.1　认识图层和图层面板 ······································· 312

      7.7.2 编辑和管理图层 ······ 313

      7.7.3 图层混合模式的应用 ······ 315

      7.7.4 图层样式的应用 ······ 317

  7.8 Photoshop CS5 中通道和蒙版的应用 ······ 320

      7.8.1 认识通道 ······ 321

      7.8.2 通道的应用 ······ 322

      7.8.3 创建和编辑蒙版 ······ 325

      7.8.4 蒙版的应用 ······ 326

  7.9 Photoshop CS5 中滤镜的应用 ······ 332

      7.9.1 滤镜基础知识 ······ 332

      7.9.2 滤镜的应用 ······ 334

  7.10 Photoshop CS5 网页设计应用实例 ······ 337

      7.10.1 设计 Logo ······ 337

      7.10.2 设计 Banner ······ 339

      7.10.3 设计字体 ······ 343

      7.10.4 设计导航 ······ 344

      7.10.5 设计主页面 ······ 347

      7.10.6 图像合成 ······ 350

      7.10.7 利用切片功能制作网页 ······ 351

  思考与练习 ······ 354

第 8 章 Flash CS5 基础知识 ······ 357

  8.1 Flash CS5 概述 ······ 357

      8.1.1 Flash 动画技术的特点 ······ 357

      8.1.2 Flash 动画的应用 ······ 358

      8.1.3 Flash CS5 的界面介绍 ······ 358

  8.2 Flash CS5 的基本操作 ······ 366

      8.2.1 Flash 文档的基本操作 ······ 366

      8.2.2 Flash 图形的绘制和对象的编辑 ······ 368

      8.2.3 Flash 文本的创建和编辑 ······ 374

  8.3 时间轴、帧和图层 ······ 376

      8.3.1 时间轴 ······ 376

      8.3.2 帧 ······ 377

      8.3.3 图层 ······ 379

  8.4 元件、实例和库 ······ 381

      8.4.1 元件 ······ 381

      8.4.2 实例 ······ 382

      8.4.3 库 ······ 384

8.5 Flash 动画制作 ⋯⋯⋯⋯⋯⋯⋯⋯⋯⋯⋯⋯⋯⋯⋯⋯⋯⋯⋯⋯⋯⋯⋯⋯⋯ 385

    8.5.1 Flash 动画的基础知识 ⋯⋯⋯⋯⋯⋯⋯⋯⋯⋯⋯⋯⋯⋯⋯⋯ 385

    8.5.2 逐帧动画 ⋯⋯⋯⋯⋯⋯⋯⋯⋯⋯⋯⋯⋯⋯⋯⋯⋯⋯⋯⋯⋯⋯ 387

    8.5.3 形状补间动画 ⋯⋯⋯⋯⋯⋯⋯⋯⋯⋯⋯⋯⋯⋯⋯⋯⋯⋯⋯⋯ 390

    8.5.4 动作补间动画 ⋯⋯⋯⋯⋯⋯⋯⋯⋯⋯⋯⋯⋯⋯⋯⋯⋯⋯⋯⋯ 391

    8.5.5 引导层动画 ⋯⋯⋯⋯⋯⋯⋯⋯⋯⋯⋯⋯⋯⋯⋯⋯⋯⋯⋯⋯⋯ 395

    8.5.6 遮罩动画 ⋯⋯⋯⋯⋯⋯⋯⋯⋯⋯⋯⋯⋯⋯⋯⋯⋯⋯⋯⋯⋯⋯ 398

    8.5.7 交互式动画 ⋯⋯⋯⋯⋯⋯⋯⋯⋯⋯⋯⋯⋯⋯⋯⋯⋯⋯⋯⋯⋯ 400

8.6 Flash 在网页制作中的应用 ⋯⋯⋯⋯⋯⋯⋯⋯⋯⋯⋯⋯⋯⋯⋯⋯⋯⋯ 403

    8.6.1 利用 Flash 制作网站 Logo ⋯⋯⋯⋯⋯⋯⋯⋯⋯⋯⋯⋯⋯ 403

    8.6.2 利用 Flash 制作网站 Banner ⋯⋯⋯⋯⋯⋯⋯⋯⋯⋯⋯ 405

    8.6.3 利用 Flash 制作一个网站的首页 ⋯⋯⋯⋯⋯⋯⋯⋯⋯ 408

8.7 Flash 动画的测试和发布 ⋯⋯⋯⋯⋯⋯⋯⋯⋯⋯⋯⋯⋯⋯⋯⋯⋯⋯⋯ 412

    8.7.1 动画的优化 ⋯⋯⋯⋯⋯⋯⋯⋯⋯⋯⋯⋯⋯⋯⋯⋯⋯⋯⋯⋯⋯ 412

    8.7.2 动画的测试 ⋯⋯⋯⋯⋯⋯⋯⋯⋯⋯⋯⋯⋯⋯⋯⋯⋯⋯⋯⋯⋯ 413

    8.7.3 动画的发布与导出 ⋯⋯⋯⋯⋯⋯⋯⋯⋯⋯⋯⋯⋯⋯⋯⋯⋯ 414

思考与练习 ⋯⋯⋯⋯⋯⋯⋯⋯⋯⋯⋯⋯⋯⋯⋯⋯⋯⋯⋯⋯⋯⋯⋯⋯⋯⋯⋯ 415

附录 A 实用的网页特效源代码 ⋯⋯⋯⋯⋯⋯⋯⋯⋯⋯⋯⋯⋯⋯⋯⋯⋯ 417

附录 B 便捷的辅助设计小软件 ⋯⋯⋯⋯⋯⋯⋯⋯⋯⋯⋯⋯⋯⋯⋯⋯⋯ 424

附录 C 思考与练习的参考答案 ⋯⋯⋯⋯⋯⋯⋯⋯⋯⋯⋯⋯⋯⋯⋯⋯⋯ 428

参考文献 ⋯⋯⋯⋯⋯⋯⋯⋯⋯⋯⋯⋯⋯⋯⋯⋯⋯⋯⋯⋯⋯⋯⋯⋯⋯⋯⋯⋯ 440

第1篇 基　础　篇

第 1 章 网页制作基础知识

随着信息技术的飞速发展,尤其是计算机技术和通信技术的发展,今天已经步入了网络时代。通过连接在网络上的计算机,可以感觉到整个世界都触手可及:可以迅速查找任何已知或者未知的信息;可以与远在地球另一边的人们进行通信联络甚至可以召开语音视频会议;可以登录到资源丰富的远端计算机上,搜索世界上最大的电子图书馆,或者访问最吸引人的博物馆;可以在线收听世界各地的广播电台,甚至观看地球另一边的电视节目或电影;可以足不出户地进行股市交易;可以在线购买自己所需的商品;等等。这一切都是由今天最大的计算机网络系统——Internet 来实现的。

下面首先来认识 Internet,并了解一些 WWW 的基本知识。

1.1 Internet 的基础知识

1.1.1 Internet 简介

网络是人类历史发展中的一个伟大的里程碑,它对人类社会的发展起着越来越大的作用。生活中经常会说到互联网(internet)、因特网(Internet)、万维网(World Wide Web,WWW)等名词,其实它们是有区别且容易混淆的三个不同概念。三者的关系是:互联网包含因特网,因特网包含万维网。

凡是能彼此通信的设备组成的网络就叫互联网。即使仅有两台机器,不论用何种技术使其彼此通信,也叫互联网。国际标准的互联网写法是 internet(i 小写)。因特网只是互联网的一种,还有欧洲的"欧盟网"(Euronet)、美国的"国际学术网"(BITNET)等其他互联网络。国际标准的因特网写法是 Internet(I 大写)。从网络通信的角度来看,Internet 是一个将世界各地的各种网络(包括计算机网、数据通信网以及公用电话交换网等)通过通信设施和通信协议(基于 TCP/IP 协议簇)互相连接起来所构成的互联网络系统;从信息资源的角度来看,Internet 是一个集各个领域的各种信息资源为一体,供网上用户共享的信息资源网。因特网是目前互联网中最大的一个,有一种形象的解释:"Internet 是网络的网络"。

TCP/IP 协议簇由很多协议组成,不同类型的协议又被放在不同的层,其中,位于应用层的协议有很多,如 FTP、SMTP、HTTP。只要应用层使用的是 HTTP 协议,就称为万维网。

Internet 是近几年来最活跃的领域和最热门的话题,而且发展势头迅猛,成为一种不可抗拒的潮流。它的优点有:

- 是一个开放的网络,不为某个人或某个组织所控制,人人都可自由参与;
- 信息量大,内容丰富;
- 不受时间、空间的限制;
- 入网方便,操作简单;
- 可以迅速、便捷地实现通信、信息交换和资源共享。

正是因为这些优点,促使了 Internet 的迅速发展,使之成为信息时代的标志。

1.1.2　Internet 的发展历程

Internet 是在美国早期的军用计算机网 ARPAnet(阿帕网)的基础上经过不断发展变化而形成的。Internet 的应用范围由最早的军事、国防,扩展到美国国内的学术机构,进而迅速覆盖了全球的各个领域,运营性质也由科研、教育为主逐渐转向商业化。概括起来,Internet 的发展经历了以下几个阶段。

1. Internet 的诞生阶段

1969 年,美国国防部研究计划管理局(Advanced Research Projects Agency,ARPA)开始建立一个命名为 ARPAnet 的网络,当时建立这个网络的目的是出于军事需要,初期只有 4 台主机,其设计目标是当网络中的一部分因战争原因遭到破坏时,其余部分仍能正常运行。人们普遍认为这就是 Internet 的雏形。

2. Internet 的起步发展阶段

20 世纪 70 年代诞生了日后成为 Internet 最基本的著名协议 TCP/IP(Transmission Control Protocol/Internet Protocol,传输控制协议/因特网互联协议)。TCP/IP 开放性的特点是促使 Internet 得到飞速发展的重要原因。1983 年,由于安全和管理上的需要,ARPAnet 分裂为两部分:供军用的 MILnet 和供民用的 ARPAnet。该年 1 月,ARPA 把 TCP/IP 作为 ARPAnet 的标准协议。其后,人们称呼这个以 ARPAnet 为主干网的网际互联网为 Internet。1986 年,美国国家科学基金组织(National Science Foundation,NSF)将分布在美国各地的 5 个为科研教育服务的超级计算机中心互联,并支持地区网络,形成 NSFnet。NSFnet 于 1990 年 6 月彻底取代了 ARPAnet 而成为 Internet 的主干网,并迅速发展起来。NSFnet 对 Internet 的最大贡献是使 Internet 向全社会开放,而不像以前那样仅供计算机研究人员和政府机构使用。

3. Internet 的商业化应用阶段

1990 年,美国 IBM、MCI、MERIT 三家公司联合组建了先进网络科学公司

(Advanced Network & Science Inc., ANS),建立了一个新的网络,叫作 ANSnet,成为 Internet 的另一个主干网,从而使 Internet 开始走向商业化。随着 NSFnet 主干网供应的公众服务逐步移交给了新的主干网,1995 年 4 月 30 日,NSFnet 正式宣布停止运作。商业机构一踏入 Internet 这一陌生世界,很快发现了它在通信、资料检索、客户服务等方面的巨大潜力,其成果也非常显著。例如 1995 年,美国 Internet 业务的总营收额就达到了 10 亿美元。商业化成为了 Internet 快速发展的强大推动力,也带来了 Internet 发展史上一个新的飞跃。

4. Internet 的综合发展阶段

今天的 Internet 已变成了一个开发和使用信息资源的覆盖全球的信息海洋,其应用渗透到了各个领域,从学术研究到股票交易,从学校教育到娱乐游戏,从联机信息检索到在线居家购物等。其中,Internet 带来的电子商务正改变着现今商业活动的传统模式。Internet 提供的方便而广泛的互联必将对未来社会生活的各个方面产生深刻影响。

1.1.3 中国 Internet 的发展

1. 中国 Internet 的发展历史

中国 Internet 的发展虽然才经历了二十多年的时间,然而它却走过了一个由探索到逐步建设,再到高速发展,甚至产生巨大的网络泡沫,然后到泡沫破灭,最后进入今天稳步发展的时期。参照中国互联网发展的轨迹,可以把中国 Internet 的发展划分成 5 个阶段。

1) 网络探索阶段(1987—1994 年)

这个阶段是中国 Internet 的起步阶段。

1987 年 9 月 14 日,北京计算机应用技术研究所发出了中国第一封电子邮件:"Across the Great Wall we can reach every corner in the world."(越过长城,走向世界),揭开了中国人使用 Internet 的序幕。1988 年,中国科学院高能物理研究所采用 X.25 协议使该单位的 DECnet 成为西欧中心 DECnet 的延伸,实现了计算机国际远程联网以及与欧洲和北美地区的电子邮件通信。1989 年 11 月,中关村地区教育与科研示范网络(NCFC)正式启动,由中国科学院主持,联合北京大学、清华大学共同实施。1990 年 11 月 28 日,钱天白教授代表中国正式在 SRI-NIC(Stanford Research Institute's Network Information Center)注册登记了中国的顶级域名 CN,从此中国的网络有了自己的身份标识。1992 年 12 月底,清华大学校园网(TUNET)建成并投入使用,这是中国第一个采用 TCP/IP 体系结构的校园网。1993 年 3 月 2 日,中国科学院高能物理研究所接入美国斯坦福线性加速器中心(SLAC)的 64Kbips 专线正式开通。这条专线仍是中国部分连入 Internet 的第一根专线。1994 年 4 月 20 日,NCFC 工程连入 Internet 的 64Kbips 国际专线开通,实现了与 Internet 的全功能连接。从此中国被国际上正式承认为真正拥有全功能 Internet 的第 77 个国家。

2) 蓄势待发阶段(1994—1995 年)

这个阶段随着四大 Internet 主干网(中国科技网、中国教育和科研计算机网、中国公用计算机互联网、中国金桥信息网)的相继建设,开启了铺设中国信息高速公路的历程。

中国科技网建设于 1989 年,并于 1994 年 4 月首次实现我国与国际互联网络的直接连接。1996 年 2 月,中国科学院决定将以 NCFC 为基础发展起来的中国科学院互联网络正式命名为中国科技网(CSTNET)。1993 年 3 月 12 日,朱镕基副总理主持会议,提出和部署建设国家公用经济信息通信网(简称金桥工程)。1996 年 9 月 6 日,中国金桥信息网连入美国的 256Kbps 专线正式开通,宣布开始提供 Internet 服务。1994 年,由中国电信投资建设的中国公用计算机互联网(CHINANET)开始启动,1996 年 1 月,CHINANET 全国骨干网建成并正式开通提供服务。1994 年 8 月,由国家计委投资,国家教委主持的中国教育和科研计算机网(CERNET)正式立项。1995 年 12 月,"中国教育和科研计算机网示范工程"建设完成。

3) 应运而起阶段(1996—1998 年)

这个阶段是中国 Internet 进入一个空前活跃的时期,应用和政府管理齐头并进。

1996 年 2 月 1 日,国务院第 195 号令发布《中华人民共和国计算机信息网络国际联网管理暂行规定》。1996 年 4 月 9 日,邮电部发布并实施《中国公用计算机互联网国际联网管理办法》。1997 年 5 月 30 日,国务院信息化工作领导小组办公室发布《中国互联网络域名注册暂行管理办法》,授权中国科学院组建和管理中国互联网络信息中心(CNNIC)。1997 年 10 月,中国公用计算机互联网实现了与中国科技网、中国教育和科研计算机网、中国金桥信息网的互联互通。1997 年 11 月,中国互联网络信息中心第一次发布《中国互联网络发展状况统计报告》。1997 年 12 月 30 日,公安部发布《计算机信息网络国际联网安全保护管理办法》。1998 年 3 月 6 日,国务院信息化工作领导小组办公室发布《中华人民共和国计算机信息网络国际联网管理暂行规定实施办法》。1998 年 3 月 16 日,163.net 开通了容量为 30 万用户的中国第一个免费中文电子邮件系统。

4) 网络大潮阶段(1999—2002 年底)

在这个阶段,中国 Internet 进入普及和应用的快速增长期。

1999 年 1 月 22 日,由中国电信和国家经贸委经济信息中心牵头、联合四十多家部委(办、局)信息主管部门在京共同举办"政府上网工程启动大会",倡议发起了"政府上网工程",政府上网工程主站点 www.gov.cn 开通试运行。1999 年 7 月 12 日,中华网在纳斯达克首发上市,这是在美国纳斯达克第一个上市的中国概念网络公司股。2000 年,新浪网、网易公司、搜狐三大门户网站的相继在纳斯达克挂牌上市,掀起了对中国 Internet 的第一轮投资热潮。经历了一番艰苦创业后,2002 年 7~8 月,三大门户网站相继宣布实现盈利。2000 年 1 月 18 日,经信息产业部批准,中国互联网络信息中心推出中文域名试验系统。2000 年 5 月 17 日,中国移动互联网(CMNET)投入运行。同日,中国移动正式推出"全球通 WAP(无线应用协议)"服务。2000 年 7 月 7 日,由国家经贸委、信息产业部指导,中国电信集团公司与国家经贸委经济信息中心共同发起的"企业上网工程"正式启动。2000 年 7 月 19 日,中国联通公用计算机互联网(UNINET)正式开通。2001 年 12 月 20 日,由信息产业部、全国妇联、共青团中央、科技部、文化部主办的"家庭上网工程"正式启动。2002 年 5 月 17 日,中国电信在广州启动"互联星空"计划,标志着 ISP 和 ICP 开始联合打造宽带互联网产业链。同日,中国移动在全国范围内率先正式推出 GPRS 业务。

在这个阶段,中国 Internet 的应用初露锋芒。例如:1999 年 8 月,在全国高等学校招生工作中,使用"全国高校招生系统"在 CERNET 上进行第一次网络招生获得成功;1999 年 10 月 25 日,中国科普博览网站开通,今天它已发展成全球最大、最权威的中文科普网站;1999 年 9 月,招商银行率先在国内全面启动"一网通"网上银行服务,成为国内首先实现全国联通"网上银行"的商业银行;1999 年 9 月 6 日,中国国际电子商务应用博览会在北京举行,是中国第一次全面推出的电子商务技术与应用成果大型汇报会。

5) 繁荣与未来发展阶段(2003 年至今)

随着应用多元化的到来,中国 Internet 逐步走向繁荣。

2003 年 8 月,国务院正式批复启动"中国下一代互联网示范工程"——(China Next Generation Internet,CNGI)。2004 年 12 月 25 日,中国第一个下一代互联网示范工程(CNGI)核心网之一 CERNET2 主干网正式开通。2004 年 3 月 4 日,手机服务供应商掌上灵通在美国纳斯达克首次公开上市,成为首家完成 IPO 的中国专业 SP(服务提供商)。此后,TOM 互联网集团、盛大网络、腾讯公司、空中网、前程无忧网、金融界、e 龙、华友世纪和第九城市等网络公司在海外纷纷上市。中国互联网公司开始了自 2000 年以来的第二轮境外上市热潮。2004 年 12 月 23 日,我国国家顶级域名.CN 服务器的 IPv6 地址成功登录到全球域名根服务器,标志着 CN 域名服务器接入 IPv6 网络,支持 IPv6 网络用户的 CN 域名解析,这表明我国国家域名系统进入下一代互联网。2005 年,以博客为代表的 Web 2.0 概念推动了中国互联网的发展。Web 2.0 概念的出现标志着互联网新媒体发展进入新阶段。在其被广泛使用的同时,也催生出了一系列社会化的新事物,比如 Blog,RSS,WIKI,SNS 交友网络等。2006 年 1 月 1 日,中华人民共和国中央人民政府门户网站(www.gov.cn)正式开通。该网站是国务院和国务院各部门,以及各省、自治区、直辖市人民政府在国际互联网上发布政务信息和提供在线服务的综合平台。2007 年 9 月 30 日,国家电子政务中央级传输骨干网络正式开通,这标志着统一的国家电子政务网络框架基本形成。从 2008 年 5 月开始,开心网、校内网等 SNS(Social Networking Service)网站迅速传播,SNS 成为 2008 年的热门互联网应用之一。

截止 2008 年 6 月 30 日,我国网民总人数达到 2.53 亿人,首次跃居世界第一。7 月 22 日,CN 域名注册量以 1218.8 万个首次成为全球第一大国家顶级域名。从 2009 年下半年起,新浪网、搜狐网、网易网、人民网等门户网站纷纷开启或测试微博功能。微博成为 2009 年热点互联网应用之一。2010 年 6 月 25 日,第 38 届互联网名称与编号分配机构(ICANN)年会决议通过,将".中国"域名纳入全球互联网根域名体系。7 月 10 日,".中国"域名正式写入全球互联网根域名系统(DNS)。2011 年 12 月 23 日,国务院总理温家宝主持召开国务院常务会议,明确了我国发展下一代互联网的路线图和主要目标:2013 年底前,开展国际互联网协议第 6 版网络小规模商用试点,形成成熟的商业模式和技术演进路线;2014—2015 年,开展国际互联网协议第 6 版大规模部署和商用,实现国际互联网协议第 4 版与第 6 版主流业务互通。

更多更详细的中国互联网发展大事请查看中国互联网络信息中心(CNNIC)的网站

网页设计与制作教程(第 3 版)

(http://www.cnnic.net/hlwfzyj/hlwdsj/)。

2. 中国 Internet 的现状

2014 年 1 月 16 日,中国互联网络信息中心发布了《第 33 次中国互联网络发展状况统计报告》,中国互联网发展情况摘要如下。

1)网民规模方面

截至 2013 年 12 月,中国网民规模达 6.18 亿,互联网普及率为 45.8%。其中,手机网民规模达 5 亿,年增长率为 19.1%。我国网民中农村人口为 28.6%,规模达 1.77 亿。

2)网民接入方式方面

2013 年,我国网民中使用手机上网的网民比例继续保持增长,从 74.5% 上升至81.0%,增长 6.5 个百分点。通过台式电脑和笔记本电脑上网的网民比例则略有降低。

2013 年,中国网民的人均每周上网时长达 25.0 小时,相比上年增加了 4.5 个小时。

3)互联网基础资源方面

截至 2013 年 12 月,我国 IPv4 地址数量为 3.30 亿,拥有 IPv6 地址 16670 块/32。我国域名总数为 1844 万个,其中".CN"域名总数较去年同期增长 44.2%,达到 1083 万,在中国域名总数中占比达 58.7%。我国网站总数为 320 万个,较去年同期增长 19.4%。国际出口带宽为 3 406 824Mbps,较去年同期增长 79.3%

4)网民互联网应用方面的趋势与特点

(1)中国网民规模增长空间有限,手机上网依然是网民规模增长的主要动力。整体网民规模增速持续放缓。与此同时,手机网民继续保持良好的增长态势,手机继续保持第一大上网终端的地位。手机网民规模的持续增长促进了手机端各类应用的发展,成为2013 年中国互联网发展的一大亮点。

(2)中国互联网发展正在从"数量"转换到"质量"。总体而言,中国互联网的发展主题已经从"普及率提升"转换到"使用程度加深"。互联网与传统经济结合愈加紧密,如购物、物流、支付乃至金融等方面均有良好应用,对人们日常生活中的衣食住行均有较大改变。

(3)高流量手机应用的发展较快。手机端视频、音乐等对流量要求较大的服务增长迅速,其中手机视频用户规模增长明显。

(4)以社交为基础的综合平台类应用发展迅速。2013 年,微博、社交网站及论坛等互联网应用使用率均下降,而类似即时通信等以社交元素为基础的平台应用发展稳定。

(5)网络游戏用户增长乏力,手机网络游戏迅猛增长。2013 年中国网络游戏用户增长明显放缓,而手机端网络游戏用户增长迅速。这些意味着游戏行业内用户从电脑端向手机端转换加大,手机网络游戏对于 PC 端网络游戏的冲击开始显现。

(6)网络购物用户规模持续增长,团购成为增长亮点。2013 年,中国网络购物用户规模达 3.02 亿人,使用率达到 48.9%,相比 2012 年增长 6.0 个百分点。团购用户规模达 1.41 亿人,团购的使用率为 22.8%,相比 2012 年增长 8.0 个百分点。

(7)中小企业互联网基础应用稳步推进,电子商务应用有待进一步提升。我国使用网络营销推广的企业比例仍然不高,利用即时聊天工具、搜索引擎、电子商务平台推广保持在前三位。

3. 中国 Internet 发展存在的问题和发展方向

目前中国 Internet 的发展水平与国外相比差距主要表现在:用户总数低,普及率、规模、应用均不够;立法很不完善;信息资源的开发和利用不够;资本投入、经营模式、经营理念等均需要认真思考和研究;技术创新也不够。

中国 Internet 未来努力的方向是:网络基础改善,接入方式多样,服务能力提高,从而获得更高上网速度,实现更多网上应用。具体来说可以作好以下一些工作。

(1) 进一步优化网络结构,即朝综合化、宽带化、智能化方向发展。

(2) 进一步引入竞争机制。

(3) 完善法规,改善政策环境。

(4) 重视普及,培养人才。

(5) 加强信息资源的数字化开发和应用。

(6) 加强网络与信息安全的研究开发和应用。

(7) 加强国际合作,跟踪最新发展。

1.1.4　Internet 的功能

Internet 实际上是一个应用平台,在它上面可以开展多种应用,下面列举一些 Internet 的功能。

1. 信息的获取与发布

Internet 是一个信息的海洋,通过它可以得到无穷无尽的信息,其中有各种不同类型的书库和图书馆、杂志期刊和报纸。网络还提供了政府、学校和公司企业等机构的详细信息和各种不同的社会信息。坐在家里既可了解到全世界正在发生的事情,也可以将自己的信息发布到 Internet 上。

2. 电子邮件(E-mail)

电子邮件是 Internet 上应用最广泛的一项服务。通过 E-mail 系统可以同世界上任何地方的朋友进行联系,不论对方在哪儿,只要他能连入 Internet,你发送的邮件只需要几分钟就可以到达对方的手中。伴随着网速的不断加快,允许传送的附件容量的加大,传送内容的多样化(不仅可以传送文字信息,还可以传送声音、影像和动画等),电子邮件的功能也越来越强大。

3. 网上交际

网络可以看成是一个虚拟的社会空间,每个人都可以在这个网络社会中充当一个角色。Internet 已经渗透到日常生活中,"网友"已经成为使用频率越来越高的名词。网上交际已经完全突破了传统的交朋友的方式,不同性别、年龄、身份、职业、国籍、肤色的人不用见面就可以进行各种各样的交流。

4. 电子商务

电子商务是目前迅速发展的一项新业务,它指利用以现代信息技术为基础的互联网所进行的各类商业活动,网上书城、网上超市、网上拍卖等可以说是风起云涌。它不但改变着人们的购物方式,也改变着商家的经营理念,发展前景无限。

5. 多媒体服务和娱乐功能

Internet 已实现了实时传输音频和视频,因此推动了多媒体和娱乐功能的发展。多媒体服务包括:实时广播、实时电视转播、网络电话和视频会议等,娱乐功能包括网络游戏、音乐、电影等。

6. 网上事务处理

Internet 的出现将改变传统的办公模式。例如:可以在家里上班,然后通过网络将工作的结果传回单位;出差的时候不用带很多资料,因为随时可以通过网络提取需要的信息。Internet 使全世界都可以成为办公的地点。

7. 远程登录(Telnet)服务

远程登录功能曾经是 Internet 最强大的功能之一。通过 Telnet 和 Internet 上某一台电脑连接,只要拥有这台主机的账号及密码,就可以像操作本地计算机一样,使用远程计算机的信息资源。例如,全世界的许多大学图书馆都通过 Telnet 对外提供联机检索服务。

8. 文件传输

文件传输是指在不同计算机系统间传输文件的过程。文件传输协议(File Transfer Protocol,FTP)是 Internet 上最早使用的文件传输程序。它同 Telnet 一样,使用户能登录到 Internet 的一台远程计算机,把其中的文件传送回自己的计算机系统;或者反过来,把本地计算机上的文件传送到远方的计算机系统。利用这个协议,还可以下载免费软件,或者上传自己的主页。

9. 网络新闻组(Usenet)

Usenet 是一种利用网络进行专题研讨的国际论坛。用户可以使用新闻阅读程序访问 Usenet 服务器,发表意见,阅读网络新闻。国内的新闻服务器数量很少。据介绍,国外有新闻服务器几千个,最大的新闻服务器包含有几万个新闻组,每个新闻组中又有上千个讨论主题,信息量非常大。新闻组不提供即时聊天,这也许是新闻组在国内使用不广的原因之一。

10. 电子公告牌

电子公告牌系统(Bulletin Board System,BBS)是 Internet 上的一种电子信息服务系统。BBS 提供一块公共电子白板使每个已注册的用户都可以在上面发布信息或提出看法。BBS 提供的是较小型的区域性在线讨论服务,不像网络新闻组规模那样大,它提供了信息交流、文件交流、信件交流、在线聊天等功能。大部分 BBS 由教育机构、研究机构或商业机构管理。例如清华大学的"水木清华"BBS,它已由开放型转为校内型,限制校外 IP 访问。

11. 万维网(WWW)

WWW 是 Internet 上提供的最主要、最流行的服务项目。WWW 是分布式超媒体系统,它是融合信息检索技术与超文本技术而形成的使用简单、功能强大的全球信息系统,可向用户提供多媒体的全图形浏览界面。通过 WWW 可以浏览分布在世界各地的精彩信息。

Internet 还有很多其他应用。例如在 Internet 上,你可以足不出户实现网上旅游,尽览世界各地旖旎风光。此外还有远程教育、远程医疗、网上炒股、网上银行、网上理财、网络传真等,它几乎渗透到人们生活、学习、工作、交往的各个方面,同时也促进了电子文化的形成和发展。总之,在信息世界里,以前只有在科幻小说中出现的各种现象,现在已经成为现实。目前 Internet 还处在不断发展的状态,谁也无法预料,明天的 Internet 会成为什么样子。

1.2 万维网的基础知识

1.2.1 WWW 简介

1. WWW 的起源

20 世纪 40 年代以来,人们就梦想能拥有一个世界性的信息库。在这个信息库中,信息不仅能被全球的人们存取,而且能轻松地链接到其他地方的信息,使用户可以方便快捷地获得重要的信息。随着科学技术的迅猛发展,WWW 实现了人们的这个梦想。

WWW 是 World Wide Web 的缩写,中文名字叫万维网。它起源于 1989 年 3 月,是由欧洲量子物理实验室 CERN(the European Laboratory for Particle Physics)研究发展起来的主从结构分布式超媒体系统,最初开发设计的目的是为 CERN 的物理学家们提供一种共享和信息的工具。从技术角度上说,WWW 是一种软件,是 Internet 上那些支持 WWW 协议和超文本传输协议(Hypertext Transfer Protocol,HTTP)的客户机与服务器的集合。它允许用户在一台计算机通过 Internet 存取其他计算机上的信息。WWW 与 News、FTP、BBS 等一样是因特网上的一项资源服务。不同的是,它是以文字、图形、声音、动画等多媒体的表达方式,结合超链接的概念,让网友通过简单友好的界面就可以轻易地取得因特网上各种各样的资源。因而 WWW 在 Internet 上一推出就受到了热烈的欢迎,并迅速在全球得到了爆炸性的发展。

WWW 诞生于 Internet 之中,后来成为 Internet 的一部分。今天,万维网常被当成因特网的同义词,但万维网与因特网有着本质的差别:因特网指的是一个硬件的网络,而万维网更倾向于一种浏览网页的功能。

2. WWW 的特点、结构和工作原理

WWW 的存在和平台无关,无论系统平台是什么,都可以在网络上访问 Internet。WWW 最主要的一个特点就是它使用一种超文本(hypertext)链接技术。超文本可以是 Web 页上的任意的一个元素,由它指向 Internet 上的其他 WWW 元素。正是由于超文本这种非线性的特性使得 WWW 日益丰富多彩,关于超文本后面将进一步解释。

WWW 的系统结构采用的是客户端/服务器结构模式,如图 1-1 所示。客户机运行 WWW 客户程序——浏览器,它提供良好、统一的用户界面。浏览器的作用是解释和显示 WWW 页面,响应用户的输入请求,并通过超文本传输协议将用户请求传递给 WWW 服务器。WWW 服务器是用于存储 WWW 文件并响应处理客户机请求的计算机。它根据客户端浏览器发出的不同请求,在服务器端执行程序,组织好文档后再将结果发送至客户端。

图 1-1 WWW 的基本结构

WWW 服务通常可以分为两种:静态 Web 服务和动态 Web 服务。在静态 Web 服务中,服务器只是简单地负责把存储的文档发送给客户端浏览器。在此过程中传输的网页只有在网页编辑人员利用编辑工具对它们修改后,才会发生变化。而动态 Web 服务能够实现浏览器和服务器之间的数据交互,Web 服务器可以通过专门的语言如 SQL 语言来访问一些数据库资源,通过 CGI、ASP、PHP 和 JSP 等动态网站技术向浏览器发送动态变化的内容。

WWW 服务器的工作原理如图 1-2 所示,它的具体通信过程如下。

(1) Web 浏览器使用 HTTP 命令向一个特定的服务器发出 Web 页面请求。

(2) 若该服务器在特定端口(通常是 TCP 80 端口)处接收到 Web 页面请求后,就发送一个应答并在客户和服务器之间建立连接。

(3) Web 服务器查找客户端所需文档,若 Web 服务器查找到所请求的文档,就会将

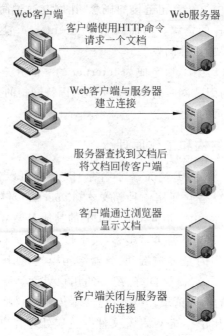

图 1-2　WWW 服务器的工作原理

所请求的文档传送给 Web 浏览器。若该文档不存在,则服务器会发送一个相应的错误提示文档给客户端。

(4) Web 浏览器接收到文档后,就将它显示出来。

(5) 当客户端浏览完成后,就断开与服务器的连接。

1.2.2　HTTP 和 FTP 协议

HTTP 是一种 Internet 上最常见的协议,它是用于从 WWW 服务器传输超文本到本地浏览器的传送协议。浏览网页时在浏览器地址栏中输入的网页地址前面大多都是以"http://"开始的。HTTP 协议是基于 TCP/IP 之上的协议,它不仅保证正确传输超文本文档,还确定传输文档中的哪一部分,以及哪部分内容首先显示(如文本先于图形)等。

HTTP 的工作过程包括以下 4 个步骤。

(1) 建立连接:客户端的浏览器向服务端发出建立连接的请求,服务端给出响应就可以建立连接了。

(2) 发送请求:客户端按照协议的要求通过连接向服务端发送自己的请求。

(3) 给出应答:服务端按照客户端的要求给出应答,把结果(HTML 文件)返回给客户端。

(4) 关闭连接:客户端接到应答后关闭连接。

文件传输协议(File Transfer Protocol,FTP)是计算机网络上主机之间传送文件的一种服务协议。FTP 的主要作用就是让用户连接上一个远程计算机(这些计算机上运行着 FTP 服务器程序),查看远程计算机有哪些文件,然后把文件从远程计算机上下载到本地计算机上,或把本地计算机的文件上传到远程计算机。

　　和其他 Internet 应用一样,FTP 也采用了客户端/服务器模式。它包含客户端 FTP 和服务器 FTP,客户端 FTP 用于启动传送过程,而服务器 FTP 对其做出应答。FTP 服务器有两种:一种是必须首先登录,在远程主机上获得相应的权限,即取得用户名和密码后,方可上传或下载文件;还有一种叫匿名 FTP 服务器,用户无须密码就可连接到远程主机上享受相关服务,作为一种安全措施,大多数匿名 FTP 主机都允许用户从其下载文件,而不允许用户向其上传文件。

　　FTP 地址格式如下:

ftp://用户名:密码@FTP 服务器 IP 或域名:FTP 命令端口/路径/文件名

　　在上面的参数中,除 FTP 服务器 IP 或域名为必要项外,其他都不是必需的。例如 ftp://hao007:hao007@hao007.3322.org 和 ftp://ftp.tsinghua.edu.cn/Software/都是正确的 FTP 地址。

1.2.3　超链接和超文本

　　超链接是 WWW 上的一种链接技巧,它是内嵌在文本或图像等多媒体元素中的。通过单击已定义好的关键字或图形等元素就可以自动连上相对应的其他文件。文本超链接在浏览器中通常是带下划线的,而图像等其他超链接常常是看不到下划线的,因此,判断是否有超链接不是看有没有下划线,而是看鼠标移上去形状是否会变为手状。

　　具有超链接的文本称为超文本,它是承载超链接功能的媒介。超文本中不仅可以含有文本信息,还可以包含图形、声音、图像和视频等多媒体信息。在一个超文本文件中可以含有多个超链接,它们把分布在本地或远程服务器中的各种形式的超文本链接在一起,形成了一个纵横交错的链接网。

1.2.4　Internet 地址

　　Internet 地址又称 IP 地址,它能唯一确定 Internet 上每台计算机、每个用户的位置。在 Internet 上,主机与主机之间要实现通信,每一台主机都必须要有一个地址,而且这个地址应该是唯一的,不允许重复。依靠这个唯一的主机地址,就可以在 Internet 浩瀚的海洋里找到任何一台主机。

　　目前全球的因特网所采用的协议簇是 TCP/IP 协议簇。IP 是 TCP/IP 协议簇中网络层的协议,是 TCP/IP 协议簇的核心协议。现有的互联网是在 IPv4(Internet Protocol Version 4)协议的基础上运行的。IPv6(Internet Protocol Version 6)是下一版本的互联网协议,它是互联网工程任务组(The Internet Engineering Task Force,IETF)设计的用于替代现行版本 IPv4 的下一代 IP 协议。IPv6 的提出最初是因为随着互联网的迅速发展,IPv4 定义的有限地址空间将被耗尽,地址空间的不足必将妨碍互联网的进一步发展。为了扩大地址空间,拟通过 IPv6 重新定义地址空间。IPv4 采用 32 位地址长度,只有大约 43 亿个地址,满足不了发展需求;而 IPv6 采用了 128 位地址长度,几乎可以不受限制地提供地址。即使按保守方法估算 IPv6 实际可分配的地址,在整个地球的每平方米面积上仍可分配 1000 多个地址。在 IPv6 的设计过程中除了一劳永逸地解决了地址短缺问题以外,还考虑了在 IPv4 中解决不好的其他问题,主要有端到端 IP 连接、服务质量(QoS)、安全性、多播、移动性、即插即用等。下面简单介绍 IPv4 协议中 IP 地址的构成。

在 IPv4 协议中,IP 地址提供统一的地址格式,即由 32 位组成,一般以 4 个十进制数字表示,每个数字之间用小圆点(.)隔开。例如,"201.112.10.105",这种记录方法称为"点—数"记号法。每个 IP 地址由两部分组成,即"网络标识 netid+主机标识 hostid"。其中,网络标识确定该主机所在网络,主机标识确定在某一物理网络上的一台主机。IP 地址的两级层次结构具有两个重要特性:

- 每台主机分配了一个唯一的地址。
- 网络标识号的分配必须全球统一,但主机标识号可由本地分配。

为充分利用 IP 地址资源,考虑不同规模网络的需要,IP 协议将 32 位地址空间划分为不同的地址级别,并定义了 5 类地址,A~E 类。其中,A、B、C 三类为基本类,由 InterNIC(国际互联网络信息中心)在全球范围内统一分配;D、E 类为特殊地址,一般不使用。基本类地址有不同长度的网络地址和主机地址,如图 1-3 所示。

位数		8	16	24	32
A 类	0	网络号		主机号	
B 类	1 0	网络号		主机号	
C 类	1 1 0	网络号			主机号
D 类	1 1 1 0	组播地址			
E 类	1 1 1 1	保留将来使用			

图 1-3 IP 地址的分类

(1) A 类地址:分配给少数规模很大的网络。这类地址的特点是以 0 开头,第一个 8 位为网络标识,其余 24 位为主机标识,由该网的管理者自行分配。共有 $2^7-2=126$ 个 A 类网络地址,每个 A 类网络中最多可以有 $2^{24}-2=16\,777\,214$ 台主机,表示方法如下:

0******* ******** ******** ********
1~126   0~255   0~255   1~254

(2) B 类地址:分配给中等规模的网络。这类地址的特点是以 10 开头,前两个 8 位为网络标识,其余 16 位为主机标识,由该网的管理者自行分配。共有 $2^{14}-2=16\,382$ 个 B 类地址,每个 B 类网络中最多可以有 $2^{16}-2=65\,534$ 台主机,表示方法如下:

10****** ******** ******** ********
128~191 0~255   0~255   1~254

(3) C 类地址:分配给小规模的网络。这类地址的特点是以 110 开头,前三个 8 位为网络标识,其余 8 位为主机标识,由该网的管理者自行分配。共有 $2^{21}-2=2\,097\,150$ 个 C 类地址,每个 C 类地址中最多可以有 $2^8-2=254$ 台主机,表示方法如下:

110***** ******** ******** ********
192~223 0~255   0~255   1~254

还有两个不属于基本类的地址 D 类和 E 类。D 类用于广播传送至多个目的地址使用,前 4 位为 1110,因此 IP 地址前 8 位范围是 224～239。E 类用于保留地址,前 4 位为 1111,因此 IP 地址前 8 位范围为 240～255。另外 IP 地址还规定:网络号不能以 127 开头,第一字节不能全为 0,也不能全为 1;主机号不能全为 0,也不能全为 1。网络号码为 127. x. y. z,x、y、z 为 0～255 中的任意数,这样的 IP 地址用作本地软件的回送地址,作为测试用。

1.2.5 域名

1. 域名的含义

在互联网发展之初并没有域名,有的只是 IP 地址。由于当时互联网主要应用在科研领域,使用者非常少,所以记忆这样的数字并不是非常困难。但是随着时间的推移,连入互联网的电脑越来越多,需要记忆的 IP 地址也越来越多,记忆这些数字串变得越来越困难,于是域名应运而生。域名就是对应于 IP 地址的用于在互联网上标识机器的有意义的字符串。在访问一台计算机时,既可用 IP 地址表示,也可用域名表示。例如,清华大学的 IP 地址为 166. 111. 4. 100,对应的域名为 www. tsinghua. edu. cn。在 Internet 上的任何一台计算机都必须有一个唯一的 IP 地址,但是对于域名地址却不是这样要求。对于有一个 IP 地址的计算机,它可以有不止一个域名地址和它相对应。

域名的注册遵循"先申请先注册"原则,管理机构对申请人提出的域名是否违反了第三方的权利不进行任何实质审查。同时,每一个域名的注册都是独一无二的、不可重复的。因此,在网络上,域名是一种相对有限的资源,它的价值将随着注册企业的增多而逐步为人们所重视。

2. 域名的结构

域名的结构是层次型的,域名是以若干英文字母和数字组成的,中间由"."分割成几个层次,从右到左依次为顶级域、二级域、三级域等。如域名 sohu. com. cn 顶级域为 cn,二级域为 com,三级域为 sohu。目前互联网上的域名体系中共有三类顶级域名,具体分类如表 1-1 所示。

在上述顶级域名下,还可以根据需要定义二级域名,如在我国的顶级域名. cn 下还可以分为类别域名和行政区域名两类。类别域名包括 ac(代表科研机构)、com(代表工、商、金融等企业)、edu(代表教育机构)、gov(代表政府部门)、net(代表从事互联网业务的公司或企业等)、org(代表非营利性的组织)和 fm(代表电台、广播、音乐网站等);而行政区域名有 34 个,分别对应于我国各省、自治区和直辖市,如. bj 代表北京、. sh 代表上海等,例如沈阳热线的网址为 http://www. sy. ln. cn/。

三级域名用字母(A～Z,a～z,大小写等)、数字(0～9)和连接符(一)组成,各级域名之间用实点(.)连接,三级域名的长度不能超过 20 个字符。如果是个人网站,如无特殊原因,建议采用申请人的英文名(或者缩写)或者汉语拼音名 (或者缩写)作为三级域名,以保持域名的清晰性和简洁性。

表 1-1　域名体系中顶级域名的分类

三类顶级域名	类别顶级域名(也叫国际顶级域名)共7个	.com	用于商业公司
		.net	用于网络服务
		.org	用于组织协会等
		.gov	用于政府部门
		.edu	用于教育机构
		.mil	用于军事领域
		.int	用于国际组织
	地理顶级域名	共有243个国家和地区的代码	例如.CN代表中国,.UK代表英国等
	新顶级域名共7个	biz	用于商业
		info	用于信息行业
		name	用于个人
		pro	用于专业人士
		aero	用于航空业,须由航空业公司注册
		coop	用于合作公司,须由集体企业注册
		museum	用于博物馆行业,须由博物馆注册

3. 域名服务器

有了域名的知识,对于记忆域名和辨认域名很有好处,但是 Internet 通信软件要求在发送和接收数据报时必须使用数字表示的 IP 地址,那么就必须有一种方法在二者之间进行转换,这个工作就由域名服务器(domain name server,DNS)来完成。

DNS 实际上是一个服务器软件,运行在指定的计算机上,通过一个名为"解析"的过程将域名转换为 IP 地址,或者将 IP 地址转换为域名。DNS 把网络中的主机按树形结构分成域(domain)和子域(subdomain),子域名在上级域名结构中必须是唯一的。每一个子域都有域名服务器,它管理着本域的域名转换,各级服务器构成一棵树。这样,当用户使用域名时,应用程序先向本地域名服务器请求;本地服务器先查找自己的域名库,如果找到该域名,则返回 IP 地址;如果未找到,则分析域名,然后向相关的上级域名服务器发出申请;这样传递下去,直至有一个域名服务器找到该域名,返回 IP 地址。如果没有域名服务器能识别该域名,则认为该域名不可知,就访问不到相应的网站。

1.2.6　URL

URL(Universal Resource Locator)是"统一资源定位器"的英文缩写,每个站点及站点上的每个网页都有一个唯一的地址,这个地址被称为统一资源定位地址,也称为网页地址。向浏览器输入 URL 地址,可以访问其指向的网页,URL 可以帮助用户在 Internet 的信息海洋中准确定位到所需要的资料。

URL 的一般格式为:

通信协议://服务器名称[:通信端口编号]/文件夹 1[/文件夹 2…]/文件名

(1) 通信协议:通信协议由 URL 所连接的网络服务性质决定,最常用的协议有:HTTP(用于传送网页)、FTP(用于传送文件)、Telnet(远程登录协议)、News(访问网络新闻服务器)、Mailto(传送 E-mail 协议)、File(访问本地文件)。

(2) 服务器名称:服务器名称是提供服务的主机名称。冒号后面的数字是通信端口编号,可有可无,这个编号用来告诉 HTTP 服务器的 TCP/IP 软件去打开哪一个通信端口,因为一台计算机常常会同时作为 Web、FTP 等服务器。为了便于区别,每种服务器要对应一个通信端口。一般情况下都是使用默认的端口号。

(3) 文件夹和文件名:文件夹是放文件的地方,如果是多级文件目录,必须指定是第一级文件夹还是第二级、第三级文件夹,直到找到文件所在位置。文件指包括文件名与扩展名在内的完整名称。

在 URL 语法格式中,除了协议名称及主机名称是绝对必须有的外,其余像通信端口编号、文件夹等都可以不要。例如: http://news. 163. com/07/1227/21/40OIJ1GT0001121M. html。其中 http 是超文本传输协议,news. 163. net 是服务器名,07/1227/21/是文件夹,40OIJ1GT0001121M. html 是文件名。

1.3 网页与网站的基础知识

1.3.1 网页、网页文件和网站

网页是网站的基本信息单位,是 WWW 的基本文档,它由文字、图片、动画、声音等多种媒体信息以及链接组成,通过链接实现与其他网页或网站的关联和跳转。网页文件是用 HTML 编写的,可在 WWW 上传输。它是能被浏览器识别显示的文本文件,其扩展名是. htm 或. html。

网站由众多不同内容的网页构成,网页的内容体现网站的全部功能,例如,新浪、网易、搜狐就是国内比较知名的大型门户网站。一个网站对应磁盘上的一个文件夹,网站的所有网页和其他资源文件都会放在该文件夹下或其子文件夹下,设计良好的网站通常是将网页文档及其他资源分门别类地保存在相应的文件夹中以方便管理和维护。这些网页通过链接组织在一起,其中有个网页称为首页或主页(homepage),它是一个网站的门面,是构成网站的最重要的网页,常命名为 index. html,必须放在网站的根目录下。一般情况下,访问者在浏览器窗口的地址栏输入网站网址后,默认打开的就是网站的首页。

1.3.2　静态网页和动态网页

根据网页制作的语言不同可以把网页分为静态网页和动态网页。静态网页使用的语言是 HTML,动态网页使用的语言为 HTML＋ASP 或 HTML＋PHP 或 HTML＋JSP 等。

区分动态网页与静态网页的基本方法:第一看后缀名,静态网页每个网页都有一个固定的 URL,且网页 URL 以.htm、.html、.shtml 等常见形式为后缀;第二看是否能与服务器发生交互行为。具有交互功能的就是动态网页,例如简单的留言本,浏览者可以在页面留言,并提交到留言数据库,这就属于动态交互网页。而静态网页就是指普通的展示信息网页,不带交互功能,页面的内容无法实现在线更新。也可以出现各种动态的效果,如.GIF 格式的动画、Flash、滚动字幕等,但这些"动态效果"只是视觉上的,与动态网页是不同的概念。

如何决定网站建设是采用动态网页还是静态网页?静态网页和动态网页各有特点,网站采用动态网页还是静态网页主要取决于网站的功能需求和网站内容的多少。如果网站功能比较简单,内容更新量不是很大,采用纯静态网页的方式会更简单;反之一般要采用动态网页技术来实现。静态网页是网站建设的基础。

1.3.3　网页界面的构成

从界面角度看,网页由 Logo、Banner、导航栏、内容栏、版尾五部分构成,如图 1-4 所示。

图 1-4　网页界面构成

1. Logo

网站 Logo 也称为网站标志,网站标志是一个站点的象征。如果说一个网站是一个企业的网上家园,那么 Logo 就是企业的名片,是网站的点睛之处。网站的标志应体现该网站的特色、内容及其内在的文化内涵和理念。成功的网站标志有着独特的形象标识,在网站的推广和宣传中将起到事半功倍的效果。网站的 Logo 有两种：一种是放在网站的左上角，访问者一眼就能看到它，如图 1-4 所示；另一种就是和其他网站交换链接时使用的链接 Logo。

2．Banner

Banner 的本意是旗帜（横幅或标语），是互联网广告中最基本的广告形式。由于一般都将 Banner 广告条放置在网页的最上面，所以 Banner 广告条的广告效果可以说是最好的。Photoshop、Flash 等软件都可以用来制作 Banner，其中使用 Flash 制作出的广告效果最具冲击力。

3．导航栏

导航栏是网页的重要组成元素，导航栏就像是网站的提纲一样，它统领着整个网站的各个栏目或页面。它的任务是帮助浏览者在站点内快速查找信息。为了让网站的访问者比较轻松地找到想要查看的网页内容，导航栏不仅要美观大方，而且还要方便易用。导航栏的形式多样，可以是简单的文字链接，也可以是设计精美的图片或是丰富多彩的按钮，还可以是下拉菜单导航。一般来说，网站中的导航位置在各个页面中出现的位置是比较固定的，一般在网站 Banner 的下面或是网页的顶部。

4．内容栏

内容栏是网页的主体，它是展示网页内容最重要的部分，也是访问者最关心的内容，它的设计风格要由网页内容来决定，还要考虑访问者的感受。内容栏的表现形式有文本、图像、Flash 动画等多媒体元素。

文本是网页内容最主要的表现形式，文字虽然不如图像那样易于吸引浏览者的注意，但却能准确地表达信息的内容和含义；图像是文本的说明和解释，在网页适当位置放置一些图像，不仅可以使文本清晰易读，而且使得网页更加有吸引力；Flash 动画具有很强的视觉冲击力和听觉冲击力，借助 Flash 的精彩效果可以吸引浏览者的注意力，达到比以往静态页面更好的宣传效果。

5．版尾

版尾是整个网页的收尾部分。这部分主要显示网站的版权信息，包括网站管理员的联系地址或电话、ICP 备案信息等内容以及为用户提供各种提示信息。另外，版尾有时还会放一些友情链接。友情链接是指互相在自己的网站上放对方网站的链接，是进行互相宣传的一种方式。

1.3.4　网站的分类

制作网页的最终目的是在网上建立一个传达信息的综合体——网站。网站是由多个网页组成的，但不是网页的简单罗列组合，而是用超链接方式组成的、既有鲜明风格又有完善内容的有机整体。根据不同的分类方式可以将网站分成不同的类型,下面列出两种常见的网站分类方式。

1. 根据网站提供的服务分类

(1)信息类网站:以向客户、供应商、公众和其他一切对该网站感兴趣的人宣传、推介自身,并树立网上形象为目的,此类网站包括企业网站、大学网站、政府网站及数量众多的个人网站。

(2)交易类网站:就是人们通常所理解的电子商务网站,这类网站是以实现交易为目的,以订单为中心的,著名的有淘宝网、京东商城、苏宁易购和当当网等。

(3)互动游戏类网站:是近年来国内逐渐风靡起来的一种网站,其代表网站有17173、4399、传奇和联众世界等。

(4)有偿信息类网站:与信息类网站相似,所不同的是有偿信息类网站提供的信息要求有直接回报,通常的做法是要求访问者或按次数、时间,或按量付费,如101网校、围棋学研网等。

(5)功能型网站:这类网站的特点是将一个具有广泛需求的功能扩展开来,开发一套强大的支撑体系,将该功能的实现推向极值。如搜索功能的代表有百度、hao123和谷歌等;视频功能的代表有优酷网、土豆网等。

(6)综合类网站:具有受众群体范围广泛、访问量高、信息容量大等特点,如新浪、搜狐、网易和雅虎等都属于综合类网站。

2. 根据网站的性质分类

根据网站的性质,可分为政府网站、企业网站、商业网站、教育科研机构网站、个人网站、非营利机构网站、其他类型的网站。根据调查,其中企业网站数的比例最大,约占整个网站总数的70%多;其次为商业网站,约占9%;第三是个人网站,约占7%;随后依次为教育科研机构网站约占5%;非营利机构网站约占5%;政府网站约占3%;其他类型网站约占1%。

1.3.5 Web服务器和网页浏览器

Web服务器是指接受用户的请求,发送相关回应的计算机。Web服务器上安装了相关的程序来处理用户的请求,它的作用是:对于静态网页,Web服务器仅仅是定位到网站对应的目录,找到每次请求的网页传送给客户端,由于Web服务器对静态网页起的只是一个查找和传输的作用,因此在测试静态网页时可不安装Web服务器,只需直接找到该网站对应的目录双击网页文件进行预览测试;对于动态网页,Web服务器找到该网页后要先对动态网页中的服务器端程序代码进行执行,生成静态网页代码再传送给客户端浏览器。由于动态网页要经过Web服务器解释执行生成HTML文档才能被浏览器解释,因此在测试或运行动态网页时一定要在本机上安装Web服务器(如IIS)。

网页浏览器实际上就是用于网上浏览的应用程序,其主要作用是显示网页和解释脚本。对一般设计者而言,不需要知道有关浏览器实现的技术细节,只要知道如何熟练掌握和使用它即可。目前常见的浏览器有:IE 浏览器、Mozilla Firefox(火狐浏览器)、Google Chrome(谷歌浏览器)、Opera 浏览器、搜狗浏览器、360 浏览器及 QQ 浏览器等。

1.3.6　网站开发工具

在 WWW 出现的初期,用户要制作网页都是在文本编辑器(如记事本等)中使用 HTML 来编写,网页制作人员必须要有一定的编程基础,并且需要记住 HTML 标记的含义。后来,出现了 FrontPage、Dreamweaver 等一系列具有所见即所得编辑方式的网页制作软件,使那些非专业的程序员也可以制作出精美、漂亮的网页。下面介绍常见的网页制作软件。

1. 网站制作与管理软件——FrontPage 或 Dreamweaver

目前,网页编辑软件中最知名和最常用的热门软件是微软公司的 FrontPage 以及 Macromedia 公司(Macromedia 已被 Adobe 收购)的 Dreamweaver。它们都具有"所见即所得"的优点,所谓"所见即所得"就是在软件中设计的样式和最后在网页中呈现的样式"完全一样"。FrontPage 主要面向初级用户,功能和使用都较为简单,是入门级网页设计工具。它采用典型的 Word 界面设计,只要懂得使用 Word,就差不多会用 FrontPage 了。而 Dreamweaver 主要面向中高端用户。它的浮动面板的设计风格,对于初学者来说可能会感到不适应,但当习惯了其操作方式后,就会发现 Dreamweaver 的直观性与高效性是 FrontPage 所无法比拟的。Dreamweaver 最具挑战性和生命力的是它的开放式设计,这项设计使任何人都可以轻易扩展它的功能。目前全世界大部分网页设计师都使用 Dreamweaver 设计网页。

备注:2005 年 4 月 18 日,Adobe 公司收购了 Macromedia 公司,旗下所有产品归入 Adobe 公司,包括被大家熟知的网页制作三剑客——Dreamweaver、Flash 和 Fireworks。

2. 网页图片处理软件——Photoshop 或 Fireworks

Photoshop 是 Adobe 公司旗下最为著名的图像处理软件。它功能强大,实用性强。Photoshop 不仅具备编辑矢量图像与位图图像的灵活性,还能够与 Dreamweaver 和 Flash 软件高度集成,成为设计网页图像的最佳选择。Fireworks 以处理网页图片为特长,并可以轻松创作 GIF 动画,它也是第一款彻底为 Web 制作者设计的软件。Photoshop 和 Fireworks 除了可以对网页中要插入的图像进行调整处理外,还可以进行页面的总体布局并使用切片导出。

3. 网页动画设计软件——Flash

Flash 是 Macromedia 公司开发的一款优秀的网页动画制作软件,它做出的动画效果是其他软件无法比拟的,从简单的动画到复杂的交互式 Web 应用程序,它使用户可以创建任何作品。最吸引人的一点是:Flash 的作品 SWF 文件"体积"出奇的小,并且可以以插件的形式加入到网页中,通常几分钟的复杂动画才几百 KB,是目前网络中最常用的动画格式。在网页中 Flash 主要用来制作具有动画效果的导航条、Logo 以及商业广告条等。

对于制作静态的网页,建议使用 Dreamweaver 这个主流的网页设计工具。另外,可以运用 Photoshop 加工网页中的图片以及使用 Flash 设计网页动画以达到美化网页的目的。

1.3.7 网页编程语言

在网页制作学习的初期阶段可以不必关心太多的网页设计语言,利用 Dreamweaver 等"所见即所得"的工具就行。有一定的网页设计基础后,可以深入学习 些网页编程语言。网页编程语言可分为浏览器端编程语言和服务器端编程语言。所谓浏览器端编程语言是指这些语言都是被浏览器解释执行的,常用的浏览器端编程语言包括 HTML、CSS(Cascading StyleSheet,层叠样式表单)、JavaScript 语言等。为了实现一些复杂的操作,如连接数据库、操作文件等,需要使用服务器编程语言,常用的服务器端编程语言包括 ASP(Active Server Page,动态服务器页面)、ASP. NET、JSP(Java Server Pages)和 PHP(Hypertext Preprocessor,超文本预处理器)等。

HTML 是一种用来制作超文本文档的简单标记语言。用 HTML 编写的超文本文档称为 HTML 文档,它能独立于各种操作系统平台(如 UNIX、Windows 等)。HTML 通过各种标记来标识文档的结构以及标识超链接的信息,并告诉浏览器如何显示其中的内容(如文字如何处理,画面如何安排,图片如何显示等)。

CSS 是将样式信息与网页内容分离的一种标记性语言。作为网站开发者,能够为每个 HTML 元素定义样式,并将之应用于希望的任意多的页面中。如需进行全局的更新,只需简单地改变样式,然后网站中的所有元素均会自动更新。这样,设计人员能够将更多的时间用在设计方面,而不是费力克服 HTML 的限制。

JavaScript 看上去像 Java,实际与 Java 无关,这样命名出于营销目的。JavaScript 是一种基于对象和事件驱动并具有相对安全性的客户端脚本语言,同时也是一种广泛用于客户端 Web 开发的脚本语言,常用来给 HTML 网页添加动态功能,比如响应用户的各种操作。ASP(包括后来的 ASP. NET)是微软开发的一种网络编程语言,它的优点是比较简单(用的脚本语言是 VBScript),ASP. NET 使用的语言更加丰富,现在已经支持的有C♯(C++ 和 Java 的结合体)、VB、JScript,最初在我国动态网页设计语言中的应用是最广泛的。它的缺点也很明显,就是可移植性不好,即在 Windows 平台运行很好,但在其他平台就不那么方便了,因此在中小型企业应用十分广泛。

JSP 是 Sun 公司倡导的一种网络编程语言,从它的全称可以看出它和 Java 有关。正是因为采用 Java 作为它的脚本语言,所以 JSP 也有 Java 的优点:平台无关性,一次编译到处运行。即只要编写好 JSP 代码,在 UNIX、Linux 和 Windows 上都可以方便地运行。它的缺点是相对 ASP(特别是 ASP. NET)来说有些难。

PHP 是一个比较早的网页编程语言,功能十分强大,因为开源、免费等优点,使用

PHP 的人很多,反映较好。PHP 和 MYSQL 搭配使用,可以非常快速地搭建一套不错的动态网站系统。

ASP 是以 VB 为基础的,PHP 是以 C 为基础的,JSP 是以 Java 为基础的。如果想从简单学起,希望从事一般网站后台设计,可以选择学习 ASP、ASP. NET。如果有 Java 基础,并且希望从事大型网站的后台设计,可以选择学习 JSP。如果有 C 或 C++ 基础,可以选择 PHP。PHP 语法简单,非常易学易用,很利于快速开发各种功能不同的定制网站。

思考与练习

1. 单项选择题

(1) Internet 上使用的最重要的两个协议是(　　)。

    A. TCP 和 Telnet　　　　　　　　B. TCP 和 IP

    C. TCP 和 SMTP　　　　　　　　D. IP 和 Telnet

(2) 下列哪项不是动态网页的特点(　　)。

    A. 动态网页可每次显示不同的内容　B. 动态网页中含有动画

    C. 动态网页中含有服务器端代码　　D. 动态网页一般需要数据库支持

(3) 在 IPv4 中,IP 地址中的每一段使用十进制描述时,其最大值为(　　)。

    A. 127　　　　　B. 128　　　　　C. 255　　　　　D. 256

(4) Internet 上的域名和 IP 地址是(　　)的关系。

    A. 一对多　　　B. 一对一　　　C. 多对一　　　D. 多对多

(5) 在域名系统中,域名采用(　　)。

    A. 树型命名机制　　　　　　　　B. 星型命名机制

    C. 层次型命名机制　　　　　　　D. 网状型命名机制

(6) 域名系统 DNS 实现的映射是(　　)。

    A. 域名——IP 地址　　　　　　　B. 域名——域名

    C. 域名——网址　　　　　　　　D. 域名——邮件地址

(7) 一个完整的 URL 格式中不应该包括(　　)。

    A. 访问协议类型的名称　　　　　B. 访问的主机名

    C. 访问的文件名　　　　　　　　D. 被访问主机的物理地址

(8) 网页的本质是(　　)文件。

    A. 图像　　　　　　　　　　　　B. 纯文本

    C. 可执行程序　　　　　　　　　D. 图像和文本的压缩

2. 名词解释

请解释概念:Internet、HTTP、FTP、Internet 地址、域名、DNS、URL、HTML。

3. 问答题

(1) 中国互联网络信息中心(http://www. cnnic. net)每半年发布一次中国互联网

络发展状况统计报告。请认真阅读最新的报告,结合自身感触写出对中国互联网发展的心得体会,分析一下我国互联网发展存在的问题以及发展方向。

（2）举例说明 Internet 的功能。

（3）简述浏览器从 http://www.xuefudao.com 打开 index.html 的工作过程。

（4）什么是超链接？超链接的作用是什么？

（5）如何区分动态网页与静态网页？

（6）网页设计的常用工具有哪些？辅助工具有哪些？

（7）上网浏览一些网站首页,了解网页界面的构成。

第 2 章 HTML 简介

通过浏览器看到的网站都是由 HTML 构成的。HTML 是一种建立网页文件的语言，它通过标记式指令，将影像、声音、图片和文字等连接起来。HTML 文件可以用记事本、写字板或其他文本编辑工具来编写。用 HTML 编写的文件的扩展名为 html 或 htm，它们是能够被浏览器解释显示的文件格式。

2.1 HTML 概述

2.1.1 HTML 的发展历程

1. HTML 的诞生

1969 年，IBM 的 Charles Goldfarb 发明了可用于描述超文本信息的 GML（Generalized Markup Language，通用置标语言）。1978 年到 1986 年间，在 ANSI 等组织的努力下，GML 进一步发展成为著名的 SGML（Standard Generalized Markup Language，标准通用置标语言）标准。当 Tim Berners-Lee（Web 应用创始人）和他的同事们在 1989 年试图创建一个基于超文本的分布式应用系统时，意识到，SGML 是描述超文本信息的一个上佳方案，但美中不足的是，SGML 过于复杂，不利于信息的传递和解析。于是，Tim Berners-Lee 对 SGML 做了大刀阔斧的简化和完善。1990 年，第一个图形化的 Web 浏览器 World Wide Web 终于可以使用一种为 Web 量身定制的语言——HTML 来展现超文本信息了。

2. HTML 的版本发展

HTML 是建立网页的标准，从它诞生至今，规范不断完善，功能越来越强。从发展历程来看，HTML 大体经历了以下几个阶段。

（1）HTML 2.0：HTML 没有 1.0 版本是因为当时有很多不同的版本；为了和当时的各种 HTML 标准区分开来，1993 年推出了第一个正式规范使用 2.0 作为版本号的 HTML。

（2）HTML 3.0～HTML 3.2：1995 年 3 月，当时刚成立的 W3C(World Wide Web Consortium,万维网联盟)提出了 HTML 3.0,但由于实现工作过于复杂,后来就中止了开发;3.1 版从未被正式提出,在 1996 年 W3C 直接提出了 HTML 3.2 并推荐为当时的标准。

（3）HTML 4.0～HTML 4.01：1997 年 12 月 18 日 W3C 推出了 HTML 4.0,将 HTML 推向一个新的高度;1999 年 12 月 24 日 W3C 在 HTML 4.0 的基础上推出了改进版的 HTML 4.01,成为当时最为流行和相当成熟可靠的版本。

（4）XHTML 1.0～XHTML 2.0：2000 年在 HTML 4.0 基础上推出了 XHTML 1.0,它是优化和改进的基于 XML 应用的新语言;2002 年推出了 XHTML 2.0 的第一个工作草案,但目前该版本已终止。

（5）HTML 5：2008 年公布了 HTML 5 的第一份正式草案,目前处于不断完善中。推出 HTML 5 的目标是取代现有的 HTML 4.01 和 XHTML 1.0 等。

HTML 还在不断地发展扩充,有关 HTML 的各种参考资料和 W3C 将发布的各种新版特征、最新消息等内容均可以通过 http://www.w3c.org 网站查到。

3. 学习 HTML 的意义

HTML 是网页制作的基本语言,虽然不懂得 HTML 也能够制作出漂亮的网页,但学习了 HTML 能帮助读者进一步理解网页形成的原理,还能帮助初学者学会读懂代码插入特效。到目前为止很多网页专家还是喜欢用记事本之类的编辑器手工编写 HTML 文件,他们认为采用这种方式编写的网页有如下优点。

（1）浏览器解释效率高。

（2）格式漂亮。

（3）无任何垃圾代码产生,加快了网页的传输速度。

2.1.2 一个简单的 HTML 实例

在学习 HTML 前,先来看一个简单的 HTML 实例。

【例 2-1】 用 HTML 制作一个简单的网页,显示效果如图 2-1 所示。

（1）用任何文本编辑器(Windows 的记事本、写字板等)输入下列文本。

```
<html>
<head>
<title>一个简单的 HTML 示例</title>
</head>
<body>
<p align="center"><font size="7" color=
```

图 2-1 一个简单的网页

```
"#0000FF">枫桥夜泊</font></p>
<p align="center"><font size="5" color="#0000FF">张继</font></p>
<p align="center"><font size="6" color="#0000FF">月落乌啼霜满天</font></p>
<p align="center"><font size="6" color="#0000FF">江枫渔火对愁眠</font></p>
<p align="center"><font size="6" color="#0000FF">姑苏城外寒山寺</font></p>
<p align="center"><font size="6" color="#0000FF">夜半钟声到客船</font></p>
</body>
</html>
```

（2）保存为 EXAMPLE2-1. HTML 文件。

（3）用鼠标双击该文件就会看到如图 2-1 所示的效果。

2.1.3 HTML 的基本概念

要了解 HTML，先来熟悉 HTML 中的一些基本概念。

1. 标记

在 HTML 中用于描述功能的符号称为"标记"，它用来控制文字、图像等显示方式，例如图 2-1 中的 html、head、body 等。HTML 标记是由一对尖括号<>和标记名组成，在 XHTML 标准中规定，标记名必须用小写字母。标记有单标记和双标记之分。

（1）单标记　所谓"单标记"是指只需单独使用就能完整地表达意思的标记。这类标记的语法是：<标记名>。最常用的单标记如
，它表示换行。XHTML 标准规定单标记也必须封闭，即在单标记名后以斜杠作为结束，这时换行标记必须写成
。

（2）双标记　所谓"双标记"是指由"始标记"和"尾标记"两部分构成，必须成对使用的标记。其中始标记告诉 Web 浏览器从此处开始执行该标记所表示的功能，而尾标记告诉 Web 浏览器到这里结束该功能。始标记前加一个斜杠/即成为尾标记。双标记的语法是：<标记名>受标记影响的内容</标记名>。例如想突出对某段文字的显示，可以将此段文字放在<em></em>这对标记中间，写为：<em>第一</em>。

2. 标记属性

许多单标记和双标记的始标记内可以包含一些属性，标记通过属性来实现各种效果，其语法是：<标记名 属性1 属性2 属性3 … >，属性名建议用小写字母表示，各属性之间无先后次序，属性也可省略（即取系统默认值），属性值要用双引号括起来。例如单标记<hr/>表示在文档当前位置画一条水平线，一般是从窗口中当前行的最左端一直画到最右端，它可以带一些属性：<hr size="3" align="left" width="75%"/>。其中，size 属性定义线的粗细，属性值取整数，默认值为1；align 属性表示对齐方式，可取 left（左对齐，默认值），center（居中），right（右对齐）；width 属性用于定义线的长度，可取相对值（由一对 " 号括起来的百分数，表示相对于整个窗口的百分比），也可取绝对值（用整数表示的屏幕像素点的个数，如 width="300"），默认值是 100%。

3. 注释语句

和其他计算机语言一样，HTML 也提供了注释语句。注释语句的格式为：<!--注释内容-->。"<!--"表示注释开始，"-->"表示注释结束，中间的所有内容表示注释文。注释语句可以放在任何地方，注释内容在浏览器中不显示，仅供设计人员阅读。

2.1.4 HTML 文档的基本结构

HTML 网页文件主要由文件头和文件体两部分内容构成。其中，文件头用于对文件进行一些必要的定义，文件体是 HTML 网页的主要部分，它包括文件所有的实际内容。HTML 网页文件的基本结构如图 2-2 所示。

在 HTML 网页文件的基本结构中主要包含以下几种标记。

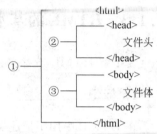

图 2-2　HTML 网页文件的基本结构

1. html 文件标记

<html>…</html>标记放在网页文档的最外层，告诉浏览器 HTML 文档开始和结束的位置，其中包括 head 和 body 两大部分，中间嵌套其他标记。HTML 文档中所有的内容都应该在这两个标记之间，一个 HTML 文档总是以<html>开始，以</html>结束。

2. head 文件头部标记

HTML 文件的头部用<head>…</head>标记，头部主要提供文档的描述信息，head 部分的所有内容都不会显示在浏览器窗口中，主要用来说明文件的有关信息，如文件标题、作者、编写时间、搜索引擎可用的关键词、链接的其他脚本或样式文件等。

在 head 标记内最常用的标记是网页标题标记——title 标记，它的格式为：<title>网页标题</title>。网页标题是提示网页内容和功能的文字，它将出现在浏览器的标题栏中，一个网页只能有一个标题，并且只能出现在文件的头部。

3. body 文件主体标记

HTML 文件的主体用<body>…</body>标记，它是 HTML 文档的主体部分，网页正文中的所有内容包括文字、表格、图像、声音和动画等都包含在这对标记对之间，其格式为：<body background="image-url" bgcolor="color" text="color" link="color" alink="color" vlink="color" leftmargin="value" topmargin="value">…</body>。

其中各属性的含义如下。

（1）background：设置网页背景图像。

（2）image-url：图像文件的路径。

（3）bgcolor：设置网页的背景颜色，默认为白色。

（4）text：设置非可链接文字的色彩，默认为黑色。

（5）link：设置尚未被访问过的超文本链接的色彩。

（6）alink：设置超文本链接在被访问瞬间即被鼠标点中时的色彩。

（7）vlink：设置已被访问过的超文本链接的色彩。

（8）leftmargin：设置页面左边距，即内容和浏览器左部边框之间的距离。

（9）topmargin：设置页面上边距，即内容和浏览器上部边框之间的距离。

（10）value：表示空白量，可以是数值，也可以是相对页面窗口宽度和高度的百分比。

（11）color：表示颜色值。颜色值可以用颜色的英文名表示；也可以用♯加红绿蓝（RGB）三基色混合的 6 位十六进制数♯RRGGBB 表示，每个基色的最低值是 0（十六进制是♯00），最大值是 255（十六进制是♯FF）。常用颜色的中英文名称及 RGB 十六进制值如表 2-1 所示。

表 2-1　常用颜色的中英文名称及 RGB 十六进制值

色　彩	色彩英文名	十六进制代码	色　彩	色彩英文名	十六进制代码
纯白	White	♯FFFFFF	棕色	Brown	♯A52A2A
纯黑	Black	♯000000	金色	Gold	♯FFD700
灰色	Gray	♯808080	纯绿	Green	♯008000
银灰色	Silver	♯C0C0C0	橄榄	Olive	♯808000
纯红	Red	♯FF0000	青色	Cyan	♯00FFFF
粉红	Pink	♯FFC0CB	纯蓝	Blue	♯0000FF
深红	Crimson	♯DC143C	海军蓝	Navy	♯000080
橙色	Orange	♯FFA500	紫色	Purple	♯800080
纯黄	Yellow	♯FFFF00	栗色	Maroon	♯800000

2.1.5　HTML 的基本语法规则

HTML 应遵循以下的语法规则。

（1）HTML 文件以纯文本形式存放，扩展名为 HTM 或 HTML。若系统为 UNIX 系统，扩展名必须为 HTML。

（2）参照 XHTML 规则，HTML 标记和属性名使用小写字母，属性值必须用双引号括起来，所有标记包括单标记也必须封闭。HTML 则没这么严格，尽管目前的浏览器都兼容 HTML，但是为了使网页能够符合标准，尽量使用 XHTML 规范来编写代码。

（3）多数 HTML 标记可以嵌套，但不可以交叉。例如：＜p＞＜font color＝"♯000000" face="方正粗圆简体，方正黑体"＞网页设计与制作教程＜/p＞＜/font＞，将不能正确显示。

（4）HTML 文件一行可以写多个标记，一个标记也可以分多行书写，不用任何续行符号。例如：

```
<p><font color="#000000" face="方正粗圆简体,方正黑体">
    网页设计与制作教程
</font></p>
```

和

```
<p><font color="#000000"
    face="方正粗圆简体,方正黑体">
    网页设计与制作教程
</font></p>
```

都是正确的,且显示效果相同,但 HTML 标记中的一个单词不能分两行书写,如:

```
<fo
    nt color="#000000" face="楷体-GB2312">
    网页设计与制作教程
</font>
```

是不正确的。

（5）HTML 源文件中的换行、回车符和空格在显示效果中是无效的。显示内容如果要换行必须用
标记,换段用<p>标记;要实现空格必须通过代码来控制,一个半角空格使用一个 表示,多个空格只需使用多次即可。例如:

```
<font face="楷体-GB2312">
    网页设计与制作教程
</font>
```

与

```
<font face="楷体-GB2312">
    网页设计
    与制作教程
</font>
```

的浏览器显示效果均为:

网页设计与制作教程

又例如:

```
<font face="楷体-GB2312">
    网页设计<p>与制作教程</p>
</font>
```

与

```
<font face="楷体-GB2312">
    网页设计<p>
```

```
与制作教程</p>
</font>
```

的浏览器显示效果均为：

```
网页设计
与制作教程
```

与空格的表示方法有些相似，一些特殊符号是凭借特殊的符号码来表现的。通常由前缀 & 加上字符对应的名称，再加上后缀";"而组成。表 2-2 列出了一些常见的 HTML 特殊符号的表示方法。

表 2-2　HTML 中一些特殊符号的表示方法

特殊符号	符号码	特殊符号	符号码	特殊符号	符号码
<	&lt;	&	&amp;	©	&copy;
>	&gt;	"	&quot;	®	&reg;

（6）网页中所有的显示内容都应该受限于一个或多个标记，不应有游离于标记之外的文字或图像等，以免产生错误。

2.2　HTML 的文本格式标记

在<body>…</body>标记对之间直接输入文字就可以显示在浏览器窗口中，但是要制作出真正实用的网页，还必须对输入的文字进行适当修饰。

2.2.1　标题文字标记

功能：标题是一段文字内容的核心，可以通过设置不同大小的标题，增加文章的条理性。

格式：

```
<hn align="对齐方式">标题文字</hn>
```

属性：n 表示标题字号的级别，可以是 1～6 之间的任意整数，数字越小，字号越大；align 用来设置标题在页面中的对齐方式，取值包括：left（左对齐）、right（右对齐）和 center（居中对齐），默认为 left。

说明：用该标记实现文章标题的效果有限，默认显示为宋体、粗体，可以用 font 标记实现文章标题丰富多彩的效果。

【例 2-2】　标题文字标记的应用。

```
<html>
<head>
```

```
<title>标题文字标记示例</title>
</head>
<body>
<center>
<p>这是一行普通文字</p>
<h1>一级标题</h1>
<h2>二级标题</h2>
<h3>三级标题</h3>
<h4>四级标题</h4>
<h5>五级标题</h5>
<h6>六级标题</h6>
</center>
</body>
</html>
```

在浏览器中显示的效果如图 2-3 所示。

图 2-3　标题文字的效果

2.2.2　文字字体标记

功能：改变网页中文字的字体、字号或颜色。

格式：

```
<font face="字体" size="字号" color="颜色">文字</font>
```

属性：face 定义文字的字体，如 face="黑体"表示黑体；size 定义文字的字号，用来设定文字的大小，其值为 1～7 的整数，值越大字越大；color 定义文字的颜色。

注意：在 HTML 4.01 中，font 元素不建议使用；在 XHTML 1.0 中，font 元素不被支持，用样式取代了它。

【例 2-3】 文字字体标记的应用。

```
<html>
<head>
<title>文字字体标记示例</title>
</head>
<body>
<center>
<p><font face="楷体_GB2312">欢迎光临</font></p>
<p><font face="宋体">欢迎光临</font></p>
<p><font face="黑体">欢迎光临</font></p>
<p><font face="Times New Roman">Welcome to my homepage! </font></p>
<p><font face="Arial Black">Welcome to my homepage! </font></p>
</center>
</body>
</html>
```

在浏览器中显示的效果如图 2-4 所示。

2.2.3　文本修饰标记

图 2-4　设置文字字体的效果

功能：给文本增添一些特殊效果，如黑体、斜体、下划线等，这是一组标记，它们可以单独使用，也可以混合使用产生复合修饰效果。常用的字体修饰标记如下。

<b>…</b>：加粗文字。

<i>…</i>：倾斜文字。

<u>…</u>：给文字加下划线。

<strike>…</strike>：删除线。

<sup>…</sup>：使文字成为前一个字符的上标。

<sub>…</sub>：使文字成为前一个字符的下标。

<em>…</em>：强调文字，通常用斜体加黑体。

<strong>…</strong>：特别强调的文字，通常也是斜体加黑体。

【例 2-4】　文本修饰标记的应用。

```html
<html>
<head>
<title>文本修饰标记示例</title>
</head>
<body>
<center>
<p><b>这是一行粗体</b></p>
<p><i>这是一行斜体</i></p>
<p><u>这一行有下划线</u></p>
<p><strong>这时要强调的文字</strong></p>
<p><b><i><u>粗斜体并有下划线</u></i></b></p>
<p>2<sup>4</sup>=16</p>
<p>水的化学符号是 H<sub>2</sub>O</p>
</center>
</body>
</html>
```

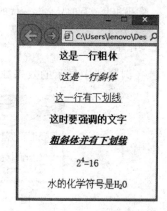

图 2-5　文本修饰的效果

在浏览器中显示的效果如图 2-5 所示。

2.2.4　段落标记

功能：设置文章段落的开始和结束。浏览器在解释 HTML 文档时，会自动忽略文档中的回车、空格以及其他一些符号，所以在文档中输入回车，并不意味着在浏览器内将看到一个不同的段落。当需要在网页中插入新的段落时，可以使用段落标记，它可以将标记后面的内容另起一段。

格式:

```
<p align="水平对齐方式">…</p>
```

属性:align 取值可以为 left(左对齐)、right(右对齐)和 center(居中对齐),默认 left。

2.2.5 强制换行标记

功能:强行另起一行显示该标记后面的网页元素。

格式:

```
<br/>
```

说明:这是一个单标记,与段落标记在显示效果上都是另起一行书写,但它们的不同之处是:段落标记的行距要宽。

【例 2-5】 段落标记和强制换行标记的应用。

```
<html>
<head>
<title>段落标记和强制换行标记示例</title>
</head>
<body>
<p>①我用了段落标记哟!后面要多空一些。</p>
<p>②我后面有强制换行标记,下一行和我是一伙的,我们紧挨着!<br/>
③我和上一行的兄弟是一伙的!</p>
</body>
</html>
```

在浏览器中显示的效果如图 2-6 所示。

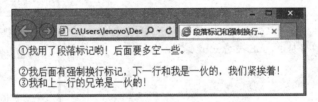

图 2-6 设置段落标记和强制换行标记的效果

2.2.6 插入水平线标记

功能:在网页中插入一条水平线,用于页面上内容的分割。
格式:

```
<hr width="value1" size="value2" align="value3" color="color1" noshade/>
```

属性：width 用来设置水平线的宽度，value1 可以是绝对值（不随窗口尺寸的改变而改变，以像素为单位）或相对值（相对于当前窗口的百分比，当窗口宽度改变时，水平线长度也随之增减，默认值为 100%）；size 用来设置水平线的高度（粗细），value2 的值可以是绝对值或相对值，默认高度为 1；align 用来设置水平线的对齐方式，value3 的值可以是left、right、center，默认是 center；color 用来设置水平线的颜色，颜色的取值可以是颜色的英文名称或十六进制 RGB 颜色码；noshade 用来设置水平线是否有阴影效果。

2.2.7　预排格式标记

功能：保留文字在纯文字编辑器中的格式，原样显示，不受前面的文字格式和段落格式的影响。

格式：

<pre>要按预排格式显示的文本</pre>

说明：若用其他文本编辑器编好了一段文本，要把它放进网页文件中，常常需要加许多标记才能达到原来的显示效果，否则浏览器会自动忽略文档中的回车、空格以及其他一些符号。如果在文本开头加上<pre>，在末尾加上</pre>，那么中间就不用加其他标记了，中间的回车换行符等也都能起作用，即原样显示。注意在记事本等文本编辑器中的排版效果和在浏览器中的实际显示效果还是会有一些差别，因为各个软件环境是不同的。

【例 2-6】　预排格式标记的应用。

```
<html>
<head>
<title>预排格式标记示例</title>
</head>
<body>
<pre>
            望庐山瀑布
              唐-李白
      日照香炉生紫烟，遥看瀑布挂前川。
      飞流直下三千尺，疑是银河落九天。
</pre>
</body>
</html>
```

图 2-7　预排的效果

在浏览器中显示的效果如图 2-7 所示。

2.2.8　定位标记

功能：设定文字、图像、表格等的摆放位置。<div>标记的功能与<p>标记相似，但在为许多段落设置同样的对齐方式时比较方便。

格式：

```
<div align="对齐方式">文本、图像或表格等</div>
```

属性：align 取值可以为 left(左对齐)、right(右对齐)和 center(居中对齐)，默认 left。

【例 2-7】 定位标记的应用。

```
<html>
<head>
<title>定位标记示例</title>
</head>
<body>
  <div align="center">
          春夜喜雨<br/>
          杜甫 <br/>
      好雨知时节，当春乃发生。<br/>
      随风潜入夜，润物细无声。<br/>
      野径云俱黑，江船火独明。<br/>
      晓看红湿处，花重锦官城。
  </div>
<hr/>
<p>    "春夜喜雨"是唐诗中的名篇之一，是杜甫 761 年在成都草堂居
住时所作。此诗运用拟人手法，以极大的喜悦之情，赞美了来得及时、滋润万物的春雨。诗中对春
雨的描写，体物精微，细腻生动，绘声绘形。作品意境淡雅，意蕴清幽，诗境与画境浑然一体，是一
首传神入化、别具风韵的咏雨诗，为千古传诵的佳作。</p>
</body>
</html>
```

在浏览器中显示的效果如图 2-8 所示。

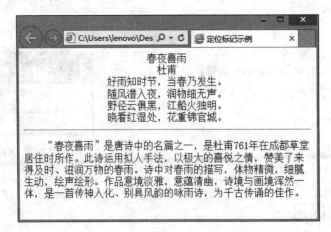

图 2-8　定位标记的效果

2.2.9　列表标记

分段排列出一组级别相同的项目称为列表。如果在每段前面加上一个相同的符号，则称为无序列表；如果每段前面加上一个序号，则称为有序列表。

1. 无序列表

功能：设置无序列表。
格式：

```
<ul type="加重符号类型">
<li type="加重符号类型">列表项目 1</li>
<li type="加重符号类型">列表项目 2</li>
...
</ul>
```

属性：在无序列表的开始和结束处，分别是<ul>和</ul>标记。在每一项列表条目之前必须加上<li>标记。type 属性表示在每个项目前显示加重符号的类型，共有 3 种选择：type＝"disc"时，列表符号为●（实心圆）；type＝"circle"时，列表符号为○（空心圆）；type＝"square"时，列表符号为■（实心方块）。<ul>和<li>标记都可以定义 type 参数，因此一个列表中，不同的列表项目可以用不同的列表符号，但一般情况下不要这样设置。

2. 有序列表

功能：设置有序列表。
格式：

```
<ol type="序号类型"start="起始号码">
<li type="序号类型">列表项目 1</li>
<li type="序号类型">列表项目 2</li>
...
</ol>
```

属性：在有序列表的开始和结束处，分别是<ol>和</ol>标记，每一项列表条目之前必须加上<li>标记。type 属性表示在每个项目前显示的序号类型，其值可以为 1（阿拉伯数字）、A（大写英文字母）、a（小写英文字母）、I（大写罗马字母）、i（小写罗马字母）。start 用于设置编号的开始值，默认值为 1；<li>标记设定该条目的编号，其后的条目将以此作为起始数目并逐渐递增。

【例 2-8】　无序列表和有序列表标记的应用对比。

```
<html>
<head>
```

```
<title>无序列表和有序列表标记示例</title>
</head>
<body text="blue">
<ul>
<p>中国城市</p>
<li>北京</li>
<li>上海</li>
<li>广州</li>
</ul>
<ol>
<p>美国城市</p>
<li>华盛顿</li>
<li>芝加哥</li>
<li>纽约</li>
</ol>
</body>
</html>
```

在浏览器中显示的效果如图 2-9 所示。

图 2-9　设置无序列表和有序列表的效果

3. 定义列表

功能：用于需要对列表条目进行简短说明的场合。

格式：

```
<dl>
<dt>列表条目 1</dt>
<dd>条目 1 的说明</dd>
<dt>列表条目 2</dt>
<dd>条目 2 的说明</dd>
…
</dl>
```

属性：在定义列表的开始和结束处，分别是<dl>和</dl>标记，每一项列表条目之前必须加上<dt>标记，用<dd>标记定义的条目说明文字自动向右缩进。

【例 2-9】　定义列表标记的应用。

```
<html>
<head>
<title>定义列表标记示例</title>
</head>
<body>
常用的网络论坛用语：
<dl>
<dt>菜鸟</dt>
```

<dd>菜鸟：原指电脑水平比较低的人，后来广泛运用于现实生活中，指在某领域不太拿手的人。与之相对的就是老鸟。</dd>

<dt>大虾</dt>

<dd>大虾："大侠"的通假，指网龄比较长的资深网虫，或者某一方面(如电脑技术或文章水平)特别高超的人，一般人缘声誉较好才会得到如此称呼。</dd>

</dl>

</body>

</html>

在浏览器中显示的效果如图 2-10 所示。

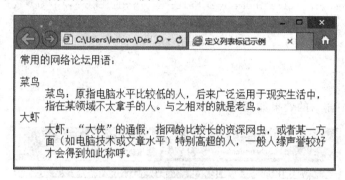

图 2-10　定义列表的效果

2.2.10　文字滚动标记

功能：在页面中制作文字(也可以是图像)滚动的效果。

格式：

```
<marquee behavior ="value" bgcolor ="color" direction ="value" height =
"value" width ="value" loop ="value " scrollamount ="value " scrolldelay =
"value" hspace="value" vspace="value">滚动文字</marquee>
```

属性如下。

(1) behavior：设置文字滚动方式。共有 3 种滚动方式供选择：behavior ="alternate"时，文字将来回滚动；behavior ="scroll"时，文字将循环滚动；behavior ="slide"时，文字将只进行一次滚动。

(2) bgcolor：为滚动文字添加背景颜色。

(3) direction：设置文字滚动的方向，value 的取值可以为 up、down、left 和 right4 种，分别表示文字向上、向下、向左和向右滚动。

(4) height 和 width：设置文字滚动的区域，取值为点数或相对于窗口的百分比。

(5) loop：设置文字滚动的次数。默认值为-1，-1 表示无限次不断滚动。

(6) scrollamount：调整文字滚动的速度，数值越大速度越快。

(7) scrolldelay：设置在每一次滚动的间隔产生一段时间的延迟，数值越大延迟越长。

(8) hspace 和 vspace：设置文字滚动的水平垂直空间。

【例 2-10】　文字滚动标记的应用。

```
<html>
<head>
<title>滚动文字标记示例</title>
</head>
<body>
<marquee bgcolor="blue" behavior="alternate" direction="left" scrollamount="10"
scrolldelay="100"><font color="white"><b>欢迎使用杨选辉编著的新书：<<网页设计
与制作教程>>(第 3 版)</b></font></marquee>
</body>
</html>
```

在浏览器中显示的效果如图 2-11 所示。

图 2-11　文字滚动的效果

2.3　HTML 的图像与多媒体标记

在网页中加入图像和多媒体元素可以使网页更加生动活泼。

2.3.1　图像标记

再简单朴素的网页如果只有文字而没有图像将失去许多活力，因此图像在网页制作中是非常重要的元素。HTML 提供了＜img＞标记来处理图像的输出。

功能：在当前位置插入图像。

格式：

```
< img src="image-url" alt="替换文字" title="说明文字"width="x" height="y"
border="边框长度" hspace="x" vspace="y" align="对齐方式"/>
```

属性如下。

(1) src：设置要加入的图像文件的 URL 地址。图像格式通常为 GIF、JPG 或 PNG，因为它们是压缩形式的图像格式，适合网络传输。

（2）alt：设置当图像无法显示时显示的替换文字。

（3）title：鼠标停留在图像上时显示的说明文字。未设置 title 属性时，IE 浏览器会把 alt 属性当作 title 属性用，即鼠标停留在图像上时显示 alt 属性中的文字，但其他浏览器不会这样。

（4）width、height：设置图像的宽度或高度，可以是绝对值（像素）或相对值（百分比）。一旦设定了图像的宽度和高度后图像将按这个设定尺寸显示，与图像的真实大小无关。

（5）border：设置图像外围边框宽度，其值为正整数。

（6）hspace、vspace：设置水平方向或垂直方向的空白，即图像左右或上下留多少空白。

（7）align：设置图像在页面中的位置，可以为 left、right 或 center。

说明：<img>标记并不是真正地把图像加入到 HTML 文档中，而是给标记对内的 src 属性赋值，这个值是包括路径的图像文件的文件名，实际上就是通过路径将图像文件调用到 HTML 文档中去显示。路径在网页中是一个很重要的概念，路径分为绝对路径和相对路径。

① 绝对路径是指文件在硬盘上真正存在的路径，经常表现为以盘符为出发点的路径。例如"E:\网页设计与制作教程\第 2 章\image\bg.jpg"就是一个绝对路径，它表示"bg.jpg"这个图片是存放在硬盘的"E:\网页设计与制作教程\第 2 章\image"目录中。在网页编程时，很少会使用绝对路径，如果使用"E:\网页设计与制作教程\第 2 章\image\bg.jpg"来指定背景图片的位置，在自己的计算机上浏览可能会一切正常，但是换一台电脑或者上传到 Web 服务器上浏览就很有可能不会显示图片了。因为在别的电脑上和 Web 服务器上也许没有 E 盘，即使有 E 盘，别的电脑和 Web 服务器的 E 盘里也不一定会存在"E:\网页设计与制作教程\第 2 章\image"这个目录，因此在浏览网页时是不会显示图片的。

还有一种情况就是要调用显示的图片是网络上的，这时必须采用完整的 URL 来指定图片文件在 internet 上的精确地点。例如<img src="http://www.xuefudao.net/img/photo.jpg">是绝对路径，这种方式也不好，因为有可能这张其他网站中的图片被删除了，网页就显示不了这张图片了。

② 所谓相对路径是指所要链接或嵌入到当前 HTML 文档的文件与当前文件的相对位置所形成的路径，设置图像文件地址时应尽量使用相对路径以避免图片丢失。假如一个 HTML 文件调用文件名为 logo.gif 的图像文件，根据 HTML 文件与图像文件的目录关系，可分为以下 4 种情况：

- 假如 HTML 文件与图像文件在同一个目录中，则<img>的代码应写成<img src="logo.gif">。
- 假如图像文件放在当前 HTML 文件所在目录的一个子目录（子目录名假设是 images）中，则<img>的代码应写成<img src="images/logo.gif">。
- 假如图像文件放在当前 HTML 文件所在目录的上层目录中，则需要在图像文件名前添加"../"，因为"."表示本级目录，".."表示上级目录，"../../"表示上上级目录，以此类推。这时代码应写成＜img src＝"../logo.gif"＞。

- 假如图像文件放在当前 HTML 文件所在目录的上层目录中的其他子目录（假设放在其他一个叫 home 的子目录中）里，这时代码应写成＜img src＝"../home/logo.gif"＞。

【例 2-11】 图像标记的应用。

```
<html>
<head>
<title>图像标记示例</title>
</head>
<body>
<p align="center"><img src="1.jpg" alt=
"有儿初长大" width="200" height="300"/></p>
</body>
</html>
```

在浏览器中显示的效果如图 2-12 所示。

图 2-12　插入图像的效果

2.3.2　背景声音标记

功能：在网页中加入声音，声音文件格式可以为 *.wav 或 *.mid。

格式：

```
<bgsound src="声音文件的 url 地址"loop="value">
```

属性：src 用于指明声音文件的 url 地址；loop 控制播放次数，取 −1 或 infinite 时，声音将一直播放到浏览者离开该网页为止。

2.3.3　多媒体标记

功能：在页面中放置如 SWF 动画（即 Flash 动画）、MP3 音乐、电影等多种多媒体内容。

格式：

```
< embed src="file_url" height="value" width="value" hidden="hidden_value"
autostart="auto_value" loop="loop_value"></embed>
```

属性如下。

（1）src：用于指明多媒体文件所在的路径，可以插入的常见的多媒体文件，包括 SWF 动画、MP3 音乐、MPEG 格式的视频和 AVI 格式的视频。

（2）height 和 width：设置多媒体播放的区域，取值为像素点或百分比。

（3）hidden：用于控制播放面板的显示和隐藏。当 hidden＝"true"时，隐藏面板；当 hidden＝"false"时，显示面板。

（4）autostart：用于控制多媒体内容是否自动播放。当 autostart＝"true"时，自动播放；当 autostart ＝"false"时，不自动播放。

（5）loop：用于控制多媒体内容是否循环播放。当 loop＝"true"时，无限次循环播放；当 loop＝"false"时，仅播放一次。

2.4　HTML 的超链接标记

超链接是网页页面中最重要的元素之一，是一个网站的灵魂。一个网站是由多个页面组成的，页面之间依靠超链接确定相互的导航关系，超链接使得网页的浏览非常方便。

功能：建立超链接。

格式：

```
<a href="file-url" target="value">承载超链接的文本或图像等元素</a>
```

属性如下。

（1）href：设置要链接到的目标的 URL 地址。可用"＃"代替 file-url，表示创建一个不链接到其他位置的空超链接。

（2）target：用于设置链接目标的打开方式。当 target＝"_self"时，表示在原窗口或框架打开链接的页面，这是 target 属性的默认值；当 target＝"_blank"时，表示在一个新窗口打开所链接的页面；target＝"_parent"时，表示将链接的文件载入到父框架打开，如果包含的链接不是嵌套框架，则所链接的文档将载入到整个浏览器窗口；当 target＝"_top"时，表示将链接的文件载入到整个浏览器窗口中，并删除所有框架。"_parent"、"_top"仅仅在网页被嵌入到其他网页中有效，如框架中的网页，所以这两种取值用得很少。

【例 2-12】　超链接标记的应用。

```
<html>
<head>
<title>超链接标记示例</title>
</head>
<body>
<center>
<h1>我常访问的网站</h1>
<p><a href="http://www.xuefudao.com">学府道</a></p>
<p><a href="http://www.sohu.com" target="_self">搜狐</a></p>
<p><a href="http://www.taobao.com" target="_blank">淘宝网</a></p>
<p><a href="http://www.tup.tsinghua.edu.cn">清华大学出版社</a></p>
<p><a href="#">钓鱼之家</a></p>
</center>
</body>
</html>
```

在浏览器中显示的效果如图 2-13 所示。

图 2-13　运用超链接的效果

2.5　HTML 的表格标记

表格可以将文本和图像按一定的行和列规则进行排列,以便更好地表示长信息,有利于快速查找信息。表格内的格子称为单元格。表格标记对于制作网页是很重要的。现在很多网页都使用多重表格,主要是因为表格不但可以固定文本或图像的输出,而且还可以任意进行背景和前景颜色的设置,使页面有很多意想不到的效果,更加整齐美观。表格标记的构成如下。

功能:建立基本表格。

格式:

```
< table bgcolor="color1" background="image-url" border="n" bordercolor=
"color2" width="x" height="y" align="left/right/center" cellspacing="i"
cellpadding="j" >
<caption>表格标题</caption>
<tr>
<th>表头 1</th><th>表头 2</th>…<th>表头 n</th>
</tr>
<tr>
<td>表项 1</td><td>表项 2</td>…<td>表项 n</td>
</tr>
<tr>
<td>表项 1</td><td>表项 2</td>…<td>表项 n</td>
</tr>
⋮
</table>
```

属性如下。

（1）<table></table>标记对用来创建一个表格。

① bgcolor：设置表格的背景颜色。

② background：设置表格的背景图像。

③ border：设置表格线的宽度（粗细），n 取整数，单位为像素数。n＝0 表示无线。

④ bordercolor：设置表格边框的颜色。

⑤ width 和 height：设置表格宽度和高度，单位为像素或百分比。

⑥ align：设置表格在页面中的相对位置，取值为 left（居左）、right（居右）或 center（居中）。

⑦ cellspacing：设置相邻单元格之间、单元格和边框之间的间距，i 为像素数。

⑧ cellpadding：设置单元格中的内容到单元格边框之间的距离，j 为像素数。

（2）<caption>…</caption>用来为表格添加标题，如"奥运会男子足球比赛时间表"等。常用属性有 align、valign，valign 表示标题在表格的上部或下部，值为 top 或 bottom。

（3）<tr>…</tr>用来定义行，该标记中的内容显示在一行，此标记对只能放在<table></table>标记对之间使用，而在此标记对之间加入文本将是无用的，因为在<tr></tr>之间只能紧跟<td></td>标记对才是有效的语法；<td></td>标记对用来创建表格中一行中的每一个格子，此标记对也只有放在<tr></tr>标记对之间才是有效的，输入的文本也只有放在<td></td>标记对中才有效。

（4）<th>…</th> 用来设置表格头，表头的每一列需用一个<th>标记，通常是黑体居中文字。

（5）<td>…</td>用来定义表格内容的一列，与<th>的区别是内容不加黑显示。

说明：

（1）< table>中 bgcolor、background、align、height、width 等属性可以放在 td 标记中，作为单元格的属性。

（2）一行的开始表示前一行的结束，一列的开始表示前一列的结束，所以<tr>、<th>、<td>均可以作为单标记使用。

（3）<th>标记还可以用于每行的第一列，设置列标题。

（4）< caption >、< th >、< td >标记之间可以嵌套其他格式标记，如<p>、<font>等。

（5）表格可以嵌套，通过表格嵌套可以产生复杂的表格。

（6）单元格内容可以是文字，也可以是图像等其他网页元素。

（7）表格内网页元素的对齐方式默认居于单元格的左端，可用列、行的属性设置它在单元格中的位置。水平对齐用标记<th>、<td>和<tr>的 align 属性，align 的属性值分别为：center（居中）、left（左对齐）、right（右对齐）或 justify（左右调整）；垂直对齐用标记<th>、<td>和<tr>的 valign 属性，valign 的属性值分别为：top（靠单元格顶）、bottom（靠单元格底）、middle（靠单元格中）或 baseline（相对于基线对齐）。

（8）<tr>、<th>和<td>中还可以使用 rowspan 和 colspan 属性实现单元格的合并。rowspan 用于设置一个表格单元格跨占的行数（默认值为 1），rowspan＝n 表示将 n

行作为一行;colspan 用于设置一个表格单元格跨占的列数(默认值为 1),colspan=n 表示将 n 列作为一列。

【例 2-13】 表格标记的应用。

```
<html>
<head>
<title>表格标记的应用示例</title>
</head>
<body>
<center>
<table border="3" width="60%" height="200">
<caption align="center">请注意单元格内元素的对齐方式</caption>
<tr><th>工号</th><th>姓名</th><th>应发工资</th ><th>扣款</th><th>实发工资
</th>
<tr><td align="left">0001</td><td align="center">唐僧</td><td align="right"
>2100</td><td align="justify">100</td><td>2000</td>
<tr><td valign="top">0002</td><td valign="middle">孙悟空</td><td valign=
"bottom">1600</td><td valign="baseline">100</td><td>1500</td>
</table>
</center>
</body>
</html>
```

在浏览器中显示的效果如图 2-14 所示。

图 2-14　创建表格的效果

【例 2-14】 表格标记单元格合并属性的应用。

```
<html>
<head>
<title>表格标记单元格合并属性应用示例</title>
</head>
<body>
<table border="1" align="center">
<caption>表格标题</caption>
<tr>
```

```
<td> </td><th colspan="2">行标题 1</td><th colspan="2">行标题 2</td>
</tr>
<tr>
<th rowspan="2">列标题 1</td>
<td>A</td><td>A</td><td>A</td><td>A</td>
</tr>
<tr>
<td>B</td><td>B</td><td>B</td><td>B</td>
</tr>
<tr>
<th rowspan="2">列标题 2</td>
<td>C</td><td>C</td><td>C</td><td>C</td>
</tr>
<tr>
<td>D</td><td>D</td><td>D</td><td>D</td>
</tr>
</table>
</body>
</html>
```

图 2-15　表格单元格合并属性
应用的效果

在浏览器中显示的效果如图 2-15 所示。

2.6　HTML 的表单标记

　　表单是实现动态网页的一种主要的外在形式,是 HTML 页面与浏览器端实现交互的重要手段。表单的主要功能是收集信息,具体说就是收集浏览者的信息。例如在网上要申请一个电子信箱,就必须按要求填写完成网站提供的表单页面,其主要内容是姓名、年龄、联系方式等个人信息。

　　表单信息处理的过程为:当单击表单中的"提交"按钮时,在表单中输入的信息就会从客户端的浏览器上传到服务器中,然后由服务器中的有关表单处理程序(ASP、CGI 等程序)进行处理,处理后或者将用户提交的信息储存在服务器端的数据库中,或者将有关的信息返回到客户端浏览器中,这样网页就具有了交互性。这里只介绍如何使用 HTML 的表单标记来设计表单的外表。

1. 表单标记＜form＞

　　＜form＞＜/form＞标记用来创建一个表单域,即定义表单的开始和结束位置,这一标记有两方面的作用。

　　第一,限定表单的范围。其他表单对象,都要插入到＜form＞＜/form＞表单标记对之中才有效。单击"提交"按钮时,提交的也是表单范围之内的内容。

　　第二,携带表单的相关信息,例如处理表单的脚本程序的位置、提交表单的方法等。

这些信息对于浏览者是不可见的,但对于处理表单却有着决定性的作用。

格式:

```
<form name="form_name" action="url" method="get|post">…</form>
```

属性如下。

(1) name:设置表单的名称。

(2) action:用来定义表单处理程序(ASP、CGI 等程序)的 URL 地址。例如:<form action="http://www.xuefudao.com/admin/result.asp">,当用户提交表单时,服务器将执行 http://www.xuefudao.com 网站上 admin 目录中的 result.asp 动态页程序。

(3) method:定义浏览器将表单数据传递到服务器端处理程序的方式,取值只能是 get 或 post。get 方式表示处理程序从当前 HTML 文档中获取数据,post 方式表示当前的 HTML 文档把数据传送给处理程序。

表单标记<form>中包含的表单标记主要有 input、select(option)、textarea 等。

2. 输入标记<input>

<input>是表单中最常用的标记之一,必须放在<form></form>标记对之间。<input>用来收集用户的输入信息,是一个单标记,其含义由 type 属性决定。

格式:

```
<input name="field_name" type="type_name"/>
```

属性如下。

(1) name:设置输入区域的名称。服务器就是通过调用某一输入区域的名字来获得该区域数据的。

(2) type:设置输入区域的类型。常用的 type 属性值有以下 10 种类型。

- 文本域 text:text 用来设定单行的输入文本区域。

  格式:

  ```
  <input type="text" maxlength="value" size="value" value="field_value"/>
  ```

  其中:maxlength 为文本域的最大输入字符数;size 为文本域的宽度(以字符为单位);value 用于设置文本域的初始默认值。

- 密码域 password:在表单中还有一种文本域的形式为密码域,输入到文本域中的文字均以星号"*"或圆点显示。

  格式:

  ```
  <input type="password" maxlength="value" size="value"/>
  ```

  其中:maxlength 为密码的最大输入字符数;size 为密码域的宽度。

- 文件域 file:file 用于浏览器通过 form 表单向 Web 服务器上传文件。使用文件域,浏览器将自动生成一个文本输入框和一个"浏览…"按钮,用户既可以直接将要上传的文件的路径写在文本框内,也可以单击"浏览…"按钮打开一个文件对话框选择文件上传。

格式：

```
<input type="file"/>
```

- 单选按钮 radio：radio 用于在表单上添加一个单选按钮，但单选按钮需要成组使用才有意义。只要将若干个单选按钮的 name 属性设置为相同，它们就形成了一组单选按钮。浏览器只允许一组单选按钮中的一个被选中。

  格式：

```
<input type="radio" checked value="value"/>
```

  其中：checked 表示此项被默认选中；value 表示选中项目后传送到服务器端的值，同组中的每个单选按钮的 value 属性值必须各不相同。

- 复选框 checkbox：checkbox 用于在表单上添加一个复选框。复选框可以让用户选择一项或多项内容。

  格式：

```
<input type="checkbox" checked value="value"/>
```

  其中：checked 表示此项被默认选中；value 表示选中项目后传送到服务器端的值。

- 普通按钮 button：普通按钮主要是用来配合程序（如 JavaScript 脚本）的需要来进行表单处理的。

  格式：

```
<input type="button" value="button_text"/>
```

  其中：value 值代表显示在按钮上面的文字。

- "提交"按钮 submit：单击"提交"按钮后，可以实现表单内容的提交。

  格式：

```
<input type="submit" value="button_text"/>
```

- "重置"按钮 reset：单击"重置"按钮后，可以清除表单的内容，恢复默认的表单内容设定。

  格式：

```
<input type="reset" value="button_text"/>
```

- 图像按钮 image：image 用于在表单上添加一张图片作为按钮，其功能和提交按钮相同。

  格式：

```
<input type="image" src="image_url"/>
```

  其中：src 用于设置图片的路径。

- 隐藏域 hidden：hidden 用于在表单上添加一个隐藏的表单字段元素，浏览器不会显示这个表单字段元素,但当提交表单时,浏览器会将这个隐藏域元素的 name 属性和 value 属性值组成的信息对发送给服务器。使用隐藏域,可以预设某些要传递的信息。

格式:

```
<input type="hidden"/>
```

3. 下拉列表框和列表框标记＜select＞和＜option＞

当浏览者选择的项目较多时,如果用选择按钮的方式来选择,占页面的空间就会较大,而下拉列表框和列表框是为了节省网页的空间而产生的。下拉列表框是一种最节省空间的方式,正常状态下只能看到一个选项,单击按钮打开列表后才能看到全部的选项;列表框可以显示一定数量的选项,如果超出了这个数量,会自动出现滚动条,浏览者可以通过拖动滚动条来观看各选项。通过＜select＞和＜option＞标记可以设计页面中的下拉列表框和列表框效果,此标记对必须放在＜form＞＜/form＞标记对之间。

格式:

```
<select name="name" size="value" multiple><option value="value" selected>选项
一</option><option value="value">选项二</option>…</select>
```

＜select＞标记用来定义下拉列表框或列表框,属性如下。

(1) name:设置下拉列表框或列表框的名称。

(2) size:如果没有设置 size 属性,那么表示为下拉列表框;如果设置了 size 属性,则变成了列表框,列表显示出的行数由 size 属性值决定。

(3) multiple:该属性不用赋值可直接加入到标记中。加上 multiple 属性表示列表框允许多选,否则只能单选。

＜option＞标记用来指定下拉列表框或列表框中的一个选项,它放在＜select＞＜/select＞标记对之间。属性如下。

(1) value:该属性用来给＜option＞指定的选项赋值,这个值是要传送到服务器上的,服务器正是通过调用＜select＞区域名字的 value 属性来获得该区域选中的数据项的。

(2) selected:指定初始默认的选项。

4. 多行文本域标记＜textarea＞

＜textarea＞＜/textarea＞用于创建一个可以输入多行的文本框,此标记对放在＜form＞＜/form＞标记对之间。

格式:

```
<textarea name="name" rows="value" cols="value"></textarea>
```

属性如下。

(1) name:设置多行文本域的名称。

（2）rows 和 cols：设置多行文本域的行数和列数，以字符数为单位。

以上表单各种输入元素的显示效果如表 2-3 所示。

表 2-3　表单各种输入元素的显示效果

输 入 元 素	显 示 效 果	输 入 元 素	显 示 效 果
文本域效果	我是文本域	"提交"按钮效果	提交
密码域效果	••••••••	"重置"按钮效果	重写
文件域效果	浏览...	图像按钮效果	
单选按钮效果	◉男 ◎女	下拉列表框效果	湖南 ▼
复选框效果	☑音乐 ☑上网 □体育	列表框效果	张学友 刘德华 郭富城
普通按钮效果	普通按钮	多行文本域效果	请留下你的宝贵意见

注：表单和表单元素不具有排版的能力，表单和表单元素的排版最终还是要由表格组织起来，因此在 HTML 代码中，表单标记和表格标记通常是如影随形的。

【例 2-15】　表单应用综合示例。

```
<html>
<head>
  <title>表单应用综合示例</title>
</head>
<body>
  <div align="center">
  <form action="mailto:yangxuanhui@163.com" method="get" name="hyzcb">
    <h2>用户注册表</h2>
    <table border="1" width="500" cellpadding="3">
    <tr><td align="right" width="100">用户名</td>
        <td align="left" width="400">
        <input type="text" name="username" size="20"/></td>
    </tr>
    <tr><td align="right" width="100">密码</td>
        <td align="left" width="400">
        <input type ="password" name ="password" size="20" /></td>
    </tr>
        <tr><td align="right" width="100">性别</td>
        <td align="left" width="400">
        <input type ="radio" name ="sex" value ="男" checked/>男
        <input type ="radio" name ="sex" value ="女"/>女</td>
    </tr>
```

```html
<tr><td align="right" width="100">爱好</td>
    <td align="left" width="400">
    <input type ="checkbox" name ="like" value ="音乐"/>音乐
    <input type ="checkbox" name ="like" value ="上网"/>上网
    <input type ="checkbox" name ="like" value ="体育"/>体育
    <input type ="checkbox" name ="like" value ="旅游"/>旅游</td>
</tr>
<tr><td align="right" width="100">职业</td>
    <td align="left" width="400">
    <select size="3" name="work">
    <option value="政府职员">政府职员</option>
    <option value="工程师" selected>工程师</option>
    <option value="工人">工人</option>
    <option value="教师">教师</option>
    <option value="医生">医生</option>
    <option value="学生">学生</option>
    </select></td>
</tr>
<tr><td align="right" width="100">个人收入</td>
    <td align="left" width="400">
    <select name="salary">
    <option value="1000元以下">1000元以下</option>
    <option value="1000-2000元">1000-2000元</option>
    <option value="2000-3000元">2000-3000元</option>
    <option value="3000-4000元">3000-4000元</option>
    <option value="4000元以上">4000元以上</option>
    </select></td>
</tr>
<tr><td align="right" width="100">个性照片</td>
    <td align="left" width="400">
    <input type="file"/></td>
</tr>
<tr><td align="right" width="100">特色签名</td>
    <td align="left" width="400">
    <textarea name="think" rows="4" cols="40"></textarea></td>
</tr>
<tr><td align="center" colspan="2">
    <input type="submit" name ="submit" value ="提交"/>   
    <input type="reset" name ="reset" value ="重写"/></td>
</tr>
</table>
</form>
</div>
```

```
</body>
</html>
```

在浏览器中显示的效果如图 2-16 所示。

图 2-16　表单应用综合示例的效果

2.7　HTML 的框架标记

　　框架的运用就是把浏览器窗口划分成几个子窗口,每个子窗口可以调入各自的 HTML 文档形成不同的页面,也可以按照一定的方式组合在一起完成特殊的效果。框架通常的使用方法是在一个框架中放置目录并设置链接,单击链接,内容将显示在另一个框架中;有时也可将一个网页的不同部分由不同的人员制作,每人完成一个子窗口,然后利用框架技术将它们合并在一起形成一个完整的页面。

　　框架主要包括框架集和框架两部分,它的建立主要使用<frameset>和<frame>两个标记。在使用了框架的页面中,<frameset>标记取代了<body>标记,用来划分窗格,建立框架结构;然后通过<frame>标记定义每一个具体框架的内容。

1. 框架集标记<frameset>

　　框架集是指在一个文档内定义的一组框架结构的 HTML 网页,它定义了在浏览器中显示的框架数、框架的尺寸、载入到框架的初始网页等。

　　功能:定义如何分割窗口,用来定义主文档中有几个框架以及各个框架是如何排列的。

格式：

```
< frameset rows = " value, value, … " cols = " value, value, … " border = " value"
bordercolor = " color _ value" frameborder = " yes | no" framespacing = " value"> … /
frameset>
```

属性如下。

(1) rows：将窗口分为上下部分（用 " , " 分割, value 为定义各个框架的宽度值, 单位可以是百分数、像素值或星号（＊）, 其中星号表示剩余部分）。

(2) cols：将窗口分为左右部分（用 " , " 分割, value 为定义各个框架的宽度值, 单位可以是百分数、像素值或星号（＊）, 其中星号表示剩余部分）。

(3) border：设定边框的宽度, 单位为像素。

(4) bordercolor：设定边框的颜色。

(5) frameborder：设定有/无边框。

(6) framespacing：设定各子框架间的空白, 单位为像素。

框架集标记的属性如表 2-4 所示。

表 2-4　frameset 的属性说明

属　　性	说　　明
<frameset rows = " ＊ , ＊ , ＊ ">	总共有 3 个从上向下排列的框架, 每个框架占整个浏览器窗口的 1/3
<frameset cols = " 40％ , ＊ , ＊ ">	总共有 3 个从左向右排列的框架, 第一个框架占整个浏览器窗口的 40％, 剩下的空间平均分配给另外两个框架
<frameset rows = " 40％ , ＊ " cols = " 50％ , ＊ , 200 ">	总共有 6 个框架, 先是在第一行中从左到右排列三个框架, 然后在第二行中从左到右再排列三个框架, 即两行三列, 所占空间依据 rows 和 cols 属性的值, 其中 200 的单位是像素

2. 框架标记<frame>

每一个框架都有一个显示的页面, 这个页面文件称为框架页面。通过<frame>标记可以定义框架页面的内容。<frame>是一个单标记, 放在<frameset></frameset>之间。

功能：定义某一个具体的框架。<frame>标记的个数应等于在<frameset>标记中所定义的框架数, 并按在文件中出现的次序按先行后列对框架进行初始化。如果<frame>标记数目少于<frameset>中定义的框架数量, 则多余的框架为空。

格式：

```
< frame src = "file_url" name = "frame_name" scrolling = "yes|no|auto" noresize/>
```

属性如下。

(1) src：设置框架要显示的源文件路径。

(2) name：定义框架的名称, 框架名称必须以字母开始。为框架指定名称的用途是, 当其他框架中的链接要在指定的框架中打开时, 可以设置其他框架中超链接的 target 属性值等于这个框架的 name 值。

（3）scrolling：设定滚动条是否显示，值可以是 yes（显示）、no（不显示）或 auto（若需要则会自动显示，不需要则自动不显示）。

（4）noresize：禁止改变框架的尺寸大小。

注：框架可以嵌套，通过框架的嵌套可实现对子窗口的再分割，得到各式各样复杂的框架结构。

【例 2-16】 框架标记的综合应用。

main.html（主文档）

```html
<html>
<head>
<title>框架标记综合示例</title>
</head>
<frameset rows="20%,*">
  <frame src="top.html" scrolling="no" name="top"/>
    <frameset cols="30%,*">
      <frame src="menu.html" scrolling="no" name="left"/>
      <frame src="page1.html" scrolling="auto" name="right"/>
    </frameset>
</frameset>
</html>
```

top.html

```html
<html>
<head>
<title>第一页</title>
</head>
<body>
<h1 align="center">唐诗三百首</h1>
</body>
</html>
```

menu.html

```html
<html>
<head>
<title>目录</title>
</head>
<body>
<center>
<h3>目录</h3>
<p><a href="page1.html" target="right">登鹳雀楼</a></p>
<p><a href="page2.html" target="right">回乡偶书</a></p>
```

```html
<p><a>早发白帝城</a></p>
<p><a>寻隐者不遇</a></p>
</center>
</body>
</html>
```

page1.html

```html
<html>
<head>
<title>第一首诗</title>
</head>
<body>
<p align="center">我是第一首诗：登鹳雀楼</p>
</body>
</html>
```

page2.html

```html
<html>
<head>
<title>第二首诗</title>
</head>
<body>
<p align="center">我是第二首诗：回乡偶书</p>
</body>
</html>
```

注：因为超链接的路径原因，必须将上面五个 HTML 文档放在同一个目录下演示才能成功。

在浏览器中显示的效果如图 2-17 所示。

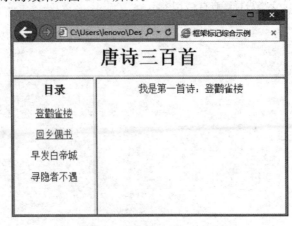

图 2-17　框架标记示例的效果

2.8 HTML 综合实例

【例 2-17】 用 HTML 编写如图 2-18 所示的一个简单网站的首页。

图 2-18 HTML 综合实例的效果

程序代码如下。

```
<html>
<head>
<title>欢迎来到蝴蝶的天空</title>
</head>
<body text="#c0c0c0" leftmargin="0" topmargin="100" alink="#c0c0c0" link=
"#c00cc0" vlink="#c0c0c0">
<bgsound loop="-1" src="hudie.mid">
<table width="768" border="0" align="center">
<tr>
<td height="2"><font color="#997fc8" size="3"><marquee scrollamount="3" width
="100%">在天空中飞舞的蝴蝶的翅膀是蓝色的,我喜欢这种颜色,我喜欢这种自由烂漫的感觉,
我喜欢蝴蝶</marquee></font></td>
</tr>
<tr>
<td height="2"><hr size="1" width="100%" color="#b467f6"></td>
</tr>
<tr>
<td height="210" align="center"><a href="#"><img src="main.jpg" width=
"410" height="200"/></a></td>
```

```
</tr>
<tr>
<td height="50"><div align="center"><font size="2"><font color="#999999">::::
请你点击上面的图片进入本站首页::::</font><br>copyright 2008-2012 &copy;<br>联
系电话: 12345678 E-MAIL:12345678@163.com<br>BEST VIEW 1024 * 768</font></div>
</td>
</tr>
<tr>
<td height="2"><hr size="1" width="100%" color="#b467f6"></td>
</tr>
<tr>
<td height="20" align="center"><font color="#0099ff" size="4">|<a href="#">本站
首页</a>|<a href="#">心情驿站</a>|<a href="#">蝴蝶天空</a>|<a href="#">蝴蝶随
笔</a>|<a href="#">关于我们</a>|<a href="#">和我联系</a>|</font></td>
</tr>
</table>
</body>
</html>
```

思考与练习

1. 单项选择题

（1）以下关于 HTML 文档的说法，正确的是（　　）。

    A. <html>与</html>这两个标记合起来说明在它们之间的文本表示两个
       HTML 文本

    B. HTML 文档是一个可执行的文档

    C. HTML 文档只是一种简单的 ASCII 码文本

    D. HTML 文档的结束标记</html>可以省略不写

（2）下列哪项不是 XHTML 规范的要求（　　）?

    A. 标记名必须小写　　　　　　　　B. 属性名必须小写

    C. 属性值必须小写　　　　　　　　D. 所有属性值必须添加引号

（3）以下说法中，正确的是（　　）。

    A. P 标记符与 BR 标记符的作用一样

    B. 多个 P 标记符可以产生多个空行

    C. 多个 BR 标记符可以产生多个空行

    D. P 标记符的结束标记符通常不可以省略

（4）有关<title></title>标记，正确的说法是（　　）。

    A. 表示网页正文开始

    B. 中间放置的内容是网页的标题

C. 位置在网页正文区＜body＞＜/body＞内

D. 在＜head＞＜/head＞文件头之后出现

(5) 以下说法中,错误的是(　　)。

A. 表格在页面中的对齐应在 TABLE 标记符中使用 align 属性

B. 要控制表格内容的水平对齐,应在 tr、td、th 中使用 align 属性

C. 要控制表格内容的垂直对齐,应在 tr、td、th 中使用 valign 属性

D. 表格内容的默认水平对齐方式为居中对齐

(6) 要创建一个左右框架,右边框架宽度是左边框架的三倍,以下 HTML 语句正确的是(　　)。

A. ＜FRAMESET cols＝"＊,2＊"＞

B. ＜FRAMESET cols＝"＊,3＊"＞

C. ＜FRAMESET rows＝"＊,2＊"＞

D. ＜FRAMESET rows＝"＊,3＊"＞

(7) 下列(　　)HTML 语句的写法符合 XHTML 规范。

A. ＜br＞

B. ＜img src="photo.jpg"/＞

C. ＜IMG src="photo.jpg"＞＜/IMG＞

D. ＜img src＝photo.jpg＞＜/img＞

(8) 在表单中包含性别选项,且默认状态为"男"被选中,下列正确的是(　　)。

A. ＜input type＝"radio" name＝"sex" checked＞男

B. ＜input type＝"radio" name＝"sex" enabled＞男

C. ＜input type＝"checkbox" name＝"sex" checked＞男

D. ＜input type＝"checkbox" name＝"sex" enabled＞男

2. 判断题

(1) 所有的 HTML 标记都包括开始标记和结束标记。　　　　　(　　)

(2) 用 H1 标记修饰的文字通常比用 H6 标记修饰的要小。　　　(　　)

(3) B 标记表示用粗体显示所包括的文字。　　　　　　　　　(　　)

(4) HTML 表格在默认情况下有边框。　　　　　　　　　　　(　　)

(5) 指定滚动字幕时,不允许其中嵌入图像。　　　　　　　　(　　)

(6) 在 HTML 表格中,表格的行数等于 TR 标记的个数。　　　(　　)

(7) 框架是一种能在同一个浏览器窗口中显示多个网页的技术。(　　)

(8) 在 HTML 表单中,文本框、口令框和复选框都是用 input 标记生成的。(　　)

3. 找错误

(1) 找出下面 HTML 代码中的错误。

① <img "father.jpg"/>

② <img src="yxh/boy.gif"border="0"align="left"/>

③ <b>Congratulations! <b>

④ `<a href="file.html">linked text</a href="file.html">`

⑤ `<p>This is a new paragraph<\p>`

⑥ `<p><font color="#000000" face="楷体-GB2312">网页设计</p></font>`

⑦ `<li>The list item</li>`

（2）找出下面的表单元素代码的错误。

① `<input name="country" value="Your country here." />`

② `<checkbox name="color" value="teal" />`

③ `<textarea name="say" height="6" width="100">Your story.</textarea>`

④ `<select name="popsicle">`

       `<option value="orange" />`

       `<option value="grape" />`

       `<option value="cherry" />`

    `</select>`

4. 问答题

（1）什么是标记？举例说明。

（2）标记 br 和 p 有什么区别？

（3）简要说明表格与框架在网页布局时的区别。

（4）简单介绍表单的功能和处理的过程。

5. 实践题

（1）根据图 2-19 写出 HTML 文档的源代码。

要求如下：

① 表格宽度 800 像素，对齐方式"居中"。

② 表格边框的宽度 1 像素，边线颜色"黑色"。

③ "网站标志"所在的单元格宽度 150 像素，高度 80 像素。

④ "广告条"所在单元格合并两个水平单元格。

⑤ "内容一"和"内容二"所在单元格合并五个单元格，背景颜色"红色"。

⑥ "版权信息"单元格合并三个水平单元格，对齐方式"居中"。

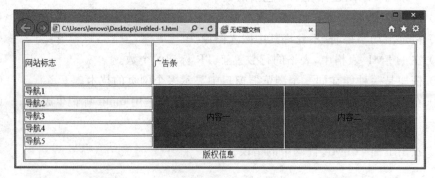

图 2-19　效果图

（2）用直接编写代码的方式制作一个个人简历表的网页,效果如图 2-20 所示,要求用表格布局。

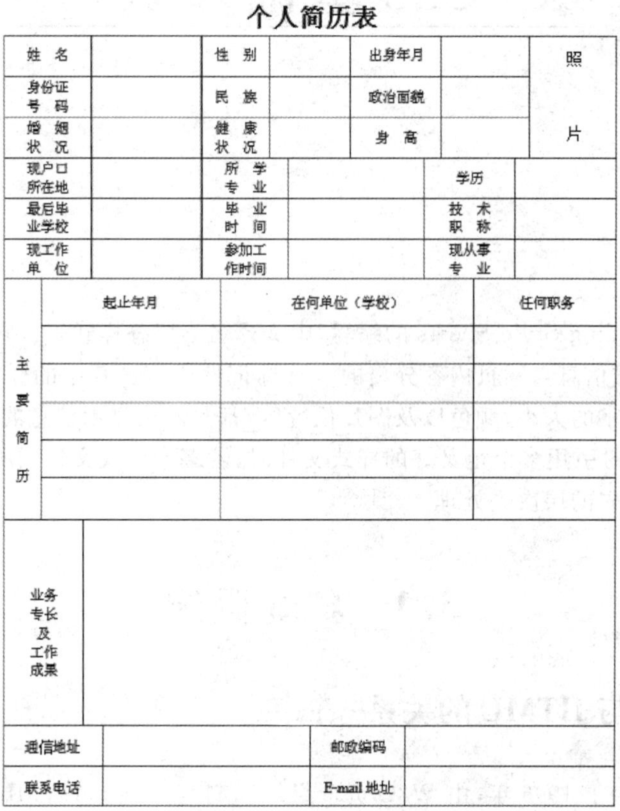

个人简历表

姓　名		性　别		出身年月		照
身份证号　码		民　族		政治面貌		
婚　姻状　况		健　康状　况		身　高		片
现户口所在地		所　学专　业			学历	
最后毕业学校		毕　业时　间			技　术职　称	
现工作单　位		参加工作时间			现从事专　业	

	起止年月	在何单位（学校）	任何职务
主要简历			

业务专长及工作成果	

通信地址		邮政编码	
联系电话		E-mail 地址	

图 2-20　效果图

第 **3** 章 CSS 基础知识

CSS 是 Cascading Style Sheets 的缩写,中文译名为层叠样式表。它是用于控制网页样式并允许将样式信息与网页内容分离的一种标记性语言。其中的样式指的就是格式,对网页来说,像文字的大小、颜色以及图片位置等,都是网页显示信息的样式;层叠是指在 HTML 文件中同时引用多个定义好的样式文件时,若多个样式文件间所定义的样式发生了冲突,则依据优先的层次去处理。

3.1 CSS 概述

3.1.1 CSS 与 HTML 的关系

CSS 技术诞生于 1996 年,由 W3C 负责组织和制定。由于 HTML 的主要功能是描述网页结构,所以控制网页外观和表现的能力比较差,如无法精确调整文字的大小、行间距等;而且不能对多个网页元素进行统一的样式设置,只能一个元素、一个元素地设置。CSS 可以对网页的外观和排版进行更灵活、精确的控制,使网页更美观。简单讲,HTML 和 CSS 的关系就是"内容"和"形式",即由 HTML 来组织网页的结构和内容,由 CSS 来决定页面的表现形式。

3.1.2 CSS 的优点

和传统的 HTML 相比,CSS 除了具有强大的控制能力和排版能力之外,最主要的是实现了内容与样式的分离。这种做法带来了许多好处。

(1) 简化了网页的代码,提高了访问速度。外部的 CSS 文件会被浏览器保存在缓存里,加快下载显示的速度,也减少了需要上传的代码数量。

(2) 可以构建公共样式库,便于重用样式。把一些好的样式写成 CSS 文件,构建优秀的公共样式库,便于一个网站重复调用或不同的网站共享资源。

(3) 便于修改网站的样式。可以将站点上所有的网页风格都使用一个或几个 CSS 文件进行控制,只要修改相应的 CSS 文件,就可改变整个网站的风格特色,避免一个个网页

进行修改,大大减少了重复劳动的工作量。例如:

```
<style type="text/css">
h1 {
    color:red;
    font-size: 3em;
    font-family: Arial;
}
</style>
```

上例中,一条 CSS 指令就可以设置文档中的所有 h1 标签,非常省事。如果已写好一个页面,那么需要把 h1 的颜色全改为黄色时,只需将上述 CSS 代码中 h1 的 color 值改为 "color:yellow;",而不需要逐个去修改 h1 的 color 属性。这样可减少代码的数量,从而加快网页加载的速度。

(4) 方便团队的开发。开发一个网站往往需要美工和程序设计人员的配合。CSS 把内容结构和格式控制相分离,美工做样式,程序员写内容,从而方便美工和程序员分工协作、各司其职,为开发出优秀的网站提供了有力的保障。

3.1.3　一个 CSS 的应用实例

和学习 HTML 一样,在学习 CSS 的过程中只需要使用 Windows 自带的记事本就可以了。当然,如果使用 Dreamweaver 等专业软件为网页添加 CSS 将会更简便。通过例 3-1 可以很容易看出使用 CSS 前后两个网页的区别。

【例 3-1】　运用 CSS 前后的对比实例。

(1) 在记事本中输入下面没有加 CSS 的代码,在浏览器中的效果如图 3-1 所示。

```
<html >
  <head>
    <title>未加 CSS 前的效果!</title>
  </head>
  <body>
    <h1>我喜欢的名句:</h1>
    <h2>走自己的路,让别人去说吧!</h2>
    <h3>痛并快乐着!</h3>
    <h4>黑夜给了我黑色的眼睛,我却用它寻找光明!</h4>
  </body>
</html>
```

(2) 在记事本中输入下面加入 CSS 后的代码,在浏览器中的效果如图 3-2 所示。

```
<html >
  <head>
    <title>加了 CSS 后的效果!</title>
    <style type="text/css">/*设置 CSS*/
```

```
    h1,h2,h4 {
            font-size: 15px; text-align: center;
    }           /* 将 h1、h2 和 h4 字体大小都设为 15 像素并居中排列 */
    </style>
  </head>
  <body>
    <h1>我喜欢的名句：</h1>
    <h2>走自己的路,让别人去说吧!</h2>
    <h3 style="display:none">痛并快乐着!</h3><!--将 h3 设为隐藏效果-->
    <h4>黑夜给了我黑色的眼睛,我却用它寻找光明!</h4>
  </body>
</html>
```

(3) 设置前、后的变化。设置 CSS 后,统一了文字大小和排列方式,隐藏了部分文字。

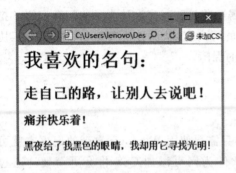

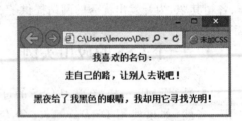

图 3-1　没有加 CSS 的网页效果　　　　图 3-2　加入 CSS 后的网页效果

3.2　CSS 的基本语法

3.2.1　CSS 的语法

　　CSS 由一系列样式规则组成,浏览器将这些规则应用到相应的元素上。一条 CSS 规则由两部分构成:选择器(selector)以及一条或多条声明(declaration),多条声明之间用分号分开。选择器其实就是 CSS 样式的名字。常用的选择器有:标记、类、ID、伪类等;声明用于定义元素样式,使用花括号将其包围起来,每条声明由属性(property)和值(value)组成,其中属性是希望设置的样式属性,属性和值之间用冒号分开。CSS 规则的构成如图 3-3 所示。

　　下面来看一条 CSS 规则。这条规则的作用是将 h1 元素内的文字颜色定义为红色,同时将字体大小设置为 14 像素。

```
h1 { color: red; font-size: 14px; }
```

如图 3-4 所示的示意图展示了这条 CSS 规则的结构。

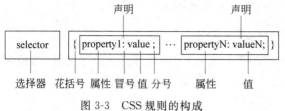

图 3-3 CSS 规则的构成

图 3-4 CSS 规则实例

3.2.2 CSS 的语法规则

CSS 的写法和 HTML 有很多不同之处,它有自己的语法要求和技巧,下面列举一些。

(1) 和 HTML 一样,可以在 CSS 中插入注释来说明代码的意思。CSS 注释以/ * 开头,以 * /结尾。例如:

```
/*定义段落样式表*/
P {
    text-align: center;        /*文本居中排列*/
    color: black;              /*文字为黑色*/
    font-family: arial         /*字体为 arial*/
}
```

(2) 属性和值可以设置多个,从而实现对同一标记声明多条样式风格。如果要设置多个属性和值,则每条声明之间要用分号隔开。要养成对最后一条声明也加上分号的习惯,这样在增删声明时不易出错。例如:

```
p { text-align: center; color: red; }
```

(3) 为了方便阅读,可以采用分行的方式书写样式表,即每行只描述一个属性。例如,可以将 p {text-align:center; color:black; font-family:arial; } 写成:

```
P {
    text-align: center;
    color: black;
    font-family: arial;
}
```

(4) 如果属性的值是多个单词组成,必须在值上加引号,比如字体的名称经常是几个单词的组合。例如:

```
P {font-family: "sans serif";}          /*注意代码里面的标点符号都是英文符号*/
```

(5) 如果一个属性有多个值,则每个值之间要用空格隔开。例如:

```
a {padding: 6px 4px 3px}               /*padding 的详解请看第 6 章的 6.1.1*/
```

（6）如果要为某个属性设置多个候选值，则每个值之间用逗号隔开。例如：

```
P {font-family: "Times New Roman",Times,serif;}
```

（7）可以把具有相同属性和值的选择器组合起来书写，用逗号将选择器分开，这样可以减少样式的重复定义，这也叫作选择器的集体声明，详见 3.4 节。例如：

```
p, table {font-size: 9pt;}
```

效果完全等效于：

```
p {font-size: 9pt;}
table {font-size: 9pt;}
```

3.3　CSS 的使用方法

HTML 和 CSS 是两种作用不同的语言，它们同时对一个网页产生作用，因此必须通过一些方法将 CSS 与 HTML 挂接在一起才能正常工作。在 HTML 中引入 CSS 的方法有行内式、嵌入式、链接式和导入式 4 种，每种方法都有自己适用的场合以及各自的优缺点。

3.3.1　行内式

所有的 HTML 标记都有一个通用的属性 style，行内式就是在这个 style 属性中为相应的标记添加要应用的样式，即将 CSS 代码直接写在 style 属性中。它在 BODY 中实现，主要在标记中引用，只对所在的标记有效。行内式的格式为：

```
<tag style="property1:value1; property2:value2; …">网页内容</tag>
```

【例 3-2】　行内式样式表的应用。

```
<html>
  <head>
    <title>行内式引入 CSS 的方法示例</title>
  </head>
  <body>
    <p style="font-size:20pt; font-weight: bold; color:red">这个内嵌样式定义段
    落里面的文字是 20pt 的粗体，字体颜色为红色。</p>
    <p>这段文字没有使用内嵌样式。</p>
  </body>
</html>
```

在浏览器中显示的效果如图 3-5 所示。

行内式是最为简单、直接的 CSS 使用方法，但如果有多个标记都需要设置同一个样

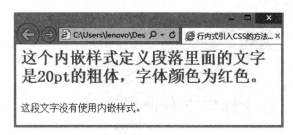

图 3-5　行内式引入 CSS 的效果

式,必须为每一个标记设置同样的 style 属性。由于样式不能共享,会增大代码量,不易维护,也会增大浏览时的流量,影响加载速度,因此不推荐使用,一般应用在某个特定标记需要特殊指定的时候。

3.3.2　嵌入式

嵌入式就是将页面中各种标记的 CSS 样式设置集中写在＜style＞和＜/style＞之间,＜style＞标记是专用于引入嵌入式 CSS 的一个 HTML 标记,它只能放置在 HTML 文档的头部＜head＞和＜/head＞标记之间。

嵌入式的格式为:

＜style type="text/css"＞样式表的具体内容＜/style＞

说明:type＝"text/css"属性定义了文件的类型为样式表文件。

【例 3-3】　嵌入式样式表的应用。

```
<html>
  <head>
    <title>嵌入式引入 CSS 的方法示例</title>
    <style type="text/css">
      h1.mylayout{
          border-width:1;border:solid;text-align:center;color:red;
      }
      /*将 h1 中名为 mylayout 的标题设置为红色、居中,并具有宽度为 1 像素的实心边框的
      样式*/
    </style>
  </head>
  <body>
    <h1 class="mylayout">这个标题使用了 style。</h1>
    <h1>这个标题没有使用 style。</h1>
  </body>
</html>
```

在浏览器中显示的效果如图 3-6 所示。

嵌入式对于单一的网页比较方便,它将应用到整个网页中的 CSS 代码统一放置在一起,但是对于一个包含很多页面的网站,如果每个页面都以嵌入式方式设置各自样式,不

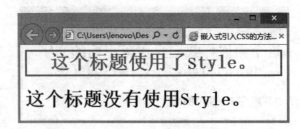

图 3-6 嵌入式引入 CSS 的效果

仅麻烦,冗余代码多,维护成本也不低,而且网站每个页面的风格也不好统一,因此嵌入式仅适用于对特殊页面设置单独样式的风格时使用。

3.3.3 链接式

链接式将 CSS 样式代码写在一个以.css 为后缀的 CSS 文件里,然后在每个需要用到这些样式的网页里用<link>标记链接到这个样式表文件,这个<link>标记必须放到页面的头部<head>区域内。链接式的格式为:

```
<link href="外部样式表文件名.css rel="stylesheet" type="text/css">
```

说明:<link>标记表示浏览器从"外部样式表文件.css"文件中以文档格式读出定义的样式表;href 属性用于定义.css 文件的 URL;rel="stylesheet"属性定义在网页中使用外部的样式表。

【例 3-4】 链接式样式表的应用。

(1) 先用文本编辑器建立一个名为 home.css 的文件,它将 h1 设置了有 1 像素实线边框、内容居中且颜色为红色的样式。home.css 的代码为:

```
h1{border-width:1; border:solid; text-align:center; color:red;}
```

(2) 另建一个 HTML 文件 main.html,在该页面中引入 home.css 文件(假设两个文件放在同一个目录中),main.html 的代码为:

```
<html>
  <head>
    <title>链接式引入 CSS 的方法示例</title>
    <link href="home.css" rel="stylesheet" type="text/css"/>
  </head>
  <body>
    <h1>我是使用了 style 的。</h1>
    <h2>我没有使用 style。</h2>
  </body>
</html>
```

注:调试本例时必须将两个文档放在同一个目录下,否则请注意路径。

打开 main.html,在浏览器中显示的效果如图 3-7 所示。

图 3-7　链接式引入 CSS 的效果

目前链接式是使用频率最高、最为实用的方法。它将 HTML 页面本身与 CSS 样式风格分离为两个或者多个文件,实现了页面框架 HTML 代码与美工 CSS 代码的完全分离,使得前期制作和后期维护都十分方便,网站后台的技术人员与美工设计也可以很好地分工合作。因为同一个 CSS 文件可以链接到多个 HTML 文件中,甚至可以链接到整个网站的所有页面中,所以使得网站整体风格统一协调。如果整个网站需要进行样式上的修改,则只需要修改相关的 CSS 文件即可。

3.3.4　导入式

导入式与链接式的功能基本相同,只是在语法上略有区别。链接式使用 HTML 的 <link> 标记引入外部 CSS 文件,而导入式则是用 CSS 的规则引入外部 CSS 文件。

导入式的格式为:

```
<style type="text/css">
    @import url("外部样式表文件名.css");              /*行末的分号不能省略*/
</style>
```

除了语法不同,链接式和导入式在显示效果方面也有些区别:使用链接式时,会在装载页面主体部分之前装载 CSS 文件,这样显示出来的网页从一开始就是带有样式效果的;而使用导入式时,要在整个页面装载完之后再装载 CSS 文件,如果页面文件比较大,则开始装载时会显示无样式的页面,这样就会给浏览者不好的感觉。这也是现在大部分网站的 CSS 都采用链接式的最主要原因。当然一个网站的页面数达到一定程度时(比如新浪等门户),如果采用链接式就有可能因为多个页面调用同一个 CSS 文件而使速度下降。

3.3.5　引入方式的优先级

如果在各种引入 CSS 的方法中设置的属性不一样,那么在没有冲突时则同时有效。比如嵌入式设置字体为宋体,链接式设置颜色为红色,那么显示结果为宋体红色字。

如果各种引入 CSS 的方法中设置的属性发生了冲突,则 CSS 按引入方法的优先级执行优先级高的方式定义的样式。CSS 中四种引入方式优先级由高到低依次为:行内样式优先级最高;其次是采用 <link> 标记的链接式;再次是位于 <style></style> 之间的嵌入式;最后是@import 导入式。

3.4 CSS 选择器

选择器是 CSS 中很重要的概念,所有 HTML 中的标记样式都是通过不同的 CSS 选择器进行控制的。用户只需要通过选择器对不同的 HTML 标记进行选择,并赋予各种样式声明,即可实现各种效果。CSS 常用的选择器包括标记选择器、类选择器、ID 选择器、伪类选择器、后代选择器和通用选择器等。

3.4.1 标记选择器

一个 HTML 页面由许多不同的标记组成,CSS 标记选择器用来声明哪些标记采用哪种 CSS 样式,因此,每一种 HTML 标记的名称都可以作为相应的标记选择器的名称。例如 p 选择器就是用于声明页面中所有
<p>标记的样式风格。CSS 标记选择器的格式如图 3-8 所示。

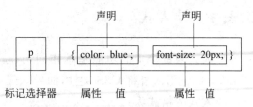

图 3-8　CSS 标记选择器的格式

【例 3-5】标记选择器的应用实例。

```
<html >
  <head>
    <title>标记选择器的运用</title>
    <style type="text/css">
      P {                          /* 标记选择器 */
            font-size:18px;        /* 字体大小为 18 像素 */
            color:green;           /* 字体颜色为绿色 */
            background:red;        /* 背景颜色为红色 */
        }
    </style>
  </head>
  <body>
      <p>标记选择器 1</p>
      <p>标记选择器 2</p>
      <h1>h1 则不适用</h1>
      <h2>h2 则不适用</h2>
  </body>
</html >
```

在浏览器中显示的效果如图 3-9 所示。

说明:以上两个 p 元素都会应用 p 标记选择器定义的样式,而 h1 和 h2 元素则不会受到影响。在后期维护中,如果想改变整个网站中 p 标记背景的颜色,只需要修改 background 属性值就可以了。

图 3-9　标记选择器的应用

3.4.2　类选择器

类选择器一般用于以下两种情况。

（1）通过类选择器把相同的标记分类定义为不同的样式，即实现同一种标记在不同的地方使用不同的样式。例如<p>标记的使用，有的段落需要向左对齐，有的段落需要居中对齐，那就可以先定义两个类，在应用时只要在标记中指定它属于哪一个类，就可以使用相应的样式了。这种情况的类选择器格式如图 3-10 所示，"类名称"为定义类的选择器名称，类名称可以是任意英文单词或以英文开头与数字的组合，一般以其功能和效果简要命名，"标记"名称可以用 HTML 的标记。

（2）通过类选择器可以实现不同标记的元素应用相同的样式。先将这些公共样式定义为同一类，使用时再加上需要调用的标记名即可。例如<p>标记、<h2>标记和<h3>标记都要使用红色、20 像素的样式，那就可以先定义一个红色、20 像素的公共样式，再分别调用就可以了。这种情况的类选择器格式如图 3-11 所示，在"标记.类名称"中省略了"标记"名。

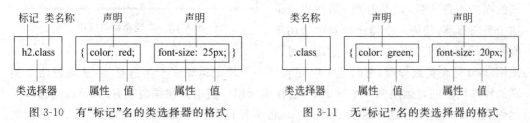

图 3-10　有"标记"名的类选择器的格式　　　图 3-11　无"标记"名的类选择器的格式

有无"标记"名的类选择器的区别在于：有"标记"名的类选择器其适用范围将只限于该标记所包含的内容；而无"标记"名的类选择器是最常用的定义方法，它可以很方便地在任意标记上套用预先定义好的类样式。

【例 3-6】　类选择器的应用实例。

```
<html >
  <head>
    <title>类选择器的运用</title>
```

```
<style type="text/css">
  p {                                    /*标记选择器*/
      color:blue;
      font-size:18px;
  }
  .one {                                 /*类选择器1*/
      color: red;
  }
  .two {                                 /*类选择器2*/
      font-size:20px;
  }
</style>
</head>
<body>
  <p>应用了标记选择器样式1</p>
  <p class="one">应用第一种类选择器样式</p>
  <p class="two">应用第二种类选择器样式</p>
  <h2 class="two">h2同样适用</h2>
  <p class="one two">同时应用两种类选择器样式</p>
</body>
</html>
```

在浏览器中显示的效果如图 3-12 所示。

说明：首先通过标记选择器定义<p>标记的全局显示方案，这样页面中所有<p>标记的元素都会产生相应的变化；然后再通过两个类选择器对需要特殊修饰的<p>标记进行单独设置。例如希望某一些<p>元素的样式不是蓝色，而是红色，则使用.one这个类选择器；任何一个类选择器都适用于所有 HTML 标记，例如<h2>标记也可以

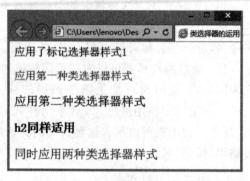

图 3-12　类选择器的应用

使用.two 这个类选择器；有时还可以同时给一个标记运用多个类选择器，从而将两个类别的样式风格同时运用到一个标记中，这在实际制作网站时往往会很有用，可以适当减少代码的长度。例如通过 class＝"one two"将两种样式同时加入，可得到红色 20 像素的效果。

3.4.3　ID 选择器

ID 选择器的使用方法与类选择器基本相同，不同之处在于 ID 选择器只能在 HTML 页面中使用一次，因此其针对性更强，而类选择器可以重复多次应用于多个元素。ID 选择器以半角"#"开头，且 ID 名称的第一个字母不能为数字，ID 选择器的格式如图 3-13 所示。

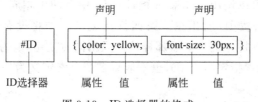

图 3-13　ID 选择器的格式

　　与类选择器类似，ID 选择器还有一种用法，在"＃ID名"前加上 HTML"标记"名，这时其适用范围将只限于该标记所包含的内容。ID 选择器局限性很大，只能单独定义某个元素的样式，一般只在特殊情况下使用。

　　【例 3-7】 ID 选择器的应用实例。

```html
<html>
  <head>
    <title>ID选择器的运用</title>
    <style type="text/css">
      #one {
        font-weight:bold;                /*粗体*/
      }
      #two {
        font-size:30px;                  /*字体大小30像素*/
        color:#008000;                   /*颜色为绿色*/
      }
    </style>
  </head>
  <body>
    <p id="one">ID选择器1</p>
    <p id="two">ID选择器2</p>
    <p id="two">ID选择器3</p>
    <p id="one two">ID选择器4</p>
  </body>
</html>
```

　　在浏览器中显示的效果如图 3-14 所示。

　　说明：HTML 文件体的第一行应用了＃one 样式，而第二行与第三行都应用了＃two 样式，显然违反了一个 ID 选择器在一个页面只能使用一次的规定，但浏览器却也能正常显示定义的样式并不报错。虽然如此，但在编写 CSS 代码时，还是应该养成良好的编写习惯，一个 ID 最多只能赋予一个 HTML 元素，因为每个元素定义的 ID 不只是 CSS 可以调用，JavaScript 等

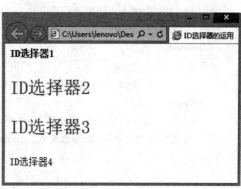

图 3-14　ID 选择器的应用

其他脚本语言同样也可以调用。如果一个 HTML 中有两个相同 ID 属性的元素，那么将会导致 JavaScript 在查找 ID 时出错。第四行在浏览器中将没有任何 CSS 样式风格显示，因为 ID 选择器不支持像类选择器那样的多风格同时使用，因为元素和 ID 是一一对应的关系，不能为一个元素指定多个 ID，也不能将多个元素定义为一个 ID。

3.4.4 伪类选择器

伪类是用来表示动态时间、状态改变或者是在文档中以其他方法不能轻易实现的情况，伪类允许设计者自由指定元素在一种状态下的外观。这种状态可以是鼠标停留在某个元素上，或者是访问一个超链接。伪类选择器必须指定标记名，且标记和伪类之间用
":"隔开。伪类选择器的格式如图 3-15 所示。

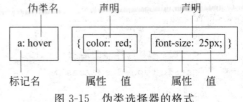

图 3-15　伪类选择器的格式

在 CSS 选择器中，伪类选择器种类非常多，常用的伪类有表示超链接状态的四个伪类选择器：a:link（链接原始存在的状态，但无鼠标动作）、a:visited（被点击或访问过的状态）、a:hover（鼠标悬停于链接上时的状态）、a:active（鼠标点击与释放之间的状态）。在默认的浏览器浏览方式下，超链接为统一的蓝色并且有下划线，被单击过的超链接则为紫色并也有下划线。因为伪类可以描述超链接在不同状态下的样式，所以通过定义 a 标记的各种伪类具有不同的属性风格，就能制作出千变万化的动态超链接。

【例 3-8】　伪类选择器的应用实例。

```
<html>
  <head>
    <title>伪类选择器的运用</title>
    <style type="text/css">
        a:link {color: #000000; font-size:20px;}      /*黑色、20 像素*/
        a:visited {color: #0000FF; font-size:25px;}    /*蓝色、25 像素*/
        a:hover {color: #FF0000; font-size:30px;}      /*红色、30 像素*/
        a:active {color: #FFFF00; font-size:35px;}     /*黄色、35 像素*/
    </style>
  </head>
  <body>
    <p><b><a href="http://www.sohu.com" target="_blank">This is a link</a></b></p>
    <p><b>注意:</b>一定要按照 link-visited-hover-active 的先后顺序去定义控制
    超链接的伪类选择器,否则会失效。</p>
  </body>
</html>
```

在浏览器中显示的效果如图 3-16 所示，移动鼠标至超链接时效果如图 3-17 所示。

图 3-16　未单击超链接前的效果　　　图 3-17　鼠标移到超链接时的效果

说明：在超链接的四个状态会出现颜色和字体大小的变化。

链接伪类选择器的书写应遵循 LVHA 的顺序，即 CSS 代码中四个选择器出现的顺序应为 a:link→ a:visited→ a:hover→ a:active，若违反这种顺序，鼠标停留和激活样式就不起作用了。

伪类选择器可以应用到任意标签，不仅限于<a></a>标签。例如：

```
p: hover {color: red;}
h2: hover {color: red;}
```

3.4.5　后代选择器

后代选择器可将样式应用于包含在其他元素中的元素上。例如：p b {color：red；}这条规则将<b></b>标记中所有的文本都设置为红色，但只有当它们位于<p>…</p>标记中才有效(例如，<p><b>Hello</b></p>)。

后代选择器可无限嵌套下去，因此，像 ul li b {color：blue；}这条规则是完全有效的，它表示使一个无序列表的列表元素中的粗体文本以蓝色显示。

3.4.6　通用选择器

通配或者通用选择器可匹配任何元素。例如：* {border：1px solid green；}这条规则将应用于整个文档，使其所有元素都有一个绿色边框。因此，虽然不太可能单用 *，但作为复合规则的一部分，它是非常强大的。例如：

```
#boxout * p {border: 1px solid green;}
```

这里，♯boxout 后面的第一个选择器是 * 符号，表示选择 boxout 对象中的所有元素。后面的 p 选择器缩小了选择范围，变为样式只应用于 ♯boxout 中的所有 p 元素。

3.4.7　选择器的集体声明

在声明各种 CSS 选择器时，如果某些选择器的风格是完全相同的，或者部分相同，这时便可以利用集体声明的方法，将风格相同的 CSS 选择器同时声明，这样可以减少样式的重复定义,减少代码长度,这时各个选择器之间使用逗号","隔开。

【例3-9】 集体声明的应用实例。

```html
<html>
  <head>
    <title>选择器的集体声明</title>
    <style type="text/css">
      h1,h2,h3,p{                               /* 集体声明 */
          color:purple;                         /* 紫色 */
          font-size:15px;
      }
      h2.special,.special,#one{                 /* 集体声明 */
          text-decoration:underline;           /* 下划线 */
      }
    </style>
  </head>
  <body>
      <h1>集体声明 h1</h1>
      <h2 class="special">集体声明 h2</h2>
      <h3>集体声明 h3</h3>
      <p>集体声明 p1</p>
      <p class="special">集体声明 p2</p>
      <p id="one">集体声明 p3</p>
  </body>
</html>
```

在浏览器中显示的效果如图 3-18 所示。

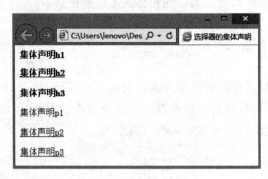

图 3-18 集体声明的应用

另外,对于实际网站中的一些小型页面,例如弹出的小对话框和上传附件的小窗口等,若希望这些页面中所有的标记都使用同一种 CSS 样式,但又不希望逐个加入到集体声明列表中来,这时就可以利用全局声明符号 ＊。

【例3-10】 全局声明的应用实例。

```html
<html>
```

```
<head>
  <title>选择器的全局声明</title>
  <style type="text/css">
    * {                                        /*全局声明*/
        color: purple;
        font-size:15px;
    }
    h2.special,.special,#one{                   /*集体声明*/
        text-decoration:underline;
    }
  </style>
</head>
<body>
    <h1>全局声明 h1</h1>
    <h2 class="special">全局声明 h2</h2>
    <h3>全局声明 h3</h3>
    <p>全局声明 p1</p>
    <p class="special">全局声明 p2</p>
    <p id="one">全局声明 p3</p>
</body>
</html>
```

在浏览器中显示的效果如图 3-19 所示。

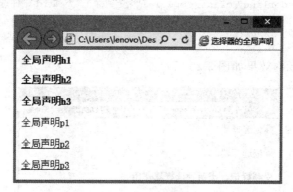

图 3-19 全局声明的应用

3.5 CSS 的层叠性

CSS 层叠性要解决的问题就是当有多个选择器作用于同一元素时,即多个选择器的作用范围发生重叠时,CSS 应该如何处理? 它可以简单地理解为"冲突"的解决方案。遇到层叠情况,CSS 的处理原则如下。

(1) 如果多个选择器定义的规则不发生冲突,则元素将应用所有选择器定义的样式。

【例 3-11】 CSS 层叠性(无冲突)的应用实例。

```
<html>
  <head>
    <title>CSS 的层叠性 (无冲突)</title>
    <style type="text/css">
      p{                                        /* 标记选择器 */
          color:blue;
          font-size:18px;
      }
      .special{                                 /* 类别选择器 */
          font-weight: bold;                    /* 粗体 */
      }
      #underline{                               /* ID 选择器 */
          text-decoration: underline;           /* 有下划线 */
      }
    </style>
  </head>
  <body>
      <p>标记选择器 1</p>
      <p>标记选择器 2</p>
      <p class="special">受到标记、类两种选择器作用</p>
      <p id="underline" class="special">受到标记、类和 id 三种选择器作用</p>
  </body>
</html>
```

在浏览器中显示的效果如图 3-20 所示。

图 3-20　CSS 无冲突的层叠性的应用

(2) 如果多个选择器定义的规则发生了冲突,则 CSS 按选择器的优先级让元素应用优先级高的选择器定义的样式。CSS 规定的选择器的优先级从高到低的次序为:行内样式＞ID 样式＞类别样式＞标记样式。总的原则是:越特殊的样式,优先级越高。

【例 3-12】 CSS 层叠性(有冲突)的应用实例。

```
<html>
  <head>
    <title>CSS 的层叠性 (有冲突)</title>
```

```
<style type="text/css">
    p{                                      /*标记选择器*/
        color:blue;
        font-style: italic;                 /*斜体*/
    }
    .green{                                 /*类选择器*/
        color:green;
    }
    .purple{
        color:purple;
    }
    #red{                                   /*ID选择器*/
        color:red;
    }
</style>
</head>
<body>
    <p>这是第 1 行文本</p>                       <!--蓝色斜体-->
    <p class="green">这是第 2 行文本</p>          <!--绿色斜体-->
    <p class="green" id="red">这是第 3 行文本</p> <!--红色斜体-->
    <p id="red" style="color:orange; ">这是第 4 行文本</p>  <!--黄色斜体-->
    <p class="purple green">这是第 5 行文本</p>   <!--紫色斜体-->
</body>
</html>
```

在浏览器中显示的效果如图 3-21 所示。

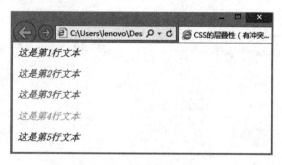

图 3-21　CSS 有冲突的层叠性的应用

说明：由于类选择器的优先级比标记选择器的优先级高，当两者发生冲突时将应用类选择器的样式，因此被两个选择器都选中的第二行 p 元素将应用.green 类选择器定义的颜色样式显示为绿色，但 p 标记选择器定义的其他规则如斜体还是有效的，因此第二行显示效果为绿色斜体的文字；同理，第三行将按优先级高低应用 ID 选择器的样式，显示为红色斜体；第四行将优先应用行内样式，显示为黄色斜体；第五行同时应用了两个类选择器 class="purple green"，两个选择器的优先级相同，这时会以前者为准，显示为紫色斜体。

（3）可以通过!important 关键字来提升某个选择器的重要性。当不同选择器定义的规则发生冲突时，可以通过!important 强制改变选择器的优先级，则优先级次序变为：!important＞行内样式＞ID 样式＞类别样式＞标记样式。例如对于上例，如果给.green选择器中的规则后添加一条!important，代码如下，则第三行和第五行文本将会变为绿色。

```
.green{                              /* 类选择器 */
    color:green!important;
                          /* 通过!important 提升该选择器中样式的优先级 */
}
```

3.6 CSS 的继承性

除了层叠性，CSS 还具有另外一个特性：继承性。CSS 的继承性是指如果子元素定义的样式没有和父元素定义的样式发生冲突，那么子元素将继承父元素的样式风格，并可以在父元素样式的基础上再加以修改或自己定义新的样式，而子元素的样式风格不会影响父元素。

【例 3-13】 CSS 继承性的应用实例。

```
<html>
  <head>
  <title>CSS 的继承性</title>
    <style type="text/css">
      body{
          text-align:center;
          font-size: 14px;
      }
      p{
          text-decoration:underline;
      }
      em{
          color:red;
      }
      .right{
          text-align:right;
      }
    </style>
  </head>
  <body>
      <h2>电子商务教研室</h2>
      <p><em>电子商务</em>教研室</p>
```

```
    <p class="right"><em>电子商务</em>教研室</p>
  </body>
</html>
```

在浏览器中显示的效果如图 3-22 所示。

图 3-22　CSS 继承性的应用

说明：<Body>标记选择器定义的文本居中的属性被所有子元素 h2、p 所继承，因此前两行应用了 body 定义的样式，而且 p 元素还把它继承的样式传递给了子元素 em，但第三行的 p 元素由于通过".right"类选择器重新定义了右对齐的样式，所以将覆盖父元素 body 的居中对齐，显示为右对齐。另外第一行 h2 元素虽然没为它定义样式，但浏览器对标题元素预订了默认样式，因此它也将覆盖 body 元素定义的 14 像素大小的样式，显示为 h2 的字体大小、粗体。可见，继承来的样式的优先级要比元素具有的默认样式的优先级低。如果要使 h2 元素显示为 14 像素大小，需要对它直接定义字体大小。

CSS 的继承性贯穿整个 CSS 设计的始终，每个标记都遵循着 CSS 继承的概念，可以利用继承关系缩减代码的编写量和提高可读性，尤其在页面内容很多且关系复杂的情况下。例如，如果网页中大部分文字的字体大小都是 12 像素，可以对 body 或 td（若网页用表格布局）标记定义样式为 12 像素。这样由于其他标记都是 body 的子标记，会继承这一样式，就不需要对那么多的子标记去——定义样式了。有些特殊的地方如果字体大小要求是 14 像素，则可以再利用类选择器或 ID 选择器单独定义。

需要注意的是：不是所有的 CSS 属性都具有继承性，一般是 CSS 的文本属性具有继承性，而其他属性（如背景属性、盒子属性等）不具有继承性。

3.7　CSS 属性的值和单位

样式表是由属性和属性值组成的，有些属性值会用到单位。如果没有单位，浏览器将不知道一个边框是 10 厘米还是 10 像素。在 CSS 中，属性值的单位与在 HTML 中有所不同。HTML 属性的值一般不要写单位，这是因为 HTML 属性的取值可用的单位只有像素或百分比，而 CSS 较复杂，涉及颜色单位和长度单位。

1. 颜色单位

CSS 中定义颜色的值可使用颜色英文名称、RGB 颜色值或十六进制颜色值三种方法，比 HTML 中定义颜色的值多了一种 RGB 颜色值的表达方式。

(1) 颜色英文名称：例如：p{color:blue;}，其中 blue 就是颜色英文名称，能够被 CSS 识别的颜色英文名称大约有 100 多种。

(2) RGB 颜色：显示器的成像原理是红、绿、蓝三色光叠加形成各种各样的色彩，因此，通过设定 RGB 三色的值来描述颜色也是最直接的方法。其语法格式为：rgb(R,G,B)，其中的三个参数可以取 0～255 之间的整数，也可以是 0％～100％的百分数。例如：p {color：rgb(128,80,210);}，p{ color：rgb(35％,200,50％);}。注意：Firefox 浏览器不支持百分数值。

(3) 十六进制颜色：目前使用十六进制的颜色表示方法较普遍，其原理同样是 RGB 色，只是将 RGB 颜色的数值对应地转换成了十六进制。其表示方式为：♯RRGGBB，例如 p{ color：♯ffcc33;}。其中，前两个数字代表红光强度，中间两个数字代表绿光强度，后两个数字代表蓝光强度。以上 3 个参数的取值范围为：00～FF(对应的十进制仍为 0～255)，每个参数必须是两位数，不足两位的在前补 0。如果每个参数各自在两位上的数值相同，那么该值也可缩写成"♯RGB"的方式。例如，♯ffcc33 可以缩写为♯fc3。

2. 长度单位

为了正确显示网页中的元素，许多 CSS 属性依赖于长度，长度可以用正数或者负数加上一个单位来表示。长度单位可以分为三类：绝对长度单位、相对长度单位和百分比。

(1) 绝对长度单位：使用绝对长度单位不会随着显示设备的不同而改变。也就是说属性值使用绝对单位时，不论在哪种设备上，显示效果都一样。例如屏幕上的 1cm 与打印机上的 1cm 是一样长的。

绝对长度单位包括英寸(in,inch)、厘米(cm,centimeter)、毫米(mm,millimeter)、点(pt,point)和派卡(pc,pica)，它们之间的换算关系为：1in = 2.54cm = 25.4mm = 72pt＝6pc。

在网页设计时，一般希望同一个长度能够在不同的显示器或不同的分辨率中自动缩放，而使用绝对长度单位不会按显示器的比例去调整，所以绝对长度单位很少用。

(2) 相对长度单位：相对长度单位是指以属性的某一个单位值为基础来完成目前的设置，它能更好地适应不同的媒体，所以它是首选。相对长度单位的长短取决于某个参照物，如屏幕的分辨率、字体高度等。

相对长度单位包括 em、ex 和 px(像素,pixel)。

① em：以定义文字时 font-size 属性定义的值为基准的单位。例如，在 font-size 属性中，定义文字大小为 12px，那么此时 1em 就是 12px 的长度。

② ex：以定义字体中小写字母 x 的高度为基准的单位。因为不同的字体中 x 的高度是不同的，所以即使 font-size 相同而字体不同的话，1ex 的高度也会不同。

③ px：指显示器按分辨率分割得到的小点。显示器由于分辨率的大小不同，得到的像

素点的大小也是不同的,所以像素也是相对单位。目前大多数设计者都使用像素作为单位。

（3）百分比：百分比也可看成是一个相对量,它总是相对于另一个值来说的,该值可以是长度单位或者其他单位。一个百分比值由可选的正号"＋"或负号"－"加上一个数字,后跟百分号"％"组成。如果百分比值是正的,正号可以不写。正负号、数字与百分号之间不能有空格。例如：p{line-height：150％;}表示本段文字的高度为标准行高的1.5倍;hr{width：80％;}表示线段长度是相对于浏览器窗口的80％。

3.8　应用 CSS 修饰网页文本

通过 CSS 可以对网页的文本样式进行更精细的控制,达到美化文字的目的,其功能远比 HTML 中的文本修饰类标记如<font>强大。CSS 主要通过控制字体、文字和文本的样式来修饰网页文本。

1. 控制字体的样式

控制字体的样式包括控制字体类型、字体大小、字体风格、字体粗细四部分。

1）字体类型基本格式

`font-family: 字体名称`

如果在 font-family 后加上多种字体的名称,浏览器就会按字体名称的顺序逐一在用户的计算机里寻找已经安装的字体,一旦遇到与要求的相匹配的字体,就按这种字体显示网页内容,并停止搜索;如果不匹配就继续搜索,直到找到为止,万一样式表里的所有字体都没有安装,浏览器就会用自己默认的字体来替代显示网页的内容。例如,要给某段落设置默认字体,可以使用以下所示的 CSS 规则：

`p{font-family: Verdana,Arial,Helvetica,sans-serif;}`

注意：
- 当指定多种字体时,用","分隔每种字体名称。
- 当字体名称包含两个以上分开的单词时,用"把该字体名称括起来。例如：

`p{font-family: "Times New Roman",Georgia,serif;}`

- 当样式规则外已经有"时,用'代替"。

2）字体大小基本格式

`font-size: 字号参数`

设置字体大小的方式有两种：固定大小和相对大小。固定大小的设置,例如：p{font-size:14pt;},这条规则将默认段落字体大小设置为14磅;如果使用相对大小的方式设置字体大小,一般以当前使用的默认字体大小为基准,得到其他各种类型的文本字体大小。例如在下面规则中定义了一些标题的相对大小,从<h4>标记开始,它比默认值大20％,

然后各个标签均比前面一个标记大 40%。

```
h1 {font-size: 240%;}
h2 {font-size: 200%;}
h3 {font-size: 160%;}
h4 {font-size: 120%;}
```

3）字体风格的基本格式

字体风格只能控制各种斜体字的显示。

font-style：斜体字的名称

通过这一属性，可以选择正常、斜体字或倾斜体显示一种字体。例如下列规则创建了 3 个可对元素应用相应字体风格效果的类。

```
.normal {font-style: normal;}
.italic {font-style: italic;}
.oblique {font-style: oblique;}
```

4）字体粗细基本格式

font-weight：字体粗细

使用这一属性，可以选择以何种粗细度显示字体。可使用的主要值有 normal 和 bold（粗体），例如：.bold｛font-weight：bold；｝。

2. 控制文字的样式

控制文字的样式包括文字大小写和文字修饰两部分。

1）文字大小写基本格式

文字大小写使网页设计者不用在输入文字时就完成文字的大小写，可以在输入完毕后，再根据需要对局部的文字设置大小写。

text-transform：参数

其参数有以下取值范围。

- uppercase：所有文字大写显示。
- lowercase：所有文字小写显示。
- capitalize：每个单词的头字母大写显示。
- none：不继承母体的文字变形参数。

注意：继承是指 HTML 的标识符对于包含自己的标识符的参数会继承下来。

2）文字修饰基本格式

文字修饰的主要用途是改变浏览器显示文字链接时的下划线。

text-decoration：参数

其参数有以下取值范围。

- underline：为文字加下划线。

- overline：为文字加上划线。
- line-through：为文字加删除线。
- blink：使文字闪烁。
- none：不显示上述任何效果。

3. 控制文本的样式

控制文本的样式包括单词间距、字母间距、文本行距、文本水平对齐、文本垂直对齐和文本缩进 6 个部分。

（1）单词间距：英文每个单词之间的距离，不包括中文文字，基本格式如下。

```
word-spacing：间隔距离
```

（2）字母间距：英文字母之间的距离。基本格式如下。

```
letter-spacing：字母间距
```

（3）行距：上下两行基准线之间的垂直距离。一般来说，英文五线格从上往下数的第三条横线就是计算机所认为的该行的基准线。基本格式如下。

```
line-height：行间距离
```

（4）文本水平对齐：不仅包括设置文字内容对齐，也包括设置图片、影像资料的对齐方式。基本格式如下。

```
text-align：参数
```

参数的取值包括：left（左对齐）、right（右对齐）、center（居中对齐）、justify（相对左右对齐）。

（5）文本垂直对齐：相对于文本母体的位置而言，不是指文本在网页里垂直对齐。比如说，表格的单元格里有一段文本，那么对这段文本设置垂直居中就是针对单元格来衡量的。也就是说，文本将在单元格的正中显示，而不是在整个网页的正中显示，基本格式如下。

```
vertical-align：参数
```

参数的取值包括：top（顶对齐）、bottom（底对齐）、text-top（相对文本顶对齐）、text-bottom（相对文本底对齐）、baseline（基准线对齐）、middle（中心对齐）、sub（以下标的形式显示）、super（以上标的形式显示）。

（6）文本缩进：可以使文本在相对默认值较窄的区域里显示，主要用于中文版式的首行缩进，或是为大段的引用文本和备注设置缩进的格式，基本格式如下。

```
text-indent：缩进距离
```

【例 3-14】 应用 CSS 修饰文本的实例。

```html
<html>
  <head>
    <title>应用 CSS 修饰文本</title>
```

```
<style type="text/css">
    h1{
        font-size: 16px;                          /*设置字体大小*/
        text-align: center;                       /*设置文本水平对齐*/
        letter-spacing: 0.3em;                    /*设置字与字的间距*/
    }
    p{
        font-size: 12px;
        line-height: 160%;                        /*设置行间距离*/
        text-indent: 2em;                         /*设置文本缩进距离*/
    }
    .source{
        color: #999999;
        text-align: right;
    }
</style>
</head>
<body>
    <h1>读书苦乐</h1>
    <p class="source">作者:杨绛</p>
    <p>读书钻研学问,当然得下苦工夫……这还不是因为他"不求甚解"。</p>
    <p>我曾挨过几下"棍子",说我读书"追求精神享受"……这话可为知者言,不足为外人道
    也。</p>
    <p>我觉得读书好比串门儿——"隐身"的串门儿。……这是书以外的世界里难得的自由!
    </p>
    <p>…</p>
    <p>可惜我们"串门"时"隐"而犹存的"身"……这个"乐"和"追求享受"该不是一回事吧?</p>
</body>
</html>
```

在浏览器中显示的效果如图 3-23 所示。

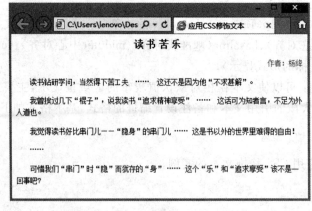

图 3-23　应用 CSS 修饰文本的显示效果

思考与练习

1. 单项选择题

(1) 在 CSS 文件中插入注释，正确的是(　　)。

    A. / * this is a comment * /

    B. // this is a comment

    C. ＜this is a comment＞

    D. ＜!－－this is a comment－－＞

(2) 下面不属于 CSS 使用方式的是(　　)。

    A. 索引式　　　　　B. 嵌入式　　　　　C. 链接式　　　　　D. 导入式

(3) 下面说法错误的是(　　)。

    A. CSS 样式表可以将格式和结构分离

    B. CSS 样式表可以控制页面的布局

    C. CSS 样式表可以使许多网页同时更新

    D. CSS 样式表不能制作体积更小下载更快的网页

(4) 关于样式表的优先级说法不正确的是(　　)。

    A. 直接定义在标记上的 CSS 样式级别最高

    B. 内部样式表次之

    C. 外部样式表级别最低

    D. 当样式中属性重复时，先设的属性起作用

(5) (　　)表示给所有的＜h1＞标签添加背景颜色。

    A. .h1 {background-color：#FFFFFF;}

    B. h1 {background-color：#FFFFFF;}

    C. h1.all {background-color：#FFFFFF;}

    D. #h1 {background-color：#FFFFFF;}

(6) 下列(　　)代码能够定义所有 P 标签内文字加粗。

    A. ＜p style＝"text-size：bold"；＞

    B. ＜p style＝"font-size：bold"；＞

    C. p {text-size：bold;}

    D. p {font-weight：bold;}

(7) a：hover 表示超链接文字在(　　)时的状态。

    A. 鼠标按下　　　B. 鼠标经过　　　C. 鼠标放上去　　　D. 访问过后

2. 问答题

(1) 简述 CSS 的优点。

(2) 简述 CSS 中选择器的作用及分类。

(3) 用户自定义的类和 ID 在定义和使用时有什么区别？

3. 案例分析题

（1）解释以下 CSS 样式的含义。

```
table{
        border: 1px #FF0000 solid;
        font: 12px arial;
        width: 600px;
}
td,th{
        padding: 6px;
        border: 2px solid #FFFF00;
        border-bottom-color: #0000FF;
        border-right-color: #0000FF;
}
```

（2）解释以下 CSS 样式的含义。

```
a:link {color: #008000;text-decoration: none}
a:visited {color: #990099;text-decoration: none}
a:active {color: #ff0000;text-decoration: underline}
a:hover {color: #3333CC;text-decoration: underline}
```

（3）写出下列要求的 CSS 样式表。

① 设置页面背景图像为 login_back. gif，并且背景图像垂直平铺。

② 使用类选择器，设置按钮的样式，按钮背景图像：login_submit. gif；字体颜色：#FFFFFFF；字体大小：14 像素；字体粗细：bold；按钮的边界、边框和填充均为 0。

4. 实践题

（1）建立一个 CSS 文件，完成下列样式的定义，并试着在一个 HTML 文件中调用这个 CSS 文件进行样式设置。

① 使用<td>标记样式，设置字体颜色：#000FFF；字体大小：14 像素；内容与边框之间的距离：5 像素。

② 使用超链接伪类：无下划线；颜色：#667788；鼠标悬停在超链接上方时显示下划线；颜色：#FF5566。

（2）运用不同的使用方式，用下列 CSS 样式修饰一个页面。

① 用标记选择器将网页中所有文字调整成 12 像素大小。

② 用类选择器 .title 将栏目框的标题文字调整成 14 像素，红色。

③ 用伪类选择器将导航条调整为链接的 hover 状态文字变色，加下划线。

④ 用后代选择器将友情链接中的链接行距调整为 150%。

第 **4** 章 网站建设概论

制作网页的最终目的是在网上建立一个传达信息的综合体——网站。网站是由多个网页组成的,但不是网页的简单罗列组合,而是用超链接方式组成的既有鲜明风格又有完善内容的有机整体。要想制作出一个好的网站,必须了解网站建设的一些基本知识。

4.1　网站建设的步骤

为了加快网站建设的速度和提高网站建设的效率,减小网站开发项目失败的风险,应该采用一定的制作流程来设计和制作网站。参照传统的软件开发过程,网站的开发大致可分为网站的规划、网站的设计、网站的实现、网站的测试和发布、网站的推广和维护五个阶段,如表 4-1 所示,每个阶段完成相应的任务。

表 4-1　网站建设的内容

开 发 阶 段	每阶段包含的任务	说　　明
网站的规划	网站目标的确定	主题是最重要环节,决定价值所在
	网站主题的确定	
	网站域名的设计	
	网站素材的准备	
网站的设计	确定网站的栏目和板块	栏目决定内容,风格体现特色
	确定网站的整体风格	
	确定网站的结构	
网站的实现	网站制作工具的选择和确定	本地网站的建成
	网站的建立	
网站的测试和发布	网站的测试	真正网站的建成
	网站的发布	
网站的推广和维护	网站的宣传与推广	生存和成功的关键
	网站的更新与维护	

4.1.1 网站的规划

1. 网站目标的确定

任何一个网站都要有存在的价值，这个价值确定了，网站建设的目标就出来了。简单地说，网站的目标就是为什么要建立这个网站。是为了满足企业市场开拓的需要还是为宣传企业形象？是为了推广企业产品进行电子商务还是为了提高客户的满意度、建立网络服务平台？如果是个人网站，是为了交朋友还是为了学习讨论？是为了兴趣爱好还是为了娱乐？总之，建立网站前目标要明确。

另外，目标明确还包括目标用户的定位，即要知道谁是网站将来的访问者。例如，明确该网站是面向消费者还是面向雇员或学生。只有知己知彼、有的放矢，才能避免在网站建设中出现很多问题并使网站建设能顺利进行。

2. 网站主题的确定

确定网站主题是赋予网站生命的关键一步。所谓网站的主题也就是网站的题材，即建立的网站所要包含的主要内容，一个网站必须要有一个明确的主题。网站的题材很多，下面列出一些供大家参考：网上求职、网上聊天、网上社区、计算机技术及应用、网站开发、娱乐网站、旅游网站、新闻网站、家庭/教育、生活时尚和网上购物等。每个大类都可以细分为各个小项，如网上社区可以分为 BBS、网络硬盘、邮件服务等；娱乐类可再分为体育、电影、音乐等几大类。以上都是一些最常见的题材，还有许多专业的题材可以选择，比如健康医疗、心理咨询、宠物地带、金融服务等。

在选择主题时还应注意以下几个问题。

(1) 主题选材要小而精。主题小而精是指题材的定位要小、要精，因为对于一般的制作者来说没有也不可能有足够的时间和精力去制作一个包罗万象的站点。虽然在做网站的时候很想把所有认为精彩的东西都放上去，但往往事与愿违，给人的感觉是没有主题，没有特色，好像什么都有却都很肤浅。主题小但并不是内容少，它所涉及本主题方面的信息要全。一般来说，专题类网站要比大而全的网站更受欢迎。比如有两个都是关于计算机教程的网站，一个哪一方面的内容都有，面面俱到；而另一个则主题比较少，甚至只有一个，例如只介绍网站建设方面的知识，但这一方面的内容比较全。在查找有关网站建设方面的资料时，当然会毫不犹豫地选择第二个网站。

(2) 最好选择自己擅长或者感兴趣的内容。主题最好是制作者最擅长并且最有兴趣的东西，其中兴趣特别重要，只有感兴趣才能创造出灵感，特别是个人网站，其最大的动力就是对这方面是否特别感兴趣。对于个人网站的内容设计可以从自己的专业或兴趣爱好方面多做考虑，例如自己在计算机、书法、绘画等方面有独到的工夫，就可以将此专题作为网站的内容；如果喜欢饲养宠物，那么就可以在自己的宠物天地里上传喜欢的宠物照片，介绍相关的饲养宠物的知识等。

(3) 选题不要太滥，目标定位不要太高。选题太滥是指到处可见、人人都有的题材，会给人没有特色的感觉,不能留下深刻印象。目标定位太高是指假设在这一题材上已经有了非常优秀、知名度很高的站点,要超过它就很困难了,除非下决心有实力竞争并超过它。在 Internet 上只有第一,人们往往只记得住最好的网站,第二、第三名的印象会浅得多。

3. 网站域名的设计

域名在网站建设中拥有很重要的作用,就好比一个品牌、商标一样拥有重要的识别作用,是站点与网民沟通的直接渠道,一个优秀的域名能让访问者轻松记忆,并且能快速输入。域名设计最重要的原则是简洁易记、有特色。

名称要简洁易记。如果是取英文或汉语拼音域名,以 4~8 个字符为宜,如肯德鸡快餐店的 KFC.com 和央视的 CCTV.com;如果用中文名称,网站名称的字数应该控制在 6 个字(最好 4 个字)以内,四个字的也可以用成语。例如:网易,其直观的意思就是告诉人们"网络是容易使用的",而其域名 163.com 更是借用了中国电信最早的拨号网络的名称,使用户在浏览网站时很容易就联想到它。为了便于记忆和传播,设计域名时还可以选用逻辑字母组合,主要分为英文单词组合(如 netbig.com)、汉语拼音组合(如 suning.com)和其他逻辑性字母组合(如纯数字的组合:4399.com;字母+数字组合的组合:hao123.com;英文+拼音的组合:chinaren.com;逻辑意义的组合:autohome.com.cn 等)。

名称要有特色。名称平实就可以接受,如果能体现一定的内涵,给浏览者更多的视觉冲击和空间想象力那就更好。例如,音乐前卫、网页陶吧、e 书时空等。在体现出网站主题的同时,能点出特色之处。www.eczn.com 就具有独特的个性,ec 众所周知指的是电子商务,zn 是指南的拼音首写,不仅容易记忆,而且朗朗上口。对大多数人来说,51job 没有任何实际意义,但是在互联网上借用了它的谐音:"我要工作",建成了一个有名的招聘网站。

对于企业和公司来说,域名最好与单位的名称、性质或平时所做的宣传等一致,下面给出一些在构思企业域名时常用的方法。

(1) 用企业名称的汉语拼音作为域名。这是为企业选取域名的一种较好方式,实际上大部分国内企业都是这样选取域名。例如,海尔集团的域名为 haier.com,华为公司的域名为 huawei.com。这样的域名有助于提高企业在线品牌的知名度,即使企业不作任何宣传,其网上站点的域名也很容易被人想到。

(2) 用企业名称相应的英文名作为域名。这也是国内许多企业选取域名的一种方式,这样的域名特别适合与计算机、网络和通信相关的一些行业。例如,长城计算机公司的域名为 greatwall.com.cn,中国电信的域名为 chinatelecom.com.cn。

(3) 用企业名称的缩写作为域名。有些企业的名称比较长,如果用汉语拼音或用相应的英文名作为域名就显得过于烦琐,不便于记忆,这时可以采用企业名称的缩写作为域名。缩写的方法有两种:一种是汉语拼音的缩写,例如,中国数据的域名为 zgsj.com;另一种是英文的缩写,例如,计算机世界的域名为 ccw.com.cn。

(4) 用汉语拼音的谐音形式给企业注册域名。在现实中,采用这种方法的企业也不在少数。例如,美的集团的域名为 midea.com.cn,新浪的域名为 sina.com.cn。

(5) 以中英文结合的形式给企业注册域名。例如,豪天金属制品有限公司的域名是 htmetal. com. cn。

申请域名前,必须先查询自己所需的域名是否已被注册,可以到负责域名申请事务的公司网站上进行查询,如中国互联网络信息中心(http://www.cnnic.net.cn)、万网(http://www.net.cn)、新网(http://www.xinnet.com)等。由于一个域名在全世界范围内只有一个,而且域名注册采取的是"先到先服务"和任何人都可以登记的原则,因此如果想使用的域名已有人抢先注册,这个域名就无法再被别人注册使用了。对于公司企业来说,除了要及时注册自己的域名,还应该像对待自己的品牌商标那样对自己的域名进行保护。

4. 网站素材的准备

在对未来网站有了一个初步的定位后,还需要有丰富的内容去充实。常言道:"巧妇难为无米之炊",好的网站不仅应该有美德、个性、创意,更要有内容。网站的内容是最重要的因素,空洞的网站对人没有任何吸引力。网站素材的准备工作包括搜集、整理加工、制作和存储等环节。

搜集的素材包括:与主题相关的文字、图片、多媒体资料及一些开放的源代码。要想让自己的网站有血有肉,能够吸引住用户,就必须尽量搜集材料,搜集的材料越多,以后制作网站就越容易。素材既可以从图书、报纸、光盘和多媒体上获得,也可以从互联网上搜集;搜集到的素材要进行适当加工,如图片扫描、文字录入、图片剪接等。加工时要注意保存原始素材,特别是电子素材一定要保存原稿,避免加工不适合后又无法重来。还有一些素材是需要自己设计和制作的,包括网站的 Logo、Banner、背景图片、列表图标、横幅广告等。有些网页内容用到的文字、图片等可以在制作网页前完成,有些素材可以在网页制作的过程中根据需要制作。

网站所需要的素材加工制作完成以后,还需要分门别类地把它们组织起来,存储在各个类别的文件夹中,文件名要有规律,容易看明白,便于今后制作网站时应用和管理。

4.1.2 网站的设计

1. 确定网站的栏目和板块

建立一个网站好比写一篇文章,首先要拟好提纲,文章才能主题明确,层次清晰;也好比造一座高楼,首先要设计好框架图纸,才能使楼房结构合理。初学者最容易犯的错误就是:确定题材后立刻开始制作。当一页一页制作完毕后才发现:网站结构不清晰,目录庞杂,内容东一块西一块,结果不但浏览者看得糊涂,自己扩充和维护网站也相当困难。

网站栏目的实质是一个网站的大纲索引,索引应该将网站的主体明确显示出来。在拟订栏目的时候,要仔细考虑,合理安排。网站栏目的设置要遵守紧扣主题、重点突出、方便浏览的原则。栏目设计常用的方法有借鉴法和归纳整理法,设计结果常用栏目结构图或栏目结构表来表示。

(1)借鉴法:借鉴法就是在做某一主题的网站之前,先参考包含了该主题的已有的优秀网站,取长补短,集思广益,再加上自己的特色形成自己网站的栏目结构。例如要为自己家乡的一处景点做一个网站,可以参考中国庐山网(http://www.china-lushan.com/index.html),它描述的内容十分全面,整个网站的栏目结构图如图 4-1 所示,像虚拟游、吃住行游购娱等都是非常有特色的栏目,可以借鉴;另外还可以参考九寨沟国际旅游网(http://www.jzgly.cn/Index.html),整个网站的栏目结构图如图 4-2 所示,它的旅游电子商务的特色比较突出,像门票晚会票、淘宝直销店等栏目值得借鉴。

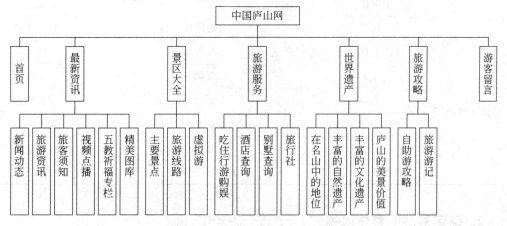

图 4-1　中国庐山网网站栏目结构图

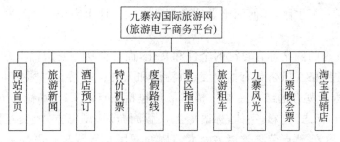

图 4-2　九寨沟国际旅游网网站栏目结构图

(2)归纳整理法:归纳整理法就是针对某一主题召开座谈会,采用头脑风暴法,围绕主题将可能涉及的所有内容都罗列出来,再通过归纳、整理、总结出网站的最终栏目结构。例如围绕高校学生做一个综合性网站,最终分析得到的栏目结构表如表 4-2 所示。

另外,在建设一些大型网站时可能要考虑先设计版块再设计栏目。版块比栏目的概念要大一些,每个版块都可以有自己的栏目。例如,网易分新闻、体育、财经、娱乐、教育等版块,其中体育版块下又设置了 NBA、中超、英超等主栏目。一般对于内容较少的网站,只要直接设置主栏目和各子栏目就够了,不需要设置版块。

表 4-2　高校学生网栏目结构表

一级栏目	二级栏目	一级栏目	二级栏目	一级栏目	二级栏目
网站介绍	网站主旨	人际交往	礼仪学苑	时尚休闲	幽默笑话
	栏目介绍		社会实践		运动健身
	远景规划	生涯规划	就业		旅游
	关于我们		择业		FLASH
时代脉搏	新闻时事		创业		个人相册
	法律法规		招聘应聘	成功人生	名人风采
	哲学理论	论坛			金玉良言
	社会热点	心灵驿站	心理测试		好书推荐
象牙塔内	校园资讯		心理咨询	出国留学	异国风情
	校园文学		心理调查		留学须知
	情感天地	考研考证	考研专栏		学校推荐
	社团活动		考证专栏		海外生活
	勤工俭学	时尚休闲	益智游戏	资源共享	资源上传
	许愿吧		在线音乐		资源下载

2. 确定网站的整体风格

网站的整体风格及其创意设计是最难掌握的。难就难在没有一个固定的程式可以参照和模仿。对同一个主题,任何两个设计者都不可能设计出完全一样的网站。

1) 风格

任何一个优秀的网站都有自己的个性和文化,而且会从一开始就千方百计去体现它,树立属于自己的风格。风格具有抽象性、独特性和人性化等特征。风格的抽象性是指站点的整体形象给浏览者的综合感受。整体形象包括站点的 CI(Corporate Identity,企业形象,主要体现在标志,色彩,字体,标语等上)、版面布局、浏览方式、交互性、文字、语气、内容价值、存在意义、站点荣誉等诸多因素。例如网民觉得网易是平易近人的,迪士尼是生动活泼的,IBM 是专业严肃的,这些都是网站给人们留下的不同感受。风格的独特性是指该网站不同于其他网站的地方。或者色彩,或者技术,或者是交互方式,能让浏览者明确分辨出这是网站独有的。风格的人性化体现在通过网站的外表、内容、文字和交流可以概括出一个站点的个性与情绪,是温文儒雅、执着热情,还是活泼易变、放任不羁,就像诗词中的"豪放派"和"婉约派"一样,可以用人的性格来比喻站点。

有风格的网站与普通网站的区别在于:普通网站看到的只是堆砌在一起的信息,只能用理性感受来描述,比如信息量的大小,浏览速度的快慢。但浏览过有风格的网站后就能有更深一层的感性认识,比如站点有品位,和蔼可亲,是老师或朋友。简单地说,风格就是一句话:与众不同!

树立一个网站的风格可以通过以下几方面来实现。

- 确信风格是建立在有价值内容之上的。一个网站有风格而没有内容,就好比绣花枕头一包草,好比一个性格傲慢但却目不识丁的人。因此首先必须保证内容的质量和价值性,这是最基本的,毋庸置疑。
- 需要彻底弄清楚希望站点给人的印象是什么。
- 在明确网站印象后,要努力建立和加强这种印象。

经过第二步印象的"量化"后,需要进一步找出其中最有特色的东西,就是最能体现网站风格的东西,并以它作为网站的特色加以重点强化和宣传。例如,再次审查网站名称、域名、栏目名称是否符合这种个性,是否易记;审查网站标准色彩是否容易联想到这种特色,是否能体现网站的性格等。具体的做法没有定式,下面提供一些方法供参考。

(1) 设计网站的标志(Logo)。像商标一样,Logo 是站点特色和内涵的集中体现。Logo 可以是中文、英文字母、符号或图案,也可以是动物或人物等。例如,新浪网用字母 sina 加眼睛作为 Logo,体现网站的敏锐和动感的特色。Logo 的设计创意一般来自网站的名称和内容。设计一个网站 Logo,并将它尽可能地放在每个页面最突出的位置。

(2) 设计并突出网站的标准色彩。网站给人的第一印象来自视觉的冲击,确定网站的标准色彩是相当重要的一步。不同的色彩搭配,将产生不同的效果,并可能影响到访问者的情绪。

"标准色彩"是指能体现网站形象和延伸内涵的色彩。例如,IBM 的深蓝色,肯德基的红色条纹,Windows 的红、蓝、黄、绿色块,都使浏览者觉得很贴切,很和谐。一般来说,一个网站的标准色彩不宜超过 3 种,太多则让人眼花缭乱。标准色彩要用于网站的 Logo、标题、主菜单和主色块,给人以整体统一的感觉。至于其他色彩也可以使用,只是作为点缀和衬托,绝不能喧宾夺主。

(3) 设计并突出网站的标准字体。标准字体是指用于 Logo、标题和主菜单的特有字体。一般网页默认的字体是宋体。为了体现站点的特有风格,设计者可以根据需要选择一些特别字体。例如,为了体现专业性可以使用粗仿宋体,为了体现设计精美可以用广告体,为了体现亲切随意可以用手写体等。

(4) 设计网站的宣传标语。网站的宣传标语也可以说是网站的精神、网站的目标,最好用一句话甚至一个词来高度概括,它类似于实际生活中的广告语句。想一条朗朗上口的宣传标语,把它做在网站的横幅(Banner)里,或者放在醒目的位置上,告诉大家本网站的特色。例如,雀巢的"味道好极了",Intel 的"给你一颗奔腾的心",给人们留下的印象都极为深刻。

(5) 设计一些特有的网站效果。创造一个网站特有的符号或图标。例如在一句链接前的一个点,可以使用☆、※、○、◇、□、△、→等符号,虽然很简单的一个变化,但却给人与众不同的感觉;也可使用一些自己设计的花边、线条和点等。

风格的形成不是一次定位就能形成的,需要在实践中不断强化、调整和修饰,直到有一天,网友们写信告诉你:"我喜欢你的站点,因为它很有风格!"。

2)创意

创意是网站生存的关键,作为网页设计人员,最苦恼的就是没有好的创意来源。创意到底是什么,如何产生创意呢? 创意是引人入胜,精彩万分,出其不意;创意是捕捉出来的点子,是创作出来的奇招。实质上,创意是传达信息的一种特别方式。例如对于 webdesigner(网页设计师),如果将其中 e 字母大写一下就变成了 wEbdEsignEr,这其实就是一种创意。创意并不是天才者的灵感,而是思考的结果。根据美国广告学教授詹姆斯的研究,创意思考的过程分为 5 个阶段。

- 准备期:研究所搜集的资料,根据旧经验,启发新创意。
- 孵化期:将资料咀嚼消化,使意识自由发展,任意结合。
- 启示期:意识发展并结合,产生创意。
- 验证期:对产生的创意进行讨论、修正。
- 形成期:设计制作网页,将创意具体化。

创意是将现有的要素重新组合。例如,网络与电话结合产生 IP 电话。从这一点上出发,任何人都可以创造出不同凡响的创意,而且,资料越丰富,越容易产生创意。如果细心就会发现,网络上最多的创意来自与现实生活的结合,例如在线书店、电子社区、在线拍卖等。

3. 确定网站的结构

确定网站的结构主要包括设计网站的目录结构和网站的链接结构。

1) 设计网站的目录结构

确定了具体栏目后就可以开始建立网站的目录。网站的目录是指创建网站时建立的目录。目录结构的好坏,对浏览者来说并没有什么太大的感觉,但是对于站点本身的上传维护、内容未来的扩充和移植有着重要的影响。下面是对建立目录结构的建议。

(1) 不要将所有文件都存放在根目录下,这样会产生如下不利影响。

① 文件管理混乱。会常常搞不清哪些文件需要编辑和更新,哪些无用的文件可以删除,哪些是相关联的文件,从而影响整个工作效率。

② 上传速度慢。服务器一般都会为根目录建立一个文件索引。如果将所有文件都放在根目录下,那么即使只上传更新一个文件,服务器也需要将所有文件再检索一遍,建立新的索引文件。很明显,文件数量越大,等待的时间也将越长。所以,应尽可能减少根目录的文件存放数量。

(2) 按栏目内容建立子目录。

① 建立子目录时首先按网站主栏目建立。例如:网页教程类站点可以根据技术类别分别建立相应的目录,像 Dreamweaver、Photoshop、Flash、CSS、JavaScript 等;企业站点可以按公司简介、产品展示、在线订单、反馈联系等建立相应目录。

② 其他的次要栏目,类似最近更新、友情链接等内容较多的且需要经常更新的栏目可以建立独立的子目录。一些相关性强,不需要经常更新的栏目,例如关于本站、站长、站点经历等可以合并放在统一的目录下。

③ 所有程序一般都存放在特定目录下。例如:CGI 程序放在 cgi-bin 目录下以便于维护管理。所有需要下载的内容也最好放在一个目录下。

(3) 在每个主目录下都建立独立的 images 目录。在默认情况下,每个站点根目录下都有一个 images 目录。刚开始学习网页制作时,习惯将所有图片都存放在这个目录里,可是后来发现很不方便,当需要将某个主栏目打包供网友下载,或者将某个栏目删除时,图片的管理会相当麻烦。经过实践发现:为每个主栏目建立一个独立的 images 目录是最方便管理的,而根目录下的 images 目录只用来放首页和一些次要栏目的图片。

(4) 目录的层次不要太深。目录的层次建议不要超过 3 层,以便于维护管理。

(5) 不要使用中文目录名,不要使用过长的目录名。不要使用中文目录名,使用中文目录名可能对网址的正确显示造成困难。因为很多设计软件是国外研制的,适合英文,即使是汉化版对中文的支持也不是十分完善;不要使用过长的目录名,尽管服务器支持长文件名,但是太长的目录名不便于记忆;尽量使用意义明确的名字命名目录,以便于记忆和管理。例如,创建一个网络教学网站,其网站栏目结构图如图 4-3 所示。

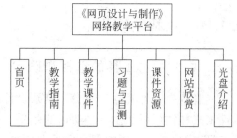

图 4-3 "《网页设计与制作》网络教学平台"
网站栏目结构图

对于"《网页设计与制作》网络教学平台"网站,建立站点根文件夹为"WebsiteDesign",根文件夹下创建一个主页 index.html 和 7 个子文件夹,子文件夹分别命名为"jxzn"、"jxkj"、"xtyzc"、"kjzy"、"wzxs"、"gpjs"以及"images"。

- "jxzn"文件夹存放教学指南主栏目页面及其子栏目的文件夹。
- "jxkj"文件夹存放所有教学课件的网页文件。
- "xtyzc"文件夹存放习题与自测的相关页面和子文件夹。
- "kjzy"文件夹存放课件资源方面的页面和子文件夹。
- "wzxs"文件夹存放网站欣赏的相关页面及子文件夹。
- "gpjs"文件夹存放光盘介绍的相关页面。
- "images"文件夹存放 index.html 中出现的所有图像文件、动画、音频或视频文件、CSS 文件等。

2) 设计网站的链接结构

网站链接结构是指页面之间相互链接的拓扑结构。它建立在目录结构基础之上,但可以跨越目录。形象地说,每个页面都是一个固定点,链接则是在两个固定点之间建立的连线。一个点可以和一个点连接,也可以和多个点连接。更重要的是,这些点并不是分布在一个平面上,而是存在于一个立体的空间中。研究网站链接结构的目的在于:用最少的链接,使浏览最有效率。

建立网站链接结构一般有两种基本方式。

(1) 树状链接结构(一对一)。类似 DOS 的目录结构,首页链接指向一级页面,一级页面链接指向二级页面。浏览这样的链接结构时,一级级进入,一级级退出。其优点是条理清晰,访问者明确知道自己在什么位置,不会"迷路";缺点是浏览效率低,一个栏目下的子页面到另一个栏目下的子页面,必须绕经首页。

(2) 星状链接结构(一对多)。类似网络服务器的链接,每个页面相互之间都建立有链接。这种链接结构的优点是浏览方便,随时可以到达自己喜欢的页面;缺点是链接太多,容易使浏览者"迷路",弄不清自己在什么位置,已经看了多少内容。

这两种基本结构都是理想方式,在实际的网站设计中,总是将这两种结构混合起来使用,希望浏览者既可以方便快速地到达自己需要的页面,又可以清晰地知道自己的位置。所以,最好的办法是:首页和一级页面之间用星状链接结构,一级和二级页面之间用树状链接结构。

4.1.3　网站的实现

1. 网站制作工具的选择和确定

尽管选择哪种工具并不会影响到设计网页的质量,但是,一款功能强大、使用简单的软件工具往往可以产生事半功倍的效果。目前制作网页涉及的工具比较多,对于网页制作工具,目前通常选用的都是所见即所得的编辑工具,其中的优秀者当然是 Dreamweaver 和 FrontPage 了。除此之外,还有图片编辑工具,如 Photoshop、Fireworks 等;动画制作工具,如 Flash、3ds Max 等;还有网页特效工具,如网页特效精灵、有声有色等。网上有许多这方面的软件,可以根据需要灵活运用。

2. 网站的建立

材料有了,工具也选好了,一切准备工作就绪,接下来就是按照规划一步步地把自己的想法变成现实。这是一个复杂而细致的过程。可以按照先大后小、先简单后复杂的原则制作出所有的页面。所谓先大后小是指在制作网页时,先把大的结构设计好,然后再逐步完善小的结构设计;所谓先简单后复杂是指先设计出简单的内容,然后再设计复杂的内容,以便在出现问题时好修改。注意在制作网页时要多灵活运用软件配备的设计模板或者自己制作一些模板,这样可以大大提高制作效率。

4.1.4　网站的测试和发布

1. 网站的测试

网站创建好以后,只有发布到 Internet 上才能够让更多的人浏览。在发布网站之前,还必须要做一项工作,就是测试网站。测试穿插在发布前后,包括本地测试和在线测试两个环节。

1) 本地测试

在将网站上传到服务器之前,首先应该在本地机器上进行测试,以保证整个网站所有网页的正确性,否则进行远程调试会比较复杂。

在本地机器上进行测试的基本方法是用浏览器浏览网页,从网站的首页开始,一页一页地测试,以保证所有的网页都没有错误。在不同的操作系统以及不同的浏览器下网页可能会出现不同的效果,甚至无法浏览。就是同一种浏览器在不同的分辨率显示模式下,也可能出现不同的效果。解决办法就是使用目前较主流的操作系统(如 Windows、UNIX)和浏览器(如 IE、Firefox、Google Chrome)进行浏览观察,只要保证在使用最多的操作系统和浏览器下能正常显示,效果令人满意就可以了;同样使用现在大多数用户都普遍使用的分辨率(如 1024×768、1280×800)进行显示模式测试,一般情况下网页的设计能够满足在 800×600 以上的分辨率模式中能正常显示就可以了。

本地测试的另一项重要工作就是要保证各链接的正确跳转,一般应将网页的所有资源相对于网页"根目录"来进行定位,即使用相对路径来保证上传到远程服务器上后能正确使用。

本地测试还涉及一些工作,如检查网页的大小以及脚本程序能否正确运行等。特别是如果使用的是其他网站提供的免费网页空间,则需要详细了解该网站提供的服务,如提供的网页空间的大小是否有限制,是否限定必须更新的时间,是否允许使用 CGI、ASP、PHP、JSP 等动态网页技术等。只有遵守这些规则,网站才有可能正常发布和长期存在。

2) 在线测试

网站上传到服务器后,就可以到浏览器里去观赏它们,但工作并没有结束。下面要做的工作就是在线测试网站,这是一项十分重要却又非常烦琐的工作。在线测试工作包括测试网页外观、测试链接、测试网页程序、检测数据库和测试下载时间等。

(1)测试网页外观:这是一项最基本的测试,就是使用浏览器浏览网页。这一工作和在本地机上进行网页测试的方法相同,不同的是现在浏览的是存放在 Internet 的 WWW 服务器上的网页。这时同样也应该使用目前最流行的 IE 等浏览器,观察网页在不同显示模式下的效果,这样就能发现许多在本地机上没有发现的问题,以进一步修改和调整。

(2)测试链接:在网页成功上传以后,还需要对网页进行全面测试。比如,有些时候会发现上传后的网页图片或文件不能正常显示或找不到。出现这种情况的原因有两种:一是链接文件名与实际文件名大小写不一致,因为提供主页存放服务的服务器一般采用 UNIX 系统,这种操作系统对文件名的大小写是有区别的,所以这时需要修改链接处的文件名,并注意保证大小写一致;二是文件存放路径出现错误,在编写网页时尽量使用相对路径可以减少这类问题。

(3)测试下载时间:实地检测网页的下载速度,根据实地检测的时间值来考虑调整设计的网页,如页面文件的大小、插入图片的分辨率、图像切片大小和脚本程序语言等影响下载时间的因素,以减少下载时间,让用户在最短的时间内看到页面。即使不能马上看到完整页面,也应想办法让访问者先看到替代的文字,帮助他们决定是否继续观看本站。有条件的话应该使用宽带、手机等各种上网方式试验网页下载的情况。

(4)脚本和程序测试:测试网页中的脚本程序、ASP、JSP 和 PHP 等程序能否正常执行。进行站点测试的一种简单方法就是使用测试软件,它能够进行许多烦琐的工作,帮助设计各种有关网站的数据,使测试工作轻松很多。这类软件有 EasyWebLoad(站点负载测试工具)、Linkbot(页面链接测试工具)等,它们都是一些共享软件,可以通过搜索引擎在提供软件下载的网站找到。

2. 网站的发布

经过详细的本地测试后,就可以发布站点了。发布前还需要先申请网站空间,然后通过一定的方式把网站上传到服务器上,这样就可以让世界上每一个角落的访问者浏览到站点内容了。

1) 申请网站空间

打个比方,可以把网站想象成一个完备的家庭,家需要一个"门牌号码"以方便别人能找到,网站的这个"门牌号码"叫作"域名",俗称网址;另外家需要有一些空间来放置家具,网站用来放置制作好的网站的内容、图片、声音等元素的地方就叫作网站空间。有了"门牌"和"空间",网站也做好了,再通过某种方式将家具(网站内容)放进空间,最后告诉亲朋好友网站的"门牌"(域名),别人就能来访问网站了!

(1) 网站空间选择方式:关于 WWW 服务器的选择一般有 3 种方式:自己购买服务器,采用 ISP(Internet Service Provider,互联网服务提供商)提供的虚拟主机形式(即收费空间),采用网站提供的免费空间。

如果具备足够的经济和技术实力,可以选择自己购买服务器。拥有自己的服务器的好处是可以自己自由管理,但是安装、定制、建立与 Internet 的连接等基础工作需要耗费大量的时间和金钱,而且正常运转后,每天 24 小时的维护也需要相当的技术实力和经济实力的支持。

对于缺乏专业技术人员或没有精力投入的中小企业或个人,租用 ISP 或专业公司提供的虚拟主机是个不错的选择。所谓虚拟主机就是采用虚拟主机技术,把一台真正的主机分成许多"虚拟"的主机,每一台虚拟主机都具有独立的域名和 IP 地址,具有完整的 Internet 服务器功能。虚拟主机的好处在于性能稳定、功能齐全,相对费用低廉,不需要自己维护服务器,适合制作高水准的网站。

对于大多数个人网页设计爱好者来说,一般不具备足够的经济实力去购买服务器或租用虚拟主机服务,可以选择许多大型专业网站提供的免费网页空间,按照这些网站提供的 Web 方式、电子邮件方式或 FTP 方式等把网站发布到远程主机上去。免费空间的特点是空间小、稳定性差,但适合没有网站制作经验的爱好者练习。

(2) 网页空间选择的关键和注意事项:网页空间选择的关键是看访问速度、空间大小、稳定程度以及服务内容(提供 CGI 权限、计数器、留言本、E-mail、FTP 上传等)。

申请免费个人空间要注意的事项是:空间大小,上传方式,是否限制上传文件大小,是否要附带广告,是否是嵌入式空间(即头尾是提供商的内容,中间是自己的内容)。

2) 发布网站

发布网站就是将制作好的网站上传到 Internet 的 WWW 服务器上。在网页文件编写、调试后就可以将其上传到网站空间。文件上传分为 Web 上传和 FTP 上传。Web 上传需要登录到网站的空间管理页面按要求进行上传,缺点是一般不能一次传送较大的文件,如果要上传较多文件就显得比较麻烦。FTP 上传则可以传送较大的文件。

FTP 上传有以下三种方式:

(1) 在浏览器地址栏输入 FTP 地址,然后输入用户名和登录密码就可以登录到自己

FTP 目录,再把文件复制到相关的目录下。

（2）利用一些网页制作软件提供的"站点发布"命令。

（3）使用专用软件。目前经常被使用的 FTP 软件有 CuteFTP、FlashFXP 和 LeapFTP 等,它们都具有界面友好、功能强大、容易使用的特点。

需要注意的是,不同网站提供商的 FTP 目录是不同的,有的是根目录,有的是 Web 目录,有的是 wwwroot 目录。一定要上传到相应的目录,否则网站将不能访问。

4.1.5 网站的推广和维护

1. 网站的宣传与推广

网站发布后,还要不断地进行宣传,这样才能让更多的朋友认识它,提高网站的访问率和知名度。据调查,网上最著名的 10% 的站点吸引了 90% 的用户,可见网站的宣传和推广的重要性。网站宣传和推广的方法有很多,下面简单介绍几种。

1）传统媒介推广法

目前,传统媒体宣传的影响力仍然大于网络,特别是对于面向国内的站点,电视、广播、报刊杂志等这些媒体的宣传效应可以说是立竿见影。另外,对于企业来说,可以将企业网站的推广融入到整个企业的宣传工作中,例如在广告、展览等各种活动中都可以在显著位置加入公司的网址,并适当介绍;还可以把公司网址加入到公司的各种印刷出版物上,如宣传品、信封、信纸、名片、手提袋等;企业建筑造型、公司旗帜、企业招牌、公共标识牌等外部建筑环境和企业常用标识牌、货架标牌等内部建筑环境,各种交通工具、公司员工的服装服饰、各种产品包装袋、公司平时的赠送礼品……要能全面利用这些宣传手段,实际上在设计公司的 CI(企业识别系统)时就要将网站这个因素考虑进去,网站实际上是 CI 设计中的一个基本要素。

2）网络广告推广法

如果愿意为推广网站花钱,那就可以采用广告方式。在传统媒体上做广告大家都很熟悉了,这里主要说一说网络广告,也就是发布在网络里的广告。

网络广告发布在网页上,有漂浮式显示、静态显示、弹出式显示和单击显示几种不同的显示方式。广告的收费方式是通过指定网页的访问量来计费,访问量越大,收费越高;或者通过单击次数收费,每单击一次就付一定的费用。与传统的三大媒体(报刊、广播、电视)广告及近来备受垂青的户外广告相比,网络广告具有得天独厚的优势,是实施现代营销媒体战略的重要部分。网络广告的独特优势可以概括为以下 6 点。

（1）传播范围广。网络广告的传播范围极其广泛,不受时间和空间的限制,可以通过国际互联网络把广告信息 24 小时不间断地传播到世界各地。作为网络广告的受众,只要具备上网条件,任何人在任何地点都可以随时随意浏览广告信息。

（2）交互性强。在网络上,受众是广告的主人,对某一产品发生兴趣时,可以通过单击进入该产品的主页,详细了解产品的信息。厂商也可以随时得到宝贵的用户反馈信息。

（3）针对性明确。网络广告目标群确定,由于点阅广告者即为有兴趣者,所以可以直接命中有可能的用户,并可以为不同的受众推出不同的广告内容。尤其是行业电子商务网站,浏览者大都是企业界人士,网上广告就更具有针对性了。

(4) 受众数量可准确统计。利用传统媒体做广告,很难准确地知道有多少人接收到广告信息,而在 Internet 上可通过权威公正的访客流量统计系统精确统计出每个客户的广告多少个访问者看过,以及这些访问者查阅的时间分布和地域分布情况。这样,借助分析工具,容易体现成效,客户群体清晰易辨,广告行为收益也能准确计量,有助于客商正确评估广告效果,制定广告投放策略,对广告目标更有把握。

(5) 灵活、成本低。在传统媒体上做广告,发布后很难更改,即使可以改动往往也须付出很大的经济代价。而在 Internet 上做广告能按照需要及时变更广告内容,当然包括改正错误,这就使经营决策的变化可以及时地实施和推广。作为新兴的媒体,网络媒体的收费也远低于传统媒体,若能直接利用网络广告进行产品销售,则可节省更多的销售成本。

(6) 感官性强。网络广告的载体基本上是多媒体、超文本格式文件,可以让消费者亲身体验产品、服务与品牌,这种图、文、声、像的形式,可传送多种感官的信息,让顾客身临其境般地了解商品或感受服务。

3) 搜索引擎推广法

迄今为止,搜索引擎是应用最广的互联网基本功能之一。搜索引擎是 Internet 中比较特殊的站点,它们搜罗网上其他站点的信息,纳入到自己的数据库中,然后根据用户提供的关键字,查询出带有相关信息的站点;同时搜索引擎也为站主提供了将自己的站点登记到数据库中的机会,而且绝大多数情况下是免费的,这便是宣传站点的极好时机。如果网站注册到了知名度比较高的搜索引擎上,当别人利用这个引擎进行查询搜索时,就增加了站点被访问的机会。数据表明,80%以上的上网者都是通过搜索引擎找到自己想要寻找的内容的。

4) 合作推广法

合作推广法指在具有类似目标网站之间通过友情链接、交换广告等方式实现互相推广的目的。友情链接或称互惠链接,是具有一定互补优势的网站之间的简单合作形式,即分别在自己的网站上放置对方网站的 Logo 或网站名称并设置对方网站的超链接,使得用户可以从合作网站中发现自己的网站,达到互相推广的目的。友情链接最好能链接一些流量比自己高的,有知名度的,并且和自己内容互补的网站;或者是链接同类网,同类网站要保证自己网站的内容质量有特点,并且可以吸引人。网站不要单求美观,特别是商业网站,一定要实用第一,技术美观等次之。

还有一种情况就是同时做几个相关的网站来互相推广,比如,做计算机行业的商务网站,可以再做一个计算机人才网、一个计算机资讯网、一个计算机专业书店网;再比如,做一个小游戏网,可以再做一个小说网、一个音乐网和一个电影,它们之间互相链接,相互推广。

5) 网络工具推广法

随着互联网的飞速发展,上网的人数正在成倍增长,充分利用 Internet 上的各种工具,可以更大范围地扩大网站的影响。

（1）利用电子邮件推广。电子邮件已经成为人们交流信息的工具，上网的人绝大多数都拥有自己的电子信箱。电子邮件推广是以电子邮件为主要的网站推广手段，常用的方法包括电子刊物、会员通信、专业服务商的电子邮件广告等。事实证明，这是比较行之有效的一种宣传推广手段，但运用不当则令人讨厌，比如，"垃圾邮件"。基于用户许可的电子邮件推广与滥发邮件不同，它具有明显的优势，比如，可以减少广告对用户的滋扰，增加潜在客户定位的准确度，增强与客户的关系，提高品牌诚信度等。

（2）利用网络聊天和交友推广。在线聊天是最常见的网上交流方式，当然可以用来宣传网站。人人都可以到网上去聊天，人人都可以通过聊天宣传自己的网站。要想宣传效果好，就得动一点脑筋。例如，找那些人气旺的聊天室；找那种支持超链接的聊天室，这样你输入的网址就带上了超链接，网友轻轻一点就进来了；事先准备好宣传广告，聊天时顺便发给对方等。

互联网打开了人际交往的一扇巨大的门。在网上交友时，日常人际交往过程中存在的许多障碍消失得无影无踪，所以受到大家非常热烈的欢迎。人多的地方自然是做广告的好地方。在这样的地方做一些"广告"，完全不花钱却能收到奇效。例如，在登记资料里写清楚自己网站的名称和域名；在宣言里写上对自己网站的介绍等。

目前网民聊天交友常用的工具有：各大网站的聊天室、QQ 或 MSN 等。

（3）利用新闻组、BBS 或留言等推广。网上有一些专门开辟出来给人们发布信息的地方，如新闻组、各种论坛、留言板，它们也是宣传网站的好途径。一些人气比较高的 BBS 和论坛，尤其是那些主题内容与自己网站的内容有关联性的，绝对是不可错过的好地方。寻找和自己网站内容接近的栏目，在上面发布网站的网址信息，可使关心该主题的访问者看到网站信息，从而可能访问自己的网页。采用这种方式的成功率会比较高，因为大家都是关心同一主题的访问者，愿意共同讨论、一起提高。还有就是可以将有关的网站推广信息发布在其他潜在用户可能访问的网站上，利用用户在这些网站获取信息的机会实现网站推广的目的，适用于这些信息发布的网站包括在线黄页、分类广告、论坛、博客网站、供求信息平台、行业网站等。如果信息发布在相关性比较高的网站上，可以引起人们极大的关注，效果就会更好一些。

6）免费搭送推广法

这种方法要求比较高一些，首先要有能力为用户提供有价值的免费服务，再附加上一定的推广信息。常用的免费服务有提供免费电子书、软件、Flash 作品、贺卡、考试资料等。如果应用得当，这种病毒性营销手段往往可以以极低的代价取得非常显著的效果。例如，某个网站规定要下载它的有声小说必须先下载特定的下载工具。

2. 网站的更新与维护

虽然网站上传后能够浏览了，但做到这一步并没有结束，因为网站长时间一成不变，或者毫无新意，肯定不会吸引用户再次访问。如果网站制作精良、更新及时，不但可以吸引回头客，而且这些回头客还可能介绍他们的朋友前来访问。这些回头客一般是真正对网站感兴趣的用户，因此，争取回头客是扩大网站影响的重要因素。网站的维护包括网站的更新和改版。

（1）网站的更新主要是网站文本内容和一些小图片的增加、删除或修改，总体版面的风格保持不变，所以一般至少一个星期更新一次。如果有一些公司网站的访问量多的话，更新周期就应再缩小。当然如果有精力的话最好每天更新，这样客户每次访问网站的时候都能看到新内容，促使他有时间便来看看。

（2）网站的改版是对网站总体风格进行大的调整，包括版面、配色等各方面。改版后的网站让客户感觉改头换面，焕然一新。一般改版的周期要长些。如果更新较勤，客户对网站也满意的话，改版可以延至几个月甚至半年。一般网站建设完成以后，就代表了公司的形象和风格。随着时间的推移，很多客户对这种形象已经形成了定势，如果经常改版，会让客户感觉不适应，特别是那种风格彻底改变的"改版"。当然，如果对公司网站有更好的设计方案，可以考虑改版。毕竟长期沿用一种版面会让人感觉陈旧、厌烦。

对于公司、企业等单位，尤其是拥有自己服务器的单位，则还需要配置专门的网站管理员来管理和维护好网站，维护内容不仅包括动态信息更新、新产品更新、咨询回复、网站安全等，还包括服务器及相关软硬件的维护、数据库维护。另外还要尽早制定相关网站维护的规定，将网站维护制度化、规范化。

4.2　网站建设的原则

在制作网站之前，了解一些网站建设的原则很有必要。下面介绍一些非常实用的网站建设原则。

1. 牢记内容第一的原则

内容第一、形式第二，网站设计者要牢牢记住。丰富的网站内容与网站受欢迎的程度成正比，很少有人愿意在一个没内容的网站上流连忘返，但是这里的内容丰富并不是指内容的繁杂，而是指内容的深度。网站作为一种媒体，提供给浏览者最主要的还是网站内容，大部分浏览者的最终目的还是想得到知识。内容丰富有价值加上外表漂亮美观是优秀网站必备的要素，是提高浏览率的前提条件。

2. 网页文件命名原则

（1）每一个目录中应该包含一个默认的 HTML 文件，文件名统一用 index. html。

（2）文件名称建议统一用小写的英文字母、数字和下划线的组合。

（3）文件命名的指导思想是：尽可能使得自己和工作组的每一个成员能够方便地理解每一个文件的意义，并且当在文件夹中使用"按名称排列"的命令时，同一种大类的文件能够排列在一起，以便查找、修改、替换和计算负载量等操作。

下面以"新闻"（包含"国内新闻"和"国际新闻"）这个栏目来说明 HTML 文件的命名原则：在根目录下开设 news 目录；建立一个新闻导入页，取名 index. html；所有属于"国内新闻"的新闻依次取名为：china_1. html，china_2. html，…，所有属于"国际新闻"的新闻依次取名为：internation_1. html，internation _2. html，…，如果文件的数量是两位数，则将前 9 个文件命名为：china_01. html,china_02. html,…,china_09. html,以保证所有的文件能够在文件夹中正确排序。

3. 图片命名的原则

图片文件名一般分为头尾两部分,用下划线隔开。头部分表示此图片的大类性质,例如广告、标志、菜单、按钮等,通常情况如下,其余情况可依照此原则类推。

(1) 放置在页面顶部的广告、装饰图案等长方形的图片取名为 banner。

(2) 标志性的图片取名为 logo。

(3) 在页面上位置不固定并且带有链接的小图片取名为 button。

(4) 在页面上某一个位置连续出现,性质相同的链接栏目的图片取名为 menu。

(5) 装饰用的照片取名为 pic。

(6) 不带链接表示标题的图片取名 title。

尾部分用来表示图片的具体含义。例如：banner_sohu. gif、menu_job. gif、title_news. gif、logo_police. gif、pic_people. jpg 等,这样就很容易看懂图片的意义。

4. 重视网页标题的设计

网页标题将随着网页的打开出现在浏览器最上方的标题栏中,具有很好的向导和提示作用,另外网页标题对搜索引擎检索也有着重要影响,因此很多网站都比较重视网页标题(尤其是网站首页标题)的设计。

网页标题设计的原则是：网页标题不宜过短或者多长。一般来说 6～10 个汉字比较理想,最好不好超过 30 个汉字;网页标题应能概括网页的核心内容;网页标题中应含有丰富的关键词。

5. 网站导航设计要清晰

网站要给浏览者提供一个清晰的导航系统,以便于浏览者能够清楚目前所处的位置,同时能够方便地转到其他页面。导航系统要出现在每一个页面上,标志要明显,便于用户使用,对于不同栏目结构可以设计不同的导航系统。链接文本的颜色最好用约定俗成的：未访问的链接用蓝色,单击过的链接用紫色。总之,文本链接一定要和页面的其他文字有所区分,给读者清楚的导向。

6. 少用网站背景底色

不少人喜欢在网站页面中加上背景图案或背景颜色,认为如此可以增加美观,但却不知这样会耗费传输时间,而且容易影响阅读视觉,反而给浏览者不好的印象。一般避免使用背景图案,保持干净清爽的文本页面。如果真的喜欢使用背景,那么最好使用单一色系,而且要与前景的文字可以明显区别,最忌讳使用花哨的背景。

7. 网页长度应限定在三个整屏以内

有的网站网页拉得很长,让读者握着鼠标要不停地拉滚动条。一般来说,网页长度应限定在三个整屏以内，一个半屏为最佳。

8. 合理运用多媒体功能

网络资源的优势之一是多媒体功能。为了吸引浏览者注意力，网页的内容可以用三维动画、Flash、优美的图片等来表现。但要注意，由于网络带宽的限制，在使用多媒体的形式表现网页内容时应考虑客户端的传输速度。根据经验与统计，使用者可以忍受的最长等待时间大约是一分钟，如果网页无法在这段时间内传输并显示完毕，那么使用者就会毫不留情掉头离去。特别是一些用 Flash 做的网站虽然效果好，但处理不当的话非常消耗带宽，用户在忍耐时间内无法打开页面就会失去兴趣。因此必须依据 HTML 文件、多媒体文件的大小，考虑传输速率、延迟时间、网络交通状况，以及服务端与使用者端的软硬件条件，估算网页的传输与显示时间，恰当地运用多媒体功能。

9. 善用图像元素

在图片使用上，尽量采用一般浏览器均可支持的压缩图片格式，例如 JPEG 与 GIF 等，其中 JPEG 的压缩效果较好，适合中大型的图片，可以大大节省传输时间。还有一点要特别注意，为了节省传输时间，许多人习惯采用"关闭图形"的模式再观看网页。因此在放置图片时，一定要记得为每个图片加上不显示时的说明文字（在 img 标记中的 alt 属性中设置），这样使用者才能知道这个图片代表什么意义，判断要不要观看。此外，还可以充分利用好图片的缩略功能，即把大图像的缩小版本显示出来，当用户需要看大图时再单击相应的小图。

10. 网站中所有路径都采用相对路径

调用图片等多媒体元素时需要用到路径，路径分相对路径和绝对路径。初学者在建立超链接时经常无意识地用了绝对路径，结果网站上传后或换一台计算机预览网站时常常出现图片、Flash 或视频无法显示的错误，所以网站中的路径一般建议采用相对路径。路径问题具体参见 2.3.1 节。

11. 确保链接的有效性，链接层次不要太深

网页上传之前要对每个链接进行有效性验证。网页中的链接层次不要太深，3～4 层比较适宜。一般来说，第二层链接的点击率仅为第一层的 30 % 左右。尽量避免出现死链接和"正在建设中"等字样。如果子栏目或子页面还没做好，可以在首页或父页面上只做一个标题而不做链接，以达到栏目或内容预告的效果。

12. 善用表格来布局，但表格的嵌套层次要控制在三层左右

表格在许多网页中被用于页面布局，这样更易于网页版式的定位。表格的嵌套就是在表格里插入表格。因为表格嵌套层次过多将严重影响网页的下载速度，所以建议尽量少用复杂、嵌套层次多的表格。

13. 遵循三次点击规则

三次点击规则是指用户使用任何功能或执行某个步骤时,都必须控制在三次点击鼠标之内。特别是对于电子商务网站在设计检索功能时更要注意这条规则。对于大型网站,使用导航和工具条可以改善操作。

14. 兼顾下载速度与美观

由于目前国内的网络状况较差,因此不能为了片面追求页面的美观而忽视页面的下载速度,这样会失去一大批浏览者,大家不会为了看一幅美丽的图片而等待很久。研究显示,如果在 15 秒内还不能打开一个网页,一般人就会失去耐心。网页中的图片应当是起到画龙点睛的作用,除非特殊需要,一般不要在网页中大量使用图片。一般在网页中使用的图片都要经过适当的压缩处理,使它在保证质量的前提下尽量小。一些用 Java 程序设计的页面也非常美观,但下载速度慢,应慎重使用。为保证网页的浏览速度,建议网页的文件大小一般控制在首页不超过 35KB,内容页不超过 50KB。

15. 及时更新网页

网页要经常更新,不断给用户提供最新信息,这是一个网站具有吸引力的重要方面。因此,要想保持网站的访问量,吸引更多的"回头客",就必须定期更新网站内容。每隔几个月到半年,还可考虑"中规模"更改版面的设计,但要注意循序渐进,避免产生大的版面变化,使浏览者一时无法适应。

16. 合理运用新技术

新的网页制作技术几乎每天都会出现,但要学会合理运用,切忌将网站变为一个制作网页的技术展台,永远记住让用户方便快捷地得到所需要的信息是最重要的。在选用新技术时要注意以下几点:首先,使用技术时一定要考虑传输时间;其次,技术一定要与本身网站的性质及内容相配合,不要使用了一大堆不相干的技术却不能切切实实地提高网站质量;最后,技术最好不要用得太过多样和复杂。

17. 要保护好个人信息

在个性化服务十分普及的今天,许多网站要求用户首先注册为"会员",网站收集用户资料有何目的?如何利用用户的个人信息?是否将用户资料出售给其他机构?是否会利用个人信息向用户发送大量的广告邮件?用户是否对此拥有选择的权利?填写的个人信息是否安全?这些都是用户十分关心的问题,如果要求访问者自愿提供其个人信息,网站应公布并认真履行个人隐私保证承诺。

18. 注重网站首页的设计

首页的设计历来是网站建设的重要一环,这不仅因为"第一印象"至关重要,而且直接关系到网站各级栏目的风格和框架布局的协调统一等连锁性问题,是整个网站建设的"龙头工程"。尤其是新网站,首页编排的优劣,将直接影响到它是否能吸引更多网民进入站内浏览。首页设计最好秉持干净而清爽的原则,同时还应该注意以下几个方面。

(1) 若无需要,尽量不要放置大图或加上不当的程序,因为它会增加下载的时间,导致浏览者失去耐心。

(2) 画面不要设计得杂乱无章,使浏览者不易找到所要的东西。

(3) 重视标识(Logo)的设计。一个绝妙的 Logo 不仅可以使网民对其留下深刻的印象,更可以成为该网站的无形品牌和形象大使。例如新浪的标识仅在黑色字体的 sina 中将小写字母的 i 做个空心处理,套上一个红色的帽子,就如火炬般将整个版面点燃,真是妙不可言。

(4) 首页中不要出现"自我介绍"之类的东西。记住,浏览者看的是网页内容,不是要了解你,他们对你没有兴趣。只有网站做得很好,浏览者才会想到你。如果你认为"自我介绍"很有必要,可以在主页面做个链接,单独做一页来介绍自己。

(5) 不要把"欢迎光临"之类的字眼挂得太大,甚至放在首页的主窗口。这样会使读者厌烦无比,掉头而去。

(6) 最忌"建设中"。大家在浏览网页时,经常碰到这样的事情,花时间总算打开了某栏目的页面,却被告知:"对不起,本栏目正在建设中,请稍后再来",真使人恼火。一种比较常见的解决办法是,可以在页面上只做栏目的标题而不要加"链接"功能,这样做还可以达到栏目预告的效果。

4.3 网页的可视化设计概论

4.3.1 网页的版面布局

网页的版面布局是网页设计最基本、最重要的工作之一。虽然网页内容很重要,但只有当网页布局和网页内容成功结合,将文字、图片等网页元素按照一定的次序进行合理的编排和布局,使它们组成一个有机的整体后,这样的网页才会使人喜欢。

1. 网页版面布局的基本概念

版面指的是浏览器看到的一个完整的页面。布局,就是以最适合浏览的方式将图片和文字等网页元素排放在页面的不同位置。版面布局也是一个创意的问题,但要比站点整体的创意容易,也有规律。可以按约定俗成的标准或大多数访问者的浏览习惯去设计,也可以创造出自己的设计方案,但对于初学者,最好先了解以下一些概念。

(1) 页面尺寸:页面的尺寸由高度和宽度构成,它会受到显示器大小、分辨率及浏览器的影响。高度是可以向下延展的,它是唯一能给网页增加更多内容(尺寸)的方法。一般对高度不限制,原则上内容尽量控制在一屏以内,最多也尽量不要超过三屏。即使是一屏,高度也没有一个固定值,因为每个人的浏览器的工具栏不同,有的浏览器工具栏被插件占了半个屏幕。对于网页的宽度,如果用表格布局可以采用100%的比例方式,这样页面将横向占满整个屏幕,不管什么样的显示器都是这样。假如在页面中插入了图片,图片的大小就会打乱表格的宽度,所以最好还是采用固定宽度的方式。下面给出一些常见的参考做法。

① 分辨率在800×600像素的情况下,网页宽度保持在778像素以内,就不会出现水平滚动条,高度则视版面和内容决定。常用的设置尺寸为:780×428像素。

② 分辨率在1024×768像素的情况下,网页宽度保持在1002像素以内,就不会出现水平滚动条,高度则视版面和内决定。常用的设置尺寸为:1007×600像素。也可以将宽度设成900像素,这时两侧空白更大,视觉上更舒服一点,也方便做一些浮动层的设计。

目前,页面的尺寸一般将800×600像素的分辨率作为约定俗成的浏览模式,通过不断实践积累经验。

(2) 整体造型:造型就是创造出来的物体形象,这里是指页面的整体形象。这种形象应该是一个整体,图形与文本的接合应该是层叠有序的。虽然,显示器和浏览器都是矩形,但对于页面的造型,可以充分运用自然界中的其他形状以及它们的组合:矩形、圆形、三角形、菱形等。

对于不同的形状,它们所代表的意义是不同的。比如矩形代表着正式、规则,很多ISP和政府网页都是以矩形为整体造型;圆形代表着柔和、团结、温暖、安全等,许多时尚站点喜欢以圆形为页面整体造型;三角形代表着力量、权威、牢固、侵略等,许多大型的商业站点为显示它的权威性常以三角形为页面整体造型;菱形代表着平衡、协调、公平,一些交友网站常运用菱形作为页面整体造型。虽然不同形状代表着不同意义,但目前的网页制作多数是结合了多个图形加以设计的,可能某种图形的构图比例占得多一些而已。

(3) 页头:页头也叫页眉,页眉的作用是定义页面的主题。页头是整个页面设计的关键,它牵涉到下面的更多设计和整个页面的协调性。页头常放置站点名字的图片和公司标志以及旗帜广告。

(4) 文本:文本在页面中出现都是以行或者块(段落)出现的,它们的摆放位置决定着整个页面布局的可视性。

(5) 图片:图片和文本是网页的两大构成元素,缺一不可。如何处理好图片和文本的位置成了整个页面布局的关键。

(6) 多媒体:除了文本和图片,还有声音、动画、视频等其他网页元素。虽然它们不是经常被利用,但随着动态网页的兴起,它们在网页布局上也将变得更重要。

(7) 页脚:页脚和页头相呼应。页头是放置站点主题的地方,而页脚是放置制作者或者公司信息的地方。

2. 网页版面布局技术

网页布局的常用技术有表格布局、框架布局以及CSS+Div布局。

（1）表格布局：表格布局好像已经成为一个标准，随便浏览一个站点，它们绝大多数是用表格布局的。表格布局的优势在于它能对不同的对象进行不同的处理，而又不用担心不同对象之间的影响。而且表格在定位图片和文本上比用 CSS 更加方便。表格布局唯一的缺点是，用了过多的表格时，页面下载速度会受到影响。对于表格布局，可以随便找一个站点的首页，然后保存为 HTML 文件，利用网页编辑工具 Dreamweaver 打开它，就可以看到这个页面是如何利用表格进行布局的。

（2）框架布局：可能是因为兼容性问题，框架结构的页面开始可能不被人喜欢。但从布局上考虑，框架结构不失为一个好的布局方法。它如同表格布局一样，可以把不同对象放置到不同页面加以处理，还可以在各个页面之间建立起一定的联系，这是表格功能所不能实现的。因为框架可以取消框，所以一般来说不影响整体美观。

（3）CSS+Div 布局：CSS+Div 是指提倡使用 DIV 代替表格布局，然后利用 CSS 单独来控制各种布局元素的显示样式。CSS 对于初学者来说显得有点复杂，但它的确是一个好的布局方法，曾经无法实现的想法利用 CSS 都能实现。CSS+Div 布局具有很多优点：可大大缩减页面代码，实现表现和内容的相分离，方便修改与维护，使页面载入得更快。

3．网页版面布局的原则

（1）主次分明，中心突出。在一个页面上，必须考虑视觉的中心，这个中心一般在屏幕的中央，或者在中间偏上的部位。因此，一些重要的文章和图片一般可以安排在这个部位，在视觉中心以外的地方就可以安排那些稍微次要的内容，这样在页面上就突出了重点，做到了主次有别。

（2）大小搭配，相互呼应。较长的文章或标题，不要编排在一起，要有一定的距离；同样，较短的文章，也尽量不要编排在一起。对待图片的安排也是这样，要互相错开，使大小图片之间有一定的间隔，这样可以使页面错落有致，避免重心的偏离。

（3）图文并茂，相得益彰。文字和图片具有一种相互补充的视觉关系，页面上文字太多，就显得沉闷，缺乏生气；页面上图片太多，缺少文字，必然会减少页面的信息容量。因此，最理想的效果是文字与图片密切配合，互为衬托，既能活跃页面，又能使主页有丰富的内容。

4．网页版面布局的步骤

网页版面布局分以下几个步骤进行。

（1）构思并绘制草案：根据网站内容的整体风格，设计版面布局。新建的页面就像一张白纸，可以尽可能地发挥想象力，将想到的"景象"画上去，可以用一张白纸和一支铅笔，也可以用 Photoshop 等工具实现。这个阶段不要讲究细节，只要有一个轮廓就行。当然也可能有多种想法，尽量都把它们画出来，然后再比较，采用一种比较满意的方案。

（2）初步填充网页内容：这一步就是将确定需要放置的功能模块放到网页中，例如，网站的标志、广告条、菜单、导航条、友情链接、计数器、版权信息等。注意,这里必须遵循上述版面布局的原则,将网站标志、主菜单等最重要的模块放在最显眼、突出的位置,然后再考虑次要模块的排放。

(3)细化:在上一步的基础上精细化、具体化内容。设计者可以利用网页编辑工具把草案做成一个简略的网页,当然,对每一种元素所占的比例也要有一个详细的数字,以便以后修改。这个过程可以遵循以下原则。

- 正常平衡:亦称"匀称"。多指左右、上下对照形式,主要强调秩序,能达到使人安定、信赖的效果。
- 异常平衡:即非对照形式,但也要平衡和具有韵律,当然都是不匀称的,此种布局能达到强调性、不安性、高注目性的效果。
- 对比:所谓对比,不仅可利用色彩、色调等技巧来表现,在内容上也涉及古与今、新与旧、贫与富等对比。
- 凝视:所谓凝视是利用页面中人物视线,使浏览者仿照跟随,以达到注视页面的效果,一般多用明星凝视状。
- 空白:不要在一个界面上放置太多的信息对象,要有一定的空白区,它对体现网页的格调十分有效。
- 尽量用图片解说:此法对不能用语言说服或用语言无法表达的情感特别有效。图片解说的内容,可以传达给浏览者更多的心理因素。

以上设计原则虽然枯燥,但是如果能领会并活用到页面布局里,效果就大不一样了。比如,网页的白色背景太虚,则可以加些色块;版面零散,可以用线条和符号串联;左面文字过多,右面则可以插一张图片保持平衡。

5. 网页版面布局的类型

网页版面布局大致可分为"国"字型、拐角型、"三"型、对称对比型、标题正文型、框架型、封面型、Flash 型等,下面分别介绍。

(1)"国"字型:也称为"同"字型或"口"字型,是一些大型网站所喜欢的类型,如图 4-4 所示。最上面是网站的标题以及横幅广告条,接下来就是网站的主要内容,左右分列两小条内容,有时左面是主菜单,右面放友情链接等;中间是主要部分,与左右一起罗列到底,最下面是网站的一些基本信息、联系方式、版权声明、广告等。这种结构在网上最常见,其优点是能充分利用版面,信息量大,缺点是页面拥挤,不够灵活。

(2)拐角型:也称为"厂"字型,这种结构类型与上一种其实只是形式上的区别,非常相近,上面也是横条网站标志+广告条,接下来的左侧是一窄列链接等,右列是很宽的正文,下面也是一些网站的辅助信息,如图 4-5 所示。拐角型是网页设计中最广泛的一种布局方式,这种布局的优点是页面结构清晰,主次分明,是初学者最容易上手的布局方法。缺点是规矩呆板,如果细节色彩上不注意,很容易让人"看之无味"。如果没有下面的网站辅助信息栏的结构,有时又称为"T"形结构。

(3)"三"型:"三"型结构多用于国外站点,国内用的不多。特点是页面上横向两条

图 4-4　"国"字型

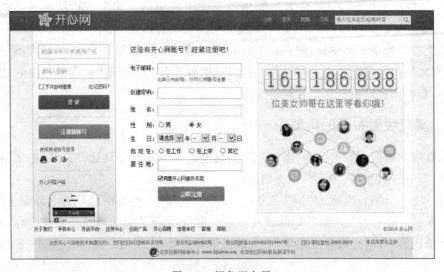

图 4-5　拐角型布局

色块将页面整体分割为四部分,色块中大多放广告条,如图 4-6 所示。

（4）对称对比型：对称、对比型是采取左右或者上下对称的一种布局方法,一半深色,一半浅色,一般用于设计型站点。优点是视觉冲击力强,缺点是将两部分有机的结合比较困难,如图 4-7 所示。

（5）标题正文型：这种结构类型的最上面是标题或类似的一些东西,下面是正文,比如一些文章页面、通知文件或注册页面等,如图 4-8 所示。

（6）框架型：框架型又可以分为左右框架型、上下框架型、综合框架型。

图 4-6 "三"型布局

图 4-7 对称、对比布局

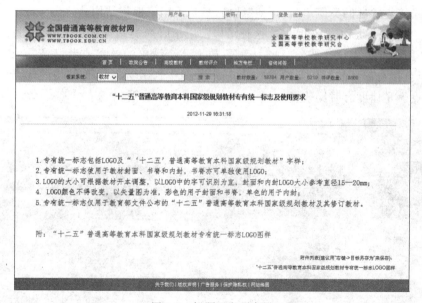

图 4-8 标题正文型布局

　　左右框架型是指一种左右为分别两页的框架结构,一般左面是导航链接,有时最上面会有一个小的标题或标志,右面是正文,大部分的大型论坛都喜欢采用这种结构,有一些企业网站也喜欢采用这种结构。这种类型结构非常清晰,一目了然,如图 4-9 所示。

　　上下框架型与左右框架型类似,区别仅在于上下框架型是一种上下分为两页的框架结构。

　　综合框架型是左右框架型和上下框架型两种结构的结合,是相对复杂的一种框架结

图 4-9　左右框架型布局

构。其中，较为常见的类似于"拐角型"结构，只是采用了框架结构。

（7）封面型：也称为 POP 型。这种结构常用于时尚类站点和个人网站的首页，大部分为一些精美的平面设计结合一些小动画，放上几个简单的链接或者仅是一个"进入"的链接甚至直接在首页的图片上做上栏目链接，如图 4-10 所示。这种结构的优点是漂亮吸引人，缺点就是速度有时比较慢。

图 4-10　封面型布局

（8）Flash 型：Flash 型与封面型结构类似，只是 Flash 型采用了目前非常流行的 Flash。与封面型不同的是，由于 Flash 强大的功能，页面所表达的信息更丰富，其视觉效果及听觉效果如果处理得当，绝不差于传统的多媒体，如图 4-11 所示。

以上总结了一些常见的网页版面布局方式，其实还有许多别具一格的布局结构，关键

Global Site | 网站导航 | 联络我们
可口可乐
最新电视广告
与可口可乐共同分享
隐私及使用条款 版权申明

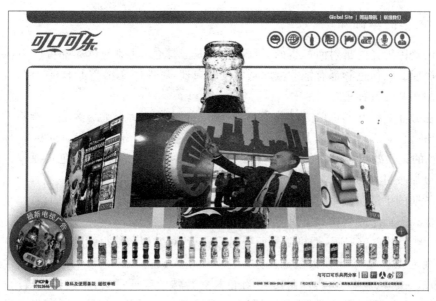

图 4-11　Flash 型布局

在于创意和设计。可以结合自己的需求综合各种布局模式创建符合自己的版面，例如图 4-12 是一个首页布局的草图，它的版面设计过程是根据具体需要先确定在首页上放置的内容模块，然后在纸上画出首页布局的草图，设计后再根据实际情况进行调整并最后定案。

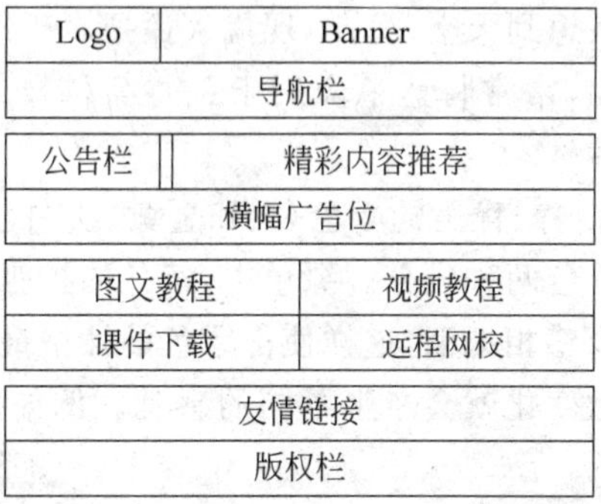

Logo
Banner
导航栏
公告栏
精彩内容推荐
横幅广告位
图文教程
视频教程
课件下载
远程网校
友情链接
版权栏

图 4-12　一个网站的首页布局规划的效果图

4.3.2　网页的色彩搭配

色彩是艺术表现的要素之一。在网页设计中，网站给人的第一印象来自于视觉，因此，确定网站的色彩相当重要。不同的色彩搭配会产生不同的效果，从而使网站给人以不同的视觉效果，吸引访问者的注意力。色彩的心理效应发生在不同层次中，有些属于直接的刺激，有些要通过间接的联想，更高层次则涉及人的观念、信仰。总之，要根据和谐、均衡和重点突出的原则，将不同的色彩进行组合，搭配出美丽的页面。

1. 色彩的基础知识

颜色是因为光的折射而产生的。红、黄、蓝是三原色,其他的色彩都可以用这三种色彩调和而成。任何色彩都有饱和度和透明度的属性,属性的变化产生不同的色相,所以至少可以制作几百万种色彩。

颜色分非彩色和彩色两类。非彩色是指黑、白、灰三种系统色。彩色是指除了非彩色以外的所有色彩。网页制作是用彩色好还是非彩色好呢?根据专业研究机构的研究表明:彩色的记忆效果是黑白色的 3.5 倍。也就是说,在一般情况下,彩色页面较完全黑白的页面更加吸引人。

在长期的生活实践中,自然界的各种色彩会在人的心中留下不同的印象,产生不同的心理感觉。下面来看看这些常见色彩的蕴涵。

(1) 红色的色感温暖,性格刚烈而外向,是一种对人刺激性很强的颜色。红色容易引起人的视觉注意,也容易使人视觉疲劳。它不仅使人兴奋、激动、紧张、冲动,也常伴随着灾害、事故、战争、流血、伤亡。在我国,红色具有特殊的象征意义,所以经常被用在学校、党、团等网站中,但又因它具有容易引起人视觉疲劳这一特性,在网页设计应用时多与白色搭配,应用面积一般也都较小。

(2) 黄色与红色相比,其视觉接受度要容易些。黄色给人光明、辉煌、灿烂、柔和、纯净和充满希望的感觉,它不仅能振作人的勇气,还能增强人的食欲,许多国外的大型快餐网站如"肯德基"、"必胜客"等都大量使用黄色。

(3) 蓝色是最具凉爽、清新、专业感的色彩,它和白色混合,能体现柔顺、淡雅、浪漫的气氛。另外蓝色容易让人联想到天空、海洋,现代人还把属于冷色调的蓝色视为代表着科学的象征色。在网页设计中,常常将蓝色应用于一些高科技或游戏类网站,主要表达严肃、稳重等效果。

(4) 绿色是一种柔顺、恬静、优美的颜色,它和金黄、淡白色搭配,可以产生优雅、舒适的气氛。绿色具有黄色和蓝色两种成分。绿色中,黄色的扩张感和蓝色的收缩感相中和,黄色的温暖感与蓝色的寒冷感相抵消,这样使得绿色的性格最为平和、安稳。其实每种色彩在饱和度和透明度上略微变化就会产生不同的感觉。例如黄绿色有青春、旺盛的视觉意境,而蓝绿色则显得幽深。

(5) 紫色的明度在所有彩色的色料中是最低的。紫色的低明度给人一种沉闷、神秘的感觉。紫色偏红时,感觉具有压抑、威胁感;紫色偏黑时,感觉就趋于沉闷、伤感、恐怖;紫色偏白时,可使紫色沉闷的性格消失,变得优雅、娇气并充满女性的魅力。

(6) 橙色也是一种激奋的色彩,具有轻快、欢欣、热烈、温馨、时尚的效果。

(7) 白色具有洁白、明快、纯真、清洁的感觉。白色的色感光明,具有圣洁的不容侵犯性,在白色中加入其他任何色,都会影响其纯洁性。如果用它作为衬色,可使主题显得格外纯净、美丽、个性强烈。在网页设计中,当一组或几组对比色或补色关系的色块在一起时,会因互不相让而显得强烈与刺激,若这时加点白色,则会呈现出既明显又和谐的效果。

(8) 黑色在中国文化里有沉重的神秘感,给人庄重而严肃的感觉,也常让人联想到黑暗、悲痛、恐怖、死亡。在网页设计中,黑色是万能色,使用黑色衬托亮色则亮色会更亮;衬托暗色则暗色会显得更有层次;但黑色也不能过多使用,否则会使网页显得沉闷、灰暗。

(9) 灰色具有中庸、平凡、温和、谦让、中立和高雅的感觉。

2．网页色彩的搭配

网页的色彩是树立网站形象的关键之一,色彩搭配却令设计者感到头疼。网页的背景、文字、图标、边框、超链接,应该采用什么样的色彩,应该搭配什么色彩才能最好地表达出预想的内涵呢? 通常的做法是:主要内容文字用非彩色(黑色),边框、背景、图片用彩色。这样的页面整体不单调,看主要内容也不会眼花。

1) 网页色彩搭配的原理

(1) 色彩的鲜明性。网页的色彩要鲜艳,容易引人注目,同时也能给人以较深刻的印象。

(2) 色彩的独特性。要有与众不同的色彩搭配,衬托出网站的个性,使得大家对该网站印象深刻。

(3) 色彩的合适性。按照内容决定形式的原则,色彩应服务于网站的内容,和网站的气氛相适应。如粉色常用于女性站点,用来体现女性的柔美;蓝色、灰色则常用于工业高科技企业,如奥迪公司的网页大量使用灰色,显得十分高贵。总之,选择色调一定要和网站的主要内容相适应。

(4) 色彩的联想性。不同的色彩会产生不同的联想。例如蓝色想到天空,黑色想到黑夜,红色想到喜事等。选择色彩要和网页的内涵相关联。

(5) 色彩的合理性。网页的色彩要漂亮、引人注目,同时还要照顾到人眼睛的生理特点,不要用大面积的高纯度色相,不要使用过分强烈的颜色对比,这样容易引起人的视觉疲劳。

(6) 色彩的时尚性。网页设计的用色要特别关注流行色的发展,特别是时尚类网站,应该根据每年流行色的发展适当变动。每年日本或欧美都要发布一批流行色,这是从大量人们所喜爱的颜色中挑选出来的,将这种流行色应用到网页中会使网页富有朝气,更受欢迎。

2) 网页色彩搭配的技巧

下面推荐几种配色方案供设计者参考。

(1) 用一种色彩。这里是指先选定一种色彩,然后调整透明度或饱和度,也就是将色彩变淡或加深,从而产生新的色彩,用于网页。这样的页面看起来色彩统一,有层次感。

(2) 用对比色调。即把色性完全相反的色彩搭配在同一个空间里。例如:红与绿、黄与紫、橙与蓝等。这种色彩的搭配,可以产生强烈的视觉效果,给人亮丽、鲜艳、喜庆的感觉。当然,对比色调如果用得不好,会适得其反,产生俗气、刺眼的不良效果。这就要把握好"大调和,小对比"这个重要原则,即总体的色调应该是统一和谐的,局部的地方可以有一些小的强烈对比。

(3) 用一个色系。按照色彩对人们心理的影响可以分为暖色系、中性系和冷色系。例如,暖色系中的红、橙、橙黄、黄等色彩的搭配会让人觉得温馨、和煦、热情;中性系中的黄绿、绿等色彩的搭配会让人觉得舒适、和谐;冷色系中的青绿、蓝绿、蓝等色彩的搭配会让人觉得宁静、清凉、高雅。

(4) 用黑色和一种彩色。比如大红的字体配上黑色的边框感觉很显眼。

(5) 黑白是最基本和最简单的搭配。白字黑底、黑字白底都非常清晰明了。而灰色是万能色,可以和任何彩色搭配,也可以帮助两种对立的色彩和谐过渡。

(6) 象征色。因为色彩具有象征性,例如:嫩绿色、翠绿色、金黄色、灰褐色可以分别象征春、夏、秋、冬。其次还有职业的标记色,例如:军警的橄榄绿、医疗卫生的白色等。色彩还具有明显的心理感觉,例如冷、暖的感觉等。另外,色彩还有民族性,各个民族由于环境、文化、传统等因素的影响,对不同颜色有不同的理解。

(7) 风格色。许多网站使用颜色秉承的是公司的风格。比如海尔使用的颜色是一种中性的绿色,既充满朝气又不失自己的创新精神。女性网站使用粉红色的较多,大公司使用蓝色的较多,这些都是在突出自己的风格。

不管色彩如何搭配,都要注意网页中的标准色彩不要超过 3 种。标准色彩是指展示网站形象和延伸内涵的色调。如果一个网站的标准色彩超过 3 种则让人眼花缭乱。标准色彩主要用于网站的标志、标题、主菜单和大色块,给人以整体统一的感觉,至于其他色彩的使用,只可作为点缀和衬托,绝不能喧宾夺主。

3) 网页各组成部分色彩的设计方法

网页一般是由网页内容、网页标头、导航菜单等几部分组成的,它们的用色方法如下。

(1) 网页内容。它是信息存储空间,一般要求背景要亮,文字要暗(反之亦然),对比度要大。许多网页都用白底黑字,而有的网页则是用自身 Logo 的颜色作为内容的颜色。

(2) 网页标头。它主要是 Logo 放置的地方,一般用深色,具有较高对比度,以便用户能非常方便地看到它在该站点的所在位置。标题通常与页面其他部分有不同的"风貌"。它可以使用与页面内容非常不同的字体或颜色组合,也可以采用页面内容的反色。

(3) 导航菜单所在区域。把菜单的背景颜色设置暗一些,然后依靠较高的颜色对比度、比较强烈的图形元素或独特的字体将网页内容和菜单的不同准确地区分开来。

(4) 侧栏。尽管不是所有网页都会使用侧栏,但它仍不失为显示附加信息的一个有用方式,在色彩上的使用要注意和网页内容应清楚地区分开,同时也要易于阅读。

(5) 页脚。这一项最不重要,不应该喧宾夺主,可以考虑和侧栏相同的颜色或稍微加深一些的颜色。

4) 网页色彩设计的趋势

随着网页制作经验的积累,设计者用色有这样一个趋势:单色→五彩缤纷→标准色→单色。一开始因为技术和知识缺乏,只能制作出简单的网页,色彩单一;在有一定基础和材料后,希望制作一个漂亮的网页,将自己收集的最好的图片、最满意的色彩堆砌在页面上,形成五彩缤纷的状态;但是时间一长,却发现色彩杂乱,没有个性和风格,于是重新定位自己的网站,选择好切合自己的色彩,网页就有了主色调即标准色;当最后设计理念和技术达到顶峰时,则又返璞归真,用单一色彩甚至非彩色就可以设计出简洁精美的站点了。

4.3.3　网页的艺术设计

多媒体技术的迅猛发展,使人们认识到创设友好界面的重要性和必要性。在网页设计制作过程中,需要遵循的艺术原则主要有:对比原则、协调原则、平衡原则和趣味原则。

1. 对比原则

两个事物的相对比较称为对比。通过对比,双方各自的特征更加鲜明,使画面更富有效果和表现力。对于界面设计而言,通过对比可以在界面中形成趣味中心,或者使主题从背景突显出来。常用的对比方法有以下8种。

(1) 大小的对比:大小关系是界面布局中最受重视的一项。一个界面有许多区域,包括文字区、图像区和控制区等。它们之间的大小关系决定了用户对系统最基本的印象。差别小,给人的感觉比较温和;差别大,给人的感觉比较鲜明,而且具有震撼力。

(2) 明暗的对比:阴与阳、正与反、昼与夜等对比可以让人感觉到生活中的明暗关系。明暗是色感中最基本的要素。利用这一对比原则,可以将界面的背景设计得暗一些,把重要的菜单或图形设计得亮一些,来突出它们的地位。

(3) 粗细的对比:字体越粗,越富有男性气概;若代表时髦与女性,则通常以细字表现。细字如果增多,粗字就应该减少,这样的搭配看起来比较明快。重要的信息用粗体大字甚至立体形式表现在界面上,再搭配激荡的音乐,就会让用户感觉有气魄;而比较柔情的词汇,则选择纤细的斜体或倒影字体比较好。

(4) 曲线与直线的对比:曲线富有柔和感、缓和感,它的艺术效果是流动、活跃,具有动感,一般应用于青春、活泼的主页题材;直线则富有坚硬感、锐利感,它的艺术效果是流畅、挺拔、规矩、整齐,一般应用于比较庄重、严肃的主页题材。自然界中的线条皆由这两者协调搭配而成,把以上两种线条和形状结合起来运用,可以大大丰富网页的表现力,使页面呈现更加丰富多彩的艺术效果。

(5) 水平线与垂直线:水平线给人稳定和平静的感受;垂直线和水平线正相反,表示向上伸展的活动力,具有坚韧和理智的意味,使界面显得冷静而又鲜明。如果不合理地强调垂直性,界面就会变得冷漠、坚硬,使人难以接近。将垂直线和水平线作对比处理,可以使两者更生动,不但使界面产生紧凑感,还能避免冷漠、坚硬的情况发生。

(6) 质感的对比:在日常生活中,很少人谈及质感,但在界面设计中,质感却是非常重要的形象要素,例如松弛感、平滑感、凹凸感等。质感不仅表现出情感,而且与这种情感融为一体。界面上的元素之间,可以采用质感的方式加强对比,如以大理石为背景和以蓝天为背景产生的对比,前者给访问者冷静、坚实和拘束之感,后者给访问者活泼、空旷和自由之感。

(7) 位置的对比:通过位置的不同或变化可以产生对比。例如在界面的两侧放置某种物体,不但可以表示强调,同时也可以产生对比。界面的上下左右和对角线上的四隅皆有"力点"存在,而在这些力点处配置照片、大标题或标识、记号等,便可以显示出隐藏的力量。因此在对立关系的位置上放置鲜明的造型要素,可显出对比关系,使界面具有紧凑的感觉。

(8) 多重对比：将上述各种对比方法，如曲线与直线、垂直与水平、粗与细等交叉或混合使用，进行组合搭配，可以制作出富有变化的界面。

如图 4-13 所示的页面就是充分考虑了对比原则所带来的综合效果。

图 4-13　对比

2. 协调原则

协调原则是相对于对比原则而言的。所谓协调，就是将界面上的各种元素之间的关系进行统一处理，合理搭配，使之构成和谐统一的整体。对于艺术，协调被认为是使人愉快和舒心的美的要素之一。协调包括同一界面中各种元素的协调，也包括不同界面之间各种元素的协调。协调主要体现在以下 4 个方面。

（1）主与从：界面设计和舞台设计有类似的地方，主角和配角的关系是其中一个方面。当主角和配角的关系很明确时，访问者便会关注主要信息，心理也会安定下来。在界面上明确表示出主从关系是很正统的界面构成方法。如果两者的关系模糊，便会让人无可适从；相反，主角过强就会失去协调性，变成庸俗的界面。所以主从关系是界面设计需要考虑的基本因素。

（2）动与静：在庭院中，有假山、池水、草木、瀑布等配合。同样，在界面设计上也有动态部分和静态部分的配合。动态部分包括动态的画面和事物的发展过程，静态部分则常指界面上的按钮和文字解说等。扩散或流动的形状即为动，静止不变的形状即为静。一般来说动态和静态要配置于相对之处。动态部分占界面的大部分，静态部分面积小一些，在周边留出适当的空白以强调各自的独立性。这样的安排较能吸引访问者，便于表现，尽管静态部分只占较小的面积，却有很强的存在感。

（3）入与出：整个界面空间因为各种力的关系而产生动感，进而支配空间，因此界面的入点和出点要彼此呼应、协调。两者的距离愈大，效果愈显著，而且可以充分利用界面的两端。但出点和入点要特别注意平衡，必须有适当的强弱变化才好，如果有一方太软弱无力就不能引起共鸣。例如设计总标题的出现，可以让它从中心一点逐步放射开来，最终静止在整个界面上；也可以让它从屏幕一边推出，转向屏幕的另一端，最终落在界面的某处。这两种方式都有出口和落处，有一定的艺术效果。

图 4-14　协调

（4）统一与协调：如果过分强调对比关系，空间预留太多造型要素，则容易使画面产生混乱。要协调这种现象，最好加上一些共同的造型要素，使画面产生共同风格，具有整体统一和协调的感觉。反复使用同形事物，可使界面产生协调感。若把同形的事物配置在一起，便能产生连续感。两者相互配合使用，能创造出统一协调的效果。

如图 4-14 所示的页面就是充分考虑了协调原则所带来的综合效果。

3．平衡原则

界面是否平衡是非常重要的。例如在一个介绍电脑的界面上，将一台电脑放在界面的左边，看起来似乎要倒向右边，但设计者在界面的左边安排了粗体的标题和文字，恰好起到了支撑作用，使人感觉非常平稳，这就是平衡带来的艺术效果。达到平衡的一种方法是将界面在高度上三等分，图形的中轴落在下三分之一划分线上，这样就可以保持空间上的平衡。

平衡并不是对称。以一点为起点，向左右同时展开的形态，称为左右对称形，应用对称的原理可以发展出旋涡等形状复杂的平衡状态。我国的古典艺术大多讲究对称原则。应用对称，可以使访问者产生庄重威严感，但缺少活泼性。在界面设计上，一般不认可对称原则。现代造型艺术也向"非对称"方向发展。当然，在画面需要表达传统风格时，对称仍是较好的表现手段。

中心也是平衡的一个方面。在人的感觉上，左右会有微妙的差异。如果某界面右下角有一处吸引力特别强的地方，考虑左右平衡时，如何处理这个地方就成为关键问题。人的视觉对从左上到右下的流向较为自然。将右下角空着来编排标题与插图，就会产生一种自然的流向，反之，就会失去平衡而显得不自然。

如图 4-15 所示的页面就是充分考虑了平衡原则所带来的综合效果。

图 4-15　平衡

4．趣味原则

在界面设计中注意"趣味性"可以"寓用于乐"。除了运用形象、直观、生动的图形优化界面来提高趣味性，利用以下方法也能提高趣味性。

（1）比例：黄金分割点也称黄金比例，是界面设计中非常有效的一种方法。在设计物体的长度、宽度、高度及其形式位置时，如能参照黄金比例来处理，可以产生特有的稳定和美感。

（2）强调：在单一风格的界面中，加进适当的变化，就会产生强调效果。强调可打破界面的单调感，使界面变得富有生气。例如，界面皆为文字编排，看起来索然无味；如果加上插图或照片，就如一颗石子丢进平静的水面，产生一波一波的涟漪。

（3）凝聚与扩散：人的注意力总会特别集中到事物的中心部分，这就是"视觉凝聚"。一般而言，凝聚型（也是许多人采用的方式）看似温柔，但容易流于平凡；离心形的布局称为扩散型,具有现代感。

（4）形态的意向：由于计算机屏幕的限制,一般的编排方式总是以四边形为标准形,其他各种形式都属于它的变形。四角皆成直角,给人以很有规律、表情少的感觉,其他变形则呈现出形形色色的感觉。譬如成为锐角的三角形有锐利、鲜明感;近于圆的形状有稳定和柔弱之感;相同的曲线也有不同的表情,例如用仪器画出的圆有硬质感,而徒手画出来的圆有柔和的曲线之美。

（5）变化率：在界面设计中,必须根据内容决定标题的大小,标题和正文大小的比率就是变化率。变化率越大,界面越活泼;变化率越小,界面格调越高。依照这种尺度来衡量,就很容易判断界面的效果。标题与正文字体大小决定后,还要考虑双方的比例关系。

（6）规律感：具有共同印象的形式反复编排时,就会产生规律感。不一定要同一形状的东西,只要具有强烈的印象就可以。同一事物出现三四次就能产生轻的规律感,有时只要反复使用两次特定的形状,也会产生规律感。规律感应用在设计多媒体应用系统时,可以让用户很快熟悉系统,掌握操作方法,这一点可以从 Windows 软件设计中得到启发。

（7）导向：依眼睛所视或物体所指方向,使界面产生一种引导路线,称为导向。设计者在设计界面时,常利用导向使整体画面更引人注目。一般来说,用户的眼光会不知不觉地锁定在移动的物体上,即使物体是在屏幕的角落,画面的移动和换场都会让目光跟着它移动。了解了这一点,设计者就可以有意识地将访问者的目光导向到希望访问者注意的信息对象上。在考虑导向时,切记一个镜头的结束应当引导出下一个镜头的开始。建立导向最简单的方法就是直接画上一支箭头,指向希望访问者关注的地方。

（8）空白区：速度很快的说话方式适合体育新闻的播报,但不适合做节目主持人,原因是每句话中的"空白量"太少。界面设计的空白量问题也很重要,无论排版的平衡有多好,读者一看到界面的空白量就已经给它打好分数了。所以,千万不能在一个界面上放置太多的信息,以至界面内的东西拥挤不堪。没有空白区就没有界面的美,空白的多少对界面的印象有决定性的作用。空白部分较多,会使格调提高并且稳定界面;空白部分较少,会使人产生活泼的感觉。

（9）屏幕上的文字：屏幕上的文字不仅要从样式、大小、颜色及特性等方面综合考虑,还可以结合网站主题进行选择。例如粗体字强壮有力,有男性特点,适合机械、建筑业等内容;细体字高雅细致,有女性特点,更适合服装、化妆品、食品等行业的内容。

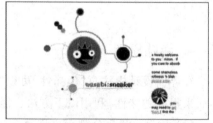

图 4-16　趣味原则的综合效果

如图 4-16 所示的页面就是充分考虑了趣味原则所带来的综合效果。

4.3.4　网页的点、线、面的运用

点、线、面是构成视觉空间的基本元素,是表现视觉形象的基本设计语言。网页设计实际上就是如何经营三者的关系,因为不管是任何视觉形象或者版式构成,归结到底,都

可以归纳为点、线和面。一个按钮、一个文字是一个点；几个按钮或者几个文字的排列形成线；线的移动、数行文字或者一块空白都可以理解为面。点、线、面相互依存、相互作用，可以组合成各种各样的视觉形象和千变万化的视觉空间。

1. 点的视觉构成

在网页中，一个单独而细小的形象可以称之为点。点是相比较而言的，比如一个汉字是由很多笔画组成的，但是在整个页面中，它可以称为一个点。点也可以是一个网页中相对微小单纯的视觉形象，如一个按钮、一个 Logo 等。点是相对线和面而存在的视觉元素，是构成网页的最基本单位，使用得当，可以画龙点睛。一个网页往往需要由数量不等、形状各异的点来构成。点的形状、方向、大小、位置、聚集和发散，能够给人带来不同的心理感受。下面以具体的页面为例介绍点的运用和表现。

如图 4-17 所示，在这个页面的下部，点的水平排列形成了平稳的线的感觉。三种形状相似的点随着单击产生颜色变化，同时在页面中心位置出现不同的产品图片，给人一种跳跃、动荡、欢快的感受。在页面中四处飘荡的点和由左至右移动的由点组成的文字，提升了页面的活跃气氛。在同一个空间里面体现两种不同情绪的动态对比，这也是网页相对传统平面媒体的极大优势。作为呼应，设计师特意在页面的中上部，采用了很多较小的点作为底纹，起到了丰富页面层次的作用。页面上下两段横向的色条，增强了水平线的稳定情绪，将页面统一起来。

在如图 4-18 所示的页面中，点的大小、位置、颜色、聚散的不同变化和组合，产生了轻松、活泼、流动、愉快的心情。通过优美的弧线引导，人们的视线最终将集中在 wasabi: sneaker 这几个由点组成的文字上。自然，这也是设计师所要突出的主题之一。

图 4-17　点的构成示例一

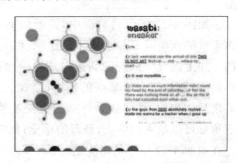

图 4-18　点的构成示例二

2. 线的视觉构成

点的延伸形成线。线在页面中的作用在于表示方向、位置、长短、宽度、形状、质量和情绪。线是分割页面的主要元素之一，是决定页面现象的基本要素。

线的总体形状有垂直、水平、倾斜、几何曲线、自由线等。将不同的线运用到页面设计中，会获得不同的效果。根据情况运用线条，可以充分表达所要体现的东西。线条除了体现情感外，还能够利用粗细、虚实、渐变、放射产生深度空间和广度空间。

在如图 4-19 所示的页面中，围绕同心的放射圆，在粗细和虚实上形成深度空间。设计师巧妙地将 3D 造型的 Logo 放在圆心上，非常引人注目。页面左边，长短不一的线段在视觉中形成虚实的变化，强调了页面空间的构成。

在如图 4-20 所示的页面中，离心放射的线条，具有力量和挺拔的感觉。类似于太阳的光芒，使版面的视线更加开阔。它同时具有吸引浏览者视线的作用，和同心放射有异曲同工之妙。

图 4-19　线的构成示例一

图 4-20　线的构成示例二

3．面的视觉构成

线的推移形成面。面是无数点和线的组合。面具有一定的面积和质量，占据空间的位置最多，因而相对点和线来说，视觉冲击力更强烈。面的形状可以分为以下几种：方、圆、三角、多边形和有机切面。面具有鲜明的个性和情感特征，只有合理地安排好面的关系，才能设计出充满美感、艺术而实用的网页作品。

在如图 4-21 所示的页面中，圆形的面和自由形状的面组成了一个极不稳定的倒三角构图。加上网页中动态的高速向外冲的卡通飞车高手，制造了一个紧张的环境，让观众在担心之后，自然记住了这个特殊的视觉效果。

图 4-21　面的构成示例一

倒三角形可以给人们活泼、新颖的感觉；倒三角面的不稳定性，可以制造危险的气氛。

在如图 4-22 所示的耐克的页面中，大量采用了接近圆形的几何面，加上篮球高手的精彩定格，使整个站点充满了跳跃和运动的感觉。在这个页面中，篮球运动员的运动方向对视线的引导起了很大作用，他将视线牵引到页面的右上角。右上角的面所要推荐的产品，应该是这个页面的重中之重。中间位置不同内容的几何面的运用，避免了单纯采用文字的单调感，既可最直接地反映产品的信息，又可在色彩和版面上为整个站点活跃气氛，可谓是一举多得。

在如图 4-23 所示的页面中，不规则面和几何面在页面中交错出现。点、线、面的综合运用，合理的布白（也是面），加上色彩的对比，可使视觉保持兴奋。黑、白、灰的合理安排，使页面产生了空间层次，丰富了整体效果。

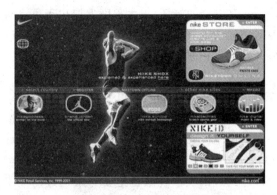

图 4-22　面的构成示例二

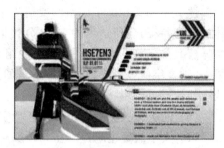

图 4-23　面的构成示例三

4.3.5　网页中文字和图形的设计

图形和文字是网页的两大构成元素,缺一不可。如何设计好文字和图片是整个页面制作的关键。

1. 文字的设计

1) 文字设计的原则

文字的主要功能是向大众传达设计者的意图和各种信息。文字设计是增强视觉传达效果、提高作品的诉求力、赋予版面审美价值的一种重要的构成技术。文字排列组合的好坏,直接影响其版面的视觉传达效果。网页上的文字是否易于阅读非常重要,文字太细、颜色太浅、页面太长或超出屏幕宽度,都有违网站设计的"美学原则"。在文字的组合中,要注意以下几个方面。

(1) 人们的阅读习惯。文字组合的目的是为了增强其视觉传达功能,赋予审美情感,诱导人们有兴趣地进行阅读,因此在组合方式上必须顺应人们心理感受的顺序。人们的阅读顺序通常是:在水平方向上,视线一般是从左向右流动;在垂直方向上,视线一般是从上向下流动;在大于 45°的斜度上,视线从上而下流动;在小于 45°的斜度上,视线是从下向上流动。

(2) 字体的外形特征。不同的字体具有不同的视觉动向,合理运用文字的视觉动向,有利于突出设计的主题,引导观众的视线按主次轻重流动。比如:扁体字适合横向排列,长体字适合竖向排列,斜体字适合横向或倾斜排列。

(3) 要有一个设计基调。对作品而言,每一件作品都有其特有的风格。在这个前提下,版面上的各种不同字体的组合,一定要具有符合整个作品风格的倾向,形成总体的情调和感情倾向,各种文字不能自成风格,各行其是。总的基调应该是整体上的协调和局部的对比,在统一之中具有灵动的变化,从而具有对比和谐的效果。这样,整个作品才会产生视觉上的美感,符合人们的心理。

(4) 注意负空间的运用。在文字组合上,负空间是指除字体本身所占用的画面空间之外的空白,即字间距及其周围的空白区域。文字组合的好坏,很大程度上取决于负空间的运用是否得当。字的行距应大于字距,否则访问者的视线难以按一定的方向和顺序进行阅读。不同类别文字的空间要适当集中,并利用空白加以区分。为了突出不同部分字体的形态特征,应留适当的空白,分类集中。

(5) 在有图片的版面中,文字的组合应相对较为集中。如果是以图片为主要的诉求要素,则文字应该紧凑地排列在适当的位置上,不可过分变化分散,以免因主题不明而造成视线流动的混乱。

(6) 同版面的文字应控制在 3 种字型以内。

(7) 文字的颜色应控制在 3 种颜色以内,已选过的文字在颜色上要与未选过的文字有所区别,也要与背景有所区分。

(8) 内文的排列最好向左对齐并与左边界保持适当距离,可以利用表格填入文字来达到此效果。

(9) 表格或清单内的文字应该运用相同字型与字体大小,以利辨别。

2) 文字在网页中的具体编排

(1) 文字字号的选择:字号大小可以用不同的方式来计算,例如磅(Point)或像素(Pixel)。因为以像素为单位在打印时要转换为磅,所以,建议直接采用磅为单位。

最适合于网页正文显示的字体大小为 12 磅(相当于中文字号中的小四)左右。现在很多综合性的站点,由于在一个页面中需要安排的内容较多,通常采用 9 磅(相当于中文字号中的小五)的字号。较大的字体可用于标题或其他需要强调的地方,小一些的字体可以用于页脚和辅助信息。需要注意的是,小字号容易产生整体感和精致感,但可读性较差。如果以像素为单位,一般主张使用 14px 作为标准字体,16px 作为中等字体,18px 作为较大字体,12px 作为偏小字体比较合适。

(2) 文字字体的选择:设计者可以用字体来更充分体现设计中要表达的情感。字体选择是一种感性、直观的行为。但是,无论选择什么字体,都要依据网页的总体设想和浏览者的需要。

一般来说正文内容最好采用默认字体。因为浏览器是用本地机器上的字库显示页面内容的,作为设计者必须考虑到大多数浏览者的机器里装有的字体类型。如果指定的字体在浏览者的机器里不一定能够找到,就会给网页设计带来很大的局限。解决该问题的办法是:将文字制成图像,然后插入到页面中。

(3) 文字行距的设置:行距的变化会对文本的可读性产生很大影响。通常,接近字体尺寸的行距设置比较适合正文。行距的常规比例为 10∶12,即用字 10 点,则行距 12 点。这主要是出于以下考虑:适当的行距会形成一条明显的水平空白带,以引导浏览者的目光,而行距过宽会使一行文字失去较好的延续性。

除了对可读性的影响,行距本身也是具有很强表现力的设计语言。为了加强版式的装饰效果,可以有意识地加宽或缩窄行距,体现独特的审美情趣。例如,加宽行距可以体现轻松、舒展的情绪,应用于娱乐性、抒情性的内容恰如其分。另外,通过精心安排,使宽、窄行距并存,可增强版面的空间层次与弹性,表现出独到的匠心。

2. 图形的设计

一个好的站点不但要有精彩的内容,还需要有一个美观的页面。谈到美观就离不开图片,在页面中适当地用一些精美的图片作为点缀,会使网页大放异彩。但是,图片使用不当,也会适得其反,使访问者失去浏览的耐心。主要原因在于图片尺寸太大,访问者还没等打开就早已不耐烦了。下面介绍一些对图片进行处理的方法,以使图片能在网页中迅速显示出来。

(1) 选好图片格式:图片文件的格式有很多,如 GIF、JPEG、BMP、PNG 等,它们都可以用浏览器浏览,但到底选择哪种图片格式比较好呢? 其实在一般情况下只需选择 GIF 格式与 JPEG 格式即可。因为这两种文件格式能对图像进行很大程度的压缩,使得在产生相近视觉效果的前提下,图像文件尺寸可以小很多。如果图像是通过扫描仪或者数码相机获取的,这种图片中所用到的色彩比较多,这时候应该选择使用 JPEG 格式来存储图像。如果图片色彩比较少,一般选择 GIF 格式。

(2) 减少图片色彩数量:图片内色彩数量越多,文件尺寸就越大,可以用减少图像所用颜色数目的方法,来减小图像的大小。如果图片的颜色数目减小时,对图像质量影响不大,就可以选用 GIF 格式。

(3) 对图片进行适当压缩:如果认为色彩数量减少后图像的视觉效果明显变差,让人不能忍受,那么可以采用 JPEG 压缩格式。无论使用什么样的图形处理软件,在以 JPEG 格式保存时,都会询问 JPEG 的压缩比。通常,采样 6～10 的压缩率比较好。不妨在这时试着使用 256 色的格式将图片存储成 GIF 格式,并与 JPEG 格式的文件比较哪个字节数更少、图像质量更好,最终再决定使用哪种图像格式。

(4) 控制图片的尺寸:图形尺寸越小,字节数就会越少。这就要求在制作图像时,应尽量将图形四周无用的信息去掉,比如制作了一个非常漂亮的、含标题文字的图片,则这个图片的背景最好与网页的底色相同或者用透明色,这时制作的图片一定要让美术字尽量充满整个图像,不要让图片中的底色边框过大。在制作网页使用的图片时,可以添加 width 和 height 属性,即标注原始图片的长度与宽度,这样可以帮助浏览器迅速、准确地对网页的版面进行安排,避免浏览器在显示图片的过程中重新调整、配置网页的版面。

(5) 更改图片的显示方式:调节图片的尺寸大小之后,还可以想办法在图片文件大小一定的情况下,让浏览者可以耐心地等待图片全部。其方法是采用隔行 GIF 和逐级 JPEG 方式。

隔行 GIF 是指图片文件按照隔行的方式来显示,比如先出奇数行,再出偶数行,造成图片是逐渐变清楚的感觉。逐级 JPEG 文件可以让图片先以比较模糊的形式显示,随着文件数据不断从网上下载过来,图片逐渐变清晰。

最后,还要说明一点:在制作图片时,通常单张图片不要超过 30KB,每个网页的图片总量不要超过 60KB。据统计分析,每页不超过 60KB 图片的网页,其下载速度是可以让人接受的。所有的图片都必须"减肥"为小图片(100×40 像素),一般可以控制在 6KB 以内,动画控制在 15KB 以内,较大的图片可以分割成小图片。

思考与练习

1. 单项选择题

(1) 确定网站的(　　)是建立网站时首先应考虑的问题。

    A. 风格　　　　　　B. 标题　　　　　　C. 内容　　　　　　D. 主题

(2) 下列关于规划网站目录的原则说法错误的是(　　)。

    A. 不要将所有文件都存放在根目录下

    B. 按栏目内容分别建立子目录

    C. 目录的层次尽量深

    D. 每个目录下都建立独立的 images 目录

(3) 下面说法错误的是(　　)。

    A. 规划目录结构时,应该在主目录下建立独立的 images 目录

    B. 在设计站点时要突出主题

    C. 色彩搭配要遵循和谐、均衡、重点突出的原则

    D. 为了使站点目录明确,应该采用中文目录

(4) 对站点命名目录或文件时,要避免使用中文是因为(　　)。

    A. 中文较烦琐　　　　　　　　　　B. 中文占用字节较多

    C. 英文较中文便于管理　　　　　　D. 许多服务器不支持中文

(5) 下列关于网页设计规则说法错误的是(　　)。

    A. 要谨慎使用图片　　　　　　　　B. 浏览者的需求应该被放在第一位

    C. 页面的布局保持统一性　　　　　D. 尽量多使用多媒体

2. 问答题

(1) 简述网站建设的一般步骤。

(2) 如何申请域名和空间?请上网模拟一下。

(3) 假设图 4-24 是"英雄城——南昌"的网站结构规划图,请为它规划合理的目录结构。

图 4-24　网站结构规划图

(4) 打开搜狐网首页(http://www.sohu.com),了解搜狐网主要版块和栏目以及链

接结构的设置情况。

(5) 列举一些网站建设过程中需要遵循的原则。

(6) 常见的网页布局结构有哪些？举例说明。

(7) 网站宣传的手段有哪些？举例说明。

(8) 如何进行本地网页的测试？

(9) 请按以下要求撰写一份网站建设规划报告。

规划报告提纲如下：

① 网站的名称（可以设计出网站的标志、网址和广告语）、网站建站目标、网站的受众对象。

② 网站主题的选择（选择这个主题的原因，该主题网上已有网站的调研与分析，风格和创意设计的想法等）。

③ 网站的栏目设置和主要内容介绍（重点阐述，可以用图表表达）。

④ 网站首页的设计和规划草案（可以用图表表达）。

第 5 章 Dreamweaver CS5 基础知识

5.1 Dreamwcaver CS5 概述

5.1.1 初识 Dreamweaver CS5

Dreamweaver 是当前最受欢迎、应用最广泛的一款网页制作软件。它集网页制作与网站管理于一身,提供了"所见即所得"的可视化界面操作方式,在网站设计与部署方面极为出色,并且拥有超强的编码环境,可以帮助网页设计者轻松地制作出跨越平台和浏览器限制并且充满动感的网站。

Dreamweaver 最早由 Macromedia 公司开发成功,该公司于 1997 年 12 月正式推出了 Macromedia Dreamweaver 1.0。2005 年 4 月 18 日,拥有大家熟知的 Photoshop 的 Adobe 公司收购了 Macromedia 公司,至此 Macromedia 品牌全部被 Adobe 替换。2010 年 4 月 12 日,Adobe 公司推出了 Adobe Dreamweaver CS5 正式版。历经十多年,随着十多次的版本升级,Dreamweaver 功能在不断加强,Dreamweaver CS5 作为 Dreamweaver 系列软件中的新成员,除了延续了大量特点外还增加了许多激动人心的新功能。例如支持 HTML 5,检查浏览器兼容性,集成 CMS 支持,检查动态网页,Widget 插件支持,多屏幕预览,PHP 自定义代码提示等。

正确安装 Dreamweaver CS5 后,双击桌面快捷图标,即可运行软件,首先显示的是 Dreamweaver CS5 开始页,如图 5-1 所示。通过开始页,可以随意选择从哪个项目开始工作,访问最常用的操作,还可以通过快速入门或新增功能了解关于 Dreamweaver 的更多信息。

5.1.2 Dreamweaver CS5 的工作界面

在开始页中选择"新建"|"HTML"命令项时,就会新建一个空白的网页文档,同时进入 Dreamweaver CS5 的工作界面,如图 5-2 所示。Dreamweaver CS5 的工作界面主要由标题栏、菜单栏、"插入"面板、文档工具栏、文档窗口、"属性"面板和面板组所组成。

图 5-1　Dreamweaver CS5 的开始页

图 5-2　Dreamweaver CS5 的工作界面

1．标题栏

在标题栏区域中包含了几个功能菜单、一个工作区切换器、在线帮助搜索栏以及窗口管理按钮。

2．菜单栏

Dreamweaver CS5 共有 10 组主菜单，这些菜单包含了 Dreamweaver 的大部分操作命令。单击任意一个菜单项即可打开一个菜单，并可再选择右侧带有三角图示 ▶ 的菜单命令打开级联子菜单，其中有些菜单命令显示为灰色，表示在当前状态下不可用。

3．"插入"面板

"插入"面板包含了将各种类型的对象（例如表格、图像和链接）插入到文档中的按钮。

4. 文档工具栏

文档工具栏包含各种按钮，它们提供各种"文档"窗口视图（如"设计"视图和"代码"视图）的选项、各种查看选项、一些常用操作（如在浏览器中预览）和输入文档标题等。

5. 文档窗口

文档窗口是编辑和设计网页的主要工作区域，用于显示当前创建和编辑的文档，可以在代码视图、拆分视图、设计视图中查看文档。

6. "属性"面板

"属性"面板显示了文档窗口中选中对象的属性，并允许对这些被选中对象的属性进行修改。随着选中对象的不同，"属性"面板的内容也不同。比如选择了一幅图片，那么"属性"面板上将出现这幅图片的相应属性；如果选择的是表格，则会变成表格的相应属性。

7. 面板组

面板组包括各种可以折叠、移动和任何组合的功能面板，以方便用户进行网页的各种编辑操作，需要时可以通过选择"窗口"菜单项，在下拉菜单中选择打开相应的面板组。

5.2 站点的创建和管理

在网页设计中，站点的作用是存储和管理网站中的各种网页文档以及相关的资源、素材等数据。一个站点可以看成是一个大的文件夹，它由文档和子文件夹组成，不同的子文件夹保存不同类别的网页内容，如 images 文件夹存放各种网页图像素材，style 文件夹存放 CSS 样式文件等。

站点分本地站点与远程站点，所谓本地站点就是放置在本地磁盘上的站点；所谓远程站点是指存放在可以连接网络并提供给广大网民浏览的远程服务器上的站点，它是本地站点的复制。

5.2.1 创建本地站点

在网络中创建网站之前，一般需要在本地计算机上将整个网站完成，然后再将站点上传到 Web 服务器上。Dreamweaver CS5 具有创建和管理站点的功能，使用它不仅可以创建单独的文档，还可以创建完整的 Web 站点。

在定义站点时，一般先设置一个本地站点，如需要使用到远程站点时再设置。使用"站点设置对象"对话框可以指导用户逐步完成"静态"站点的创建过程，具体步骤如下。

（1）在本地硬盘上建立一个文件夹，用来存放将要制作的站点。

（2）运行 Dreamweaver CS5，选择"站点"|"新建站点"命令，弹出"站点设置对象"对话框。在"站点"选项卡的"站点名称"文本框中输入所要创建站点的名称，在"本地站点文件夹"文本框中输入要保存的位置，或选择在（1）中已经建好的文件夹的路径，选择完成后单击"选择"按钮即可，如图 5-3 所示。

图 5-3　"选择根文件夹"对话框

（3）创建"静态"站点不需要设置其他三项选项卡（"服务器"、"版本控制"和"高级设置"，其中通过"高级设置"可以创建一个"动态"站点）的内容，设置完成后的效果如图 5-4所示，单击"保存"按钮即可创建一个本地站点。

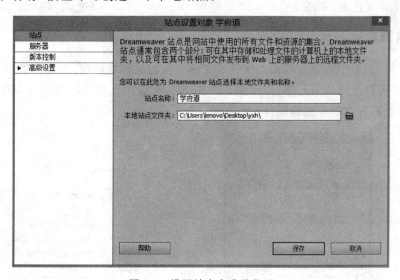

图 5-4　设置站点名称及位置

5.2.2　管理本地站点

　　成功创建了本地站点后,可以根据需要对创建好的站点进行再次编辑,或复制与删除。编辑站点可以重新定义站点的名称以及存放路径;如果同一个站点需要两个以上就可以通过复制站点达到,复本会在原名称的后面显示"复制"字样;某个站点如果没有用了可以通过删除站点功能将其删除,但这种删除只是从 Dreamweaver CS5 中删除本站点的一些信息,而本地根文件夹中的文件并没有被删除。

图 5-5　"管理站点"对话框

　　以上操作可以通过选择"站点"|"管理站点"命令,在弹出的"管理站点"对话框中完成,如图 5-5 所示。当然也可以直接通过"管理站点"对话框新建站点。

5.2.3　管理本地站点中的文件

1. 创建站点的文件与文件夹

　　在站点中创建文件和文件夹的方法为:创建一个站点后,选择"窗口"|"文件"命令,打开"文件"面板,即可看到创建的这个站点。在"文件"面板中要创建文件或文件夹的位置单击鼠标右键,在弹出的菜单中选择"新建文件"或"新建文件夹"选项,即可创建一个新文件或一个新文件夹,如图 5-6 所示。

2. 编辑站点的文件与文件夹

　　在"文件"面板中选中要编辑的文件或文件夹单击鼠标右键,在弹出的菜单中选择"编辑"选项,即可弹出编辑子菜单,如图 5-7 所示;选择相应的选项可以完成对文件或文件夹的删除、复制和重命名等编辑操作。

图 5-6　在"文件"面板中创建文件和文件夹

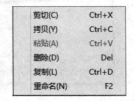

图 5-7　编辑子菜单

5.3 网页文档的基本操作

5.3.1 新建网页

新建一个网页有 3 种方法,下面分别介绍。

(1) 选择"窗口"|"文件"命令,打开"文件"面板,在"文件"面板中创建一个网页文件,双击这个网页文件即可在文档窗口打开并编辑。

(2) 选择"文件"|"新建"命令,弹出"新建文档"对话框,从各种预先设计好的页面类别中选择一种。例如在左侧选择"空白页"类型,在"页面类型"中选择"HTML"选项后单击"创建"按钮即可创建一个 HTML 页面,如图 5-8 所示。

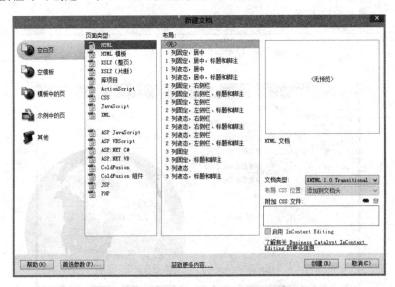

图 5-8 "新建文档"对话框

(3) 启动 Dreamweaver CS5 后,默认情况下会自动弹出一个开始界面,如图 5-9 所示,单击"新建"列表中的"HTML"选项可以直接创建一个空白网页。

5.3.2 设置页面属性

创建网页后需要先对页面的属性进行必要的设置,页面属性包括网页的整体外观、背景图像、超链接样式等,正确设置页面属性是成功编写网页的必要前提。

1. "外观(CSS)"选项的设置

执行"修改"|"页面属性"命令,弹出"页面属性"对话框,在"分类"列表框中选择"外观(CSS)"选项,如图 5-10 所示。

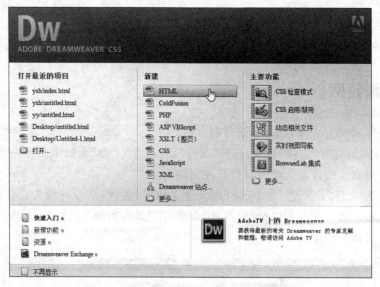

图 5-9　Dreamweaver CS5 的开始页

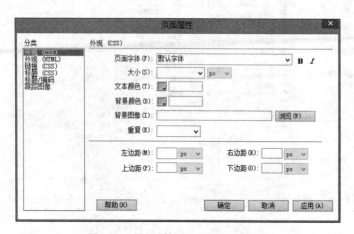

图 5-10　设置"外观(CSS)"页面属性

　　"外观(CSS)"属性的作用是通过可视化界面为网页创建 CSS 样式规则,定义网页中的文本、背景以及边距等基本属性,具体如表 5-1 所示。

表 5-1　"外观(CSS)"的属性及其作用

属　性　名	作　用
页面字体	在其右侧的下拉列表中,可以为网页文本选择字体类型
B	设置网页文本为粗体
I	设置网页文本为斜体
大小	设置网页文本的字体大小
文本颜色	设置网页文本的颜色

网页设计与制作教程(第 3 版)

属 性 名	作 用
背景颜色	设置网页的背景颜色
背景图像	单击"浏览"按钮,可以选择一个图像作为网页的背景图像
重复	设置背景图像小于网页时在页面上的显示方式
左边距、右边距、上边距、下边距	设置网页内容与左侧、右侧、顶部和底部浏览器边框的距离

注意:一般网站页面的"左边距"、"上边距"都设置为 0,这样看起来页面不会有太多的空白。

2. "外观(HTML)"选项的设置

在"页面属性"对话框的"分类"列表框中选择"外观(HTML)"选项,如图 5-11 所示。

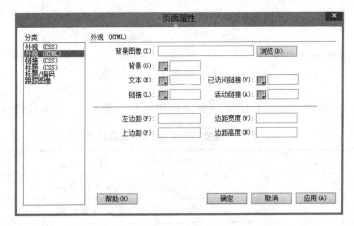

图 5-11　设置"外观(HTML)"页面属性

"外观(HTML)"属性的作用是以 HTML 的属性来设置页面的外观,具体如表 5-2 所示,其中有一些属性的作用与"外观(CSS)"属性相同,但实现方法不同。

表 5-2　"外观(HTML)"的属性及其作用

属 性 名	作 用
背景图像	单击"浏览"按钮,可以选择一个图像作为网页的背景图像
背景	定义网页的背景颜色
文本	定义网页文本的颜色
已访问链接	定义已访问的超链接文本的颜色
链接	定义普通超链接文本的颜色
活动链接	定义鼠标单击超链接文本时的颜色
左边距、右边距、上边距、下边距	设置网页内容与左侧、右侧、顶部和底部浏览器边框的距离

注意：Dreamweaver CS5 中显示的是左边距、边距宽度、上边距、边距高度，其中边距宽度和边距高度翻译错误，应为右边距和下边距。

3. "链接（CSS）"选项的设置

在"页面属性"对话框的"分类"列表框中选择"链接（CSS）"选项，如图 5-12 所示。

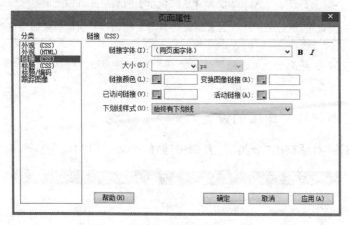

图 5-12　设置"链接（CSS）"页面属性

"链接（CSS）"属性的作用是定义网页文档中超链接的样式，具体属性如表 5-3 所示。

表 5-3　"链接（CSS）"的属性及其作用

属 性 名	作　　用
链接字体	设置超链接文本的字体
B	设置超链接文本为粗体
I	设置超链接文本为斜体
大小	设置超链接文本的字体大小
链接颜色	设置普通超链接文本的颜色
交换图像链接	设置鼠标滑过超链接文本的颜色
已访问链接	设置已访问的超链接文本的颜色
活动链接	设置鼠标单击超链接文本时的颜色
下划线样式	设置超链接文本的其他样式

4. "标题（CSS）"选项的设置

在"页面属性"对话框的"分类"列表框中选择"标题（CSS）"选项，如图 5-13 所示。

在网页的各种文章中，标题是不可缺少的内容，XHTML 定义了 6 种级别的标题文本，在"标题（CSS）"页面属性中可以对这些标题的字体、粗体、斜体等样式进行设置，以及为标题 1～6 设置相关的字号和颜色。

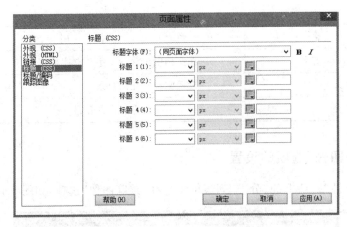

图 5-13　设置"标题(CSS)"页面属性

5. "标题/编码"选项的设置

在"页面属性"对话框的"分类"列表框中选择"标题/编码"选项,如图 5-14 所示。

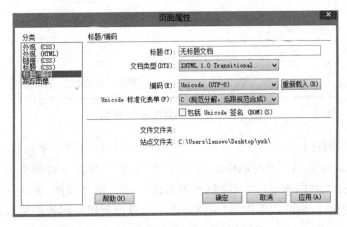

图 5-14　设置"标题/编码"页面属性

当浏览器打开网页文档时,在浏览器的标题栏会显示出当前网页文档的名称。这一名称就是该网页的标题,"标题/编码"属性可以方便地设置这一标题内容,以及网页文档所用的语言规范、字符编码等多种属性。具体属性如表 5-4 所示。

表 5-4　"标题/编码"的属性及其作用

属 性 名	作 用
标题	定义浏览器标题栏中显示的文本内容
文档类型	定义网页文档所使用的结构语言
编码	定义文档中字符使用的编码
Unicode 标准化表单	当选择 UTF-8 编码时,可选择编码的字符模型

属 性 名	作 用
包括 Unicode 签名	在文档中包含一个字节顺序标记
文件文件夹	显示文档所在的目录
站点文件夹	显示本地站点所在的目录

6. "跟踪图像"选项的设置

在"页面属性"对话框的"分类"列表框中选择"跟踪图像"选项,如图 5-15 所示。

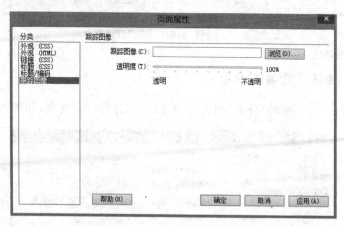

图 5-15　设置"跟踪图像"页面属性

在设计网页时往往先使用 Photoshop 等图像设计软件制作一个网页界面图,然后再使用 Dreamweaver 对网页进行制作。"跟踪图像"属性的作用是将网页界面图作为网页的半透明背景插入到网页中,用户在制作网页时即可根据界面图,决定网页对象的位置等,引导网页的设计。在"跟踪图像"页面属性中可以设置跟踪图像的属性,具体如表 5-5 所示。

表 5-5　"跟踪图像"的属性及其作用

属性名	作 用
跟踪图像	单击"浏览"按钮,即可在弹出的对话框选择一个跟踪图像
透明度	定义跟踪图像在网页中的透明度,拖动"透明度"滑块可以指定图像的透明度,透明度越高图像显示得越清楚。

5.3.3　保存、打开和预览网页

1. 保存网页

要养成经常主动保存文件的习惯,在编辑网页的过程中,一般每隔 5～10 分钟需要保存一次,以防止因为停电或死机等意外而丢失文件。

执行"文件"|"保存"命令,或按下 Ctrl+S 组合键,在弹出的"另存为"对话框中指定文件的保存位置,并在"文件名"文本框中输入文件名,然后单击"保存"按钮,即可将当前正在编辑的文档保存起来。

2．打开网页

执行菜单"文件"|"打开"命令,或按下 Ctrl+O 组合键,在弹出的"打开"对话框中选择要打开的网页文档,然后单击"打开"按钮,即可打开已有网页文档进行编辑。

3．预览网页

在网页制作的过程中,经常需要对网页的编辑效果进行预览,以便及时进行修改或调整。执行"文件"|"在浏览器中预览"|"IExplore"命令,或按下 F12 键,即可在浏览器窗口中预览当前文档效果。

5.4 编辑与设置网页文本

文本是网页不可缺少的组成元素,是将各种信息传达给浏览者的最主要和最有效的途径。文字的表现将直接影响到整个网页的质量。

5.4.1 输入普通文本

在网页中输入文本有三种方法:第一种是直接输入文本,第二种方法是从外部文件中复制粘贴,第三种方法是从外部文件中导入。

1．直接输入文本

直接输入是最常用的插入文本的方式。在 Dreamweaver 中创建一个网页后,将光标定位在"设计"视图中需要插入文本的地方,通过键盘直接输入的方法即可输入文本,如图 5-16 所示。使用 Enter 键可换段,使用 Shift+Enter 组合键可进行强制换行,要输入空格可使用 Ctrl+Shift+Space 组合键。

2．从外部文件中复制粘贴

从其他软件或文档中将文本复制到剪贴板中,然后再切换至 Dreamweaver,右击选择"粘贴"即可。

3．从外部文件中导入

在 Dreamweaver 中,将光标定位在需导入文本的位置,然后选择"文件"|"导入"|"Word 文档"即可导入文本。

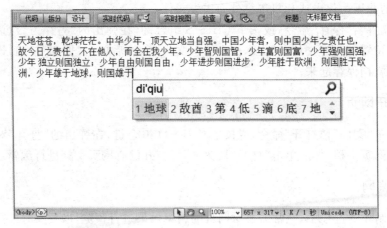

图 5-16　直接输入文本

5.4.2　设置文本格式

设置文本格式有两种方法：使用 HTML 标签设置和使用 CSS 设置。在 Dreamweaver CS5 中默认的是使用 CSS 而不是 HTML 设置文本格式。因为通过 CSS 事先定义好的文本样式，在改变 CSS 样式时，所有应用该样式的文本将自动更新。

1. 使用 HTML 标签设置文本

在"属性"面板中单击 HTML 按钮，选择使用 HTML 标签设置文本，此时的面板如图 5-17 所示，面板中各功能的介绍如表 5-6 所示。

图 5-17　HTML"属性"面板

表 5-6　HTML"属性"面板功能

名　　称	作　　用
HTML/CSS 选项卡	单击相应的选项卡，可以定义通过 HTML 或 CSS 定义文本的样式
格式	用于设置文本的基本格式，可选择无格式文本、段落或各种标题文本等
类	定义当前文档所应用的 CSS 类名称
粗体	定义以 HTML 的方式将文本加粗
斜体	定义以 HTML 的方式使文本倾斜
项目列表	为普通文本或标题、段落文本应用项目列表

名 称	作 用
编号列表	为普通文本或标题、段落文本应用编号列表
文本突出	将选择的文本向左侧推移一个制表位
文本缩进	将选择的文本向右侧推移一个制表位
超链接标题	选择的文本为超链接时,定义当鼠标滑过该段文本时显示的工具提示信息
标签 ID	定义当前选择的文本所属的标签 ID 属性,从而通过脚本或 CSS 样式表对其进行调用,添加行为或定义样式
超链接地址	在该输入文本域中,可直接输入文档的 URL 地址供链接使用
指向文件按钮 ⊕	打开"文件"面板时,通过本按钮可以拖动到一个文件以快速创建链接
浏览文件	单击该按钮,将允许用户通过弹出的对话框选择链接的文档
超链接目标	_blank	选择的文本为超链接时,定义将链接的文档以新窗口的方式打开
	_parent	选择的文本为超链接时,定义将链接文档加载到包含该链接的父框架集或窗口中。如果包含链接的框架不是嵌套的,则链接文档加载到整个浏览器窗口中
	_self	选择的文本为超链接时,定义在当前窗口中打开链接的文档
	_top	选择的文本为超链接时,定义将链接的文档加载到整个浏览器窗口中,并删除所有框架
页面属性	单击该按钮,可打开"页面属性"对话框,定义整个文档的属性
列表项目	选择的文本为项目列表或编号列表时,可通过该按钮定义列表的样式

2. 使用 CSS 设置文本

在"属性"面板中单击 CSS 按钮,选择使用 CSS 设置文本,此时的面板如图 5-18 所示。

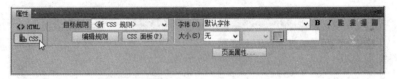

图 5-18　CSS"属性"面板

下面通过一个例子介绍使用 CSS 设置文本的基本操作。

（1）选中文本"给中国学生的一封信：从诚信谈起",在"属性"面板中单击 CSS 按钮,切换到 CSS"属性"面板,如图 5-19 所示。

（2）在"大小"下拉列表中选择"18"选项,弹出"新建 CSS 规则"对话框,设置"选择器名称"为"title1",如图 5-20 所示。

（3）单击"确定"按钮,返回 CSS"属性"面板,选中文字,可以在面板中简单设置字体、颜色等参数,如图 5-21 所示；也可以单击"编辑规则",在弹出的".title1 的 CSS 规则定义"对话框中详细设置文本的样式,如图 5-22 所示。

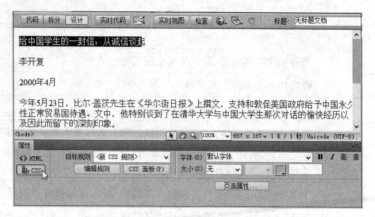

图 5-19　选中文本打开 CSS"属性"面板

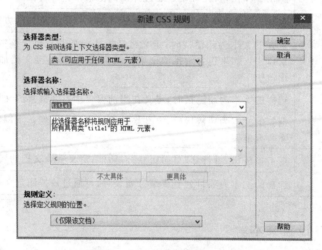

图 5-20　"新建 CSS 规则"对话框

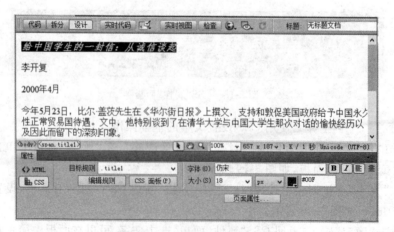

图 5-21　设置文本其他属性

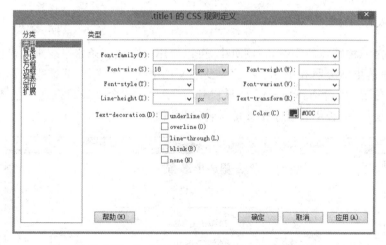

图 5-22 ".title1 的 CSS 规则定义"对话框

5.4.3 插入其他元素

1. 创建列表

列表可使网页内容分级显示,不仅可以使重点一目了然,而且可使内容更有条理性。通过 Dreamweaver CS5 可创建项目列表、编号列表和定义列表。创建列表的方法非常简单,选中相关文字,选择"格式"|"列表",再选择要创建的列表类型即可。创建的项目列表如图 5-23(a)所示,创建的编号列表如图 5-23(b)所示,创建的定义列表如图 5-24 所示。

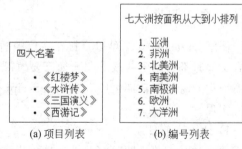

(a) 项目列表   (b) 编号列表

图 5-23 项目列表和编号列表

水星	
	最接近太阳,是太阳系中最小的行星。水星在直径上小于木卫三和土卫六,但它的质量更大。
金星	
	是离太阳第二近的行星,太阳系中第六大行星。在所有行星中,金星的轨道最接近圆,偏差不到1%。
地球	
	是距太阳第三颗的行星,也是第五大行星。

图 5-24 定义列表

2. 插入特殊字符

除了可以插入键盘允许输入的符号外,还可以插入一些特殊的符号。在网页文档中常见的特殊符号有版权符号、货币符号、注册商标号以及破折线等。要在网页中插入特殊字符,可以在 Dreamweaver 中执行以下操作:选择"插入"|"HTML"|"特殊字符"命令,即可在弹出的菜单中选择各种特殊符号。

3. 插入水平线

水平线是一种特殊的字符,在网页中,可以使用一条或多条水平线来可视化分隔文本和对象,使段落更加分明和更具层次感。要在文档中插入水平线,只需将光标定位在要插入水平线的位置,然后选择"插入"|"HTML"|"水平线"命令即可。选中插入的水平线后,即可在"属性"面板中设置水平线的各种属性,如图5-25所示。

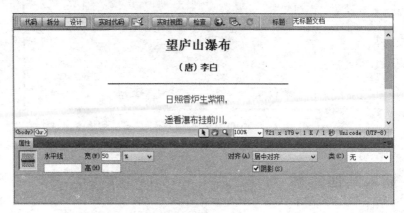

图5-25　插入水平线后的"属性"面板

4. 插入日期

使用Dreamweaver可以直接在文档中插入当前的时间和日期,并且可以选择在每次保存文件时都自动更新该日期。如果要想得到动态变化的时间和日期可以利用JavaScript代码来实现。

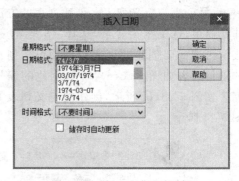

图5-26　"插入日期"对话框

1)插入当前日期

选择"插入"|"日期"命令,或在"插入"面板中,在列表菜单中选择"常用",然后单击"日期"按钮,即可打开"插入日期"对话框。在"插入日期"对话框中选择需要插入的日期格式,如图5-26所示。

2)插入动态日期

以下代码可以实现在网页中插入一个动态的日期与时间的效果。

```html
<html>
    <head>
        <title>在网页中动态显示当前日期和时间</title>
    </head>
<body onload="showTime()">
        <script language="JavaScript">
            function showTime(){
```

```
            var thetime=new Date();
            document.getElementById("timeArea").innerText=thetime.toLocaleString();
            window.setTimeout("showTime()",1000); }
        </script>
        <div id="timeArea" align="center">
        </div>
    </body>
</html>
```

5.4.4 创建一个纯文字页面的实例

下面是一个纯文字网页的创建实例。

（1）打开 Dreamweaver CS5，新建一个 HTML 文档，选择"修改"|"页面属性"命令，弹出"页面属性"对话框，将上边距和左边距设置为 0。

（2）输入导航文本"首页|水果分类|水果功效|水果文化|水果妙用|水果市场|"，选中文本，在 HTML"属性"面板中设置格式为"标题 3"；选择"格式"|"对齐"|"居中对齐"命令，让文本居中，效果如图 5-27 所示。

图 5-27 插入导航文本

（3）按 Enter 键新建段落，并将对齐方式设置为左对齐，输入文本"水果介绍"，设置其格式为"标题 3"，如图 5-28 所示。

（4）按 Enter 键新建段落，空两格后输入一段文本"水果是指多汁且有甜味的植物果实，不但含有丰富的营养且能够帮助消化。是对部分可以食用的植物果实和种子的统称。"；然后按 Enter+Shift 组合键换行，空两格后输入"水果一般具有以下几个特点："；用同样的方法输入余下的内容，如图 5-29 所示。

（5）按 Enter 键新建段落，输入文本"季节水果"，设置其格式为"标题 3"，按 Enter 键新建段落；选中相关文本，选择"插入"|"HTML"|"文本对象"|"项目列表"命令，插入项目列表符号，输入文本"春季：草莓、菠萝、芒果、杏、李子"，按 Enter 键，可以看到创建了新的项目列表，在符号后输入"夏季：西瓜、木瓜、哈密瓜、香蕉、山竹、樱桃、火龙果"，同理分别输入秋季和冬季的水果，效果如图 5-30 所示。

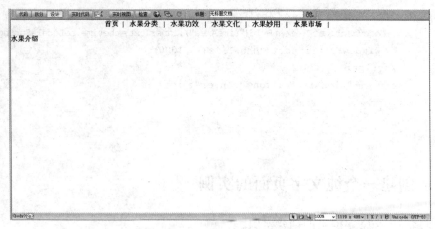

图 5-28 输入文本"水果介绍"

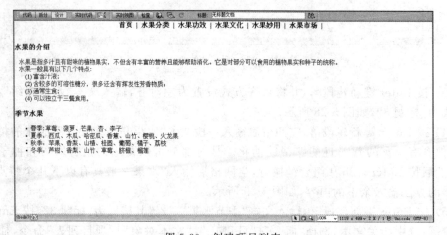

图 5-29 输入文本 1

图 5-30 创建项目列表

（6）连续按 3 次 Enter 键，选择"插入"|"HTML"|"水平线"命令，选中水平线，在"属性"面板中设置水平线的宽为"80％"，高为"1"，如图 5-31 所示。

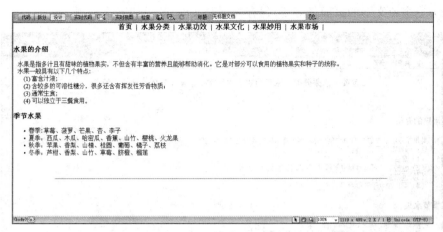

图 5-31　插入水平线

（7）按 Enter 键新建段落，输入版权声明"Copyright©2013fruitlover All Rights Reserved"，按 Enter＋Shift 组合键换行，输入联系方式"邮箱：abcdefgh@163.com"；选中这两行字，选择"插入"|"HTML"|"文本对象"|"字体"命令，在弹出的"标签编辑器"中设置字体的大小为"2"，颜色为"♯666666"，如图 5-32 所示；再选择"格式"|"对齐"|"居中对齐"命令，使文字位于页面中间，如图 5-33 所示。

图 5-32　"标签编辑器"对话框

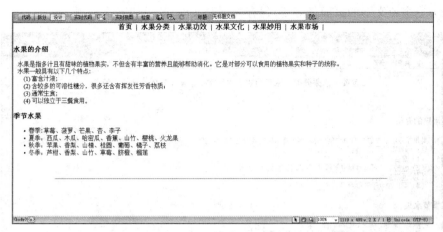

图 5-33　输入版权声明和联系方式

（8）一个纯文本的页面做好了，保存并浏览文件，效果如图 5-34 所示。

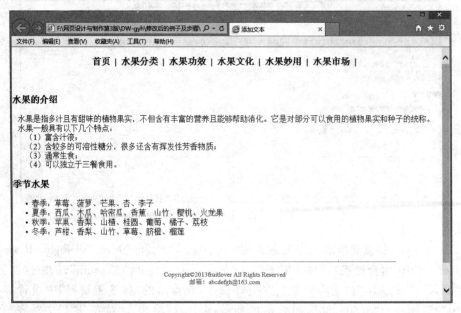

图 5-34　纯文本的页面效果

5.5　插　入　图　像

图像是网页中最基本的元素之一，它不仅使页面更加美观，而且可以很好地配合文本传递信息。除了图像还可以在网页中插入 Flash 动画、Java 小程序、音频播放插件等多媒体内容，增强网页的表现力，丰富文档的显示效果。

5.5.1　插入图像

对于网络来说，图像应该既精美又小巧，以便于传播。在网页中常用的图像格式有GIF、JPEG 和 PNG3 种格式。其中 GIF 格式的图像通常用于网页中的小图标、Logo 图标和背景图像等；JPEG 格式的图像是非常流行的图形文件格式，多用于大幅的图像展示；PNG 格式的图片因其高保真性、透明性及文件体积较小等特性，常用于透明图像，利于将图像和网页背景和谐融于一体。

1. 图像的添加

在 Dreamweaver CS5 中添加图像有以下两种方法。

一种方法是通过命令插入图像。将光标放置在需要插入图像的位置，选择"插入"|"图像"命令，弹出"选择图像源文件"对话框，如图 5-35 所示，在对话框中选择图像的路径，单击"确定"按钮即可将图像插入到页面。

图 5-35 "选择图像源文件"对话框

另一种方法是通过"插入"面板插入图像。将光标放置在需要插入图像的位置,在"插入"面板中选择"常用"项目,单击"图像"按钮 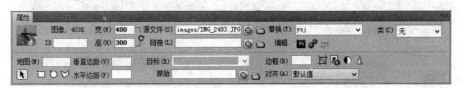,在弹出的"选择图像源文件"对话框中选择图像,将其插入网页中。

2. 图像属性的设置

插入图像后,其大小、位置和边框等通常需要调整才能与网页相匹配。可以通过"属性"面板快速设置图像的基本属性,图像的"属性"面板如图 5-36 所示,其属性及作用如表 5-7 所示。

图 5-36 图像的"属性"面板

表 5-7 各种图像属性及其作用

属 性 名	作 用
ID	图像的名称,用于 Dreamweaver 行为或 JavaScript 脚本的引用
宽和高	定义图像在网页中的宽度和高度
源文件	图像的 URL 位置
链接	图像上超链接的 URL 地址
替换	当鼠标滑过图像时显示的文本

属　性　名	作　　用
类	图像所使用的 CSS 类
地图	绘制图像上的热点区域的工具
垂直和水平边距	图像距离其所属容器顶部和左侧的距离
目标	图像超链接的打开方式
原始	图像的源 PSD 图像的 URL 地址
边框	定义图像的边框大小
对齐	设置图像在其所属网页容器中的对齐方式

下面通过一个例子来展示如何进行图像属性的设置，主要包括对图像大小、对齐方式和边距的设置。

（1）打开一个网页，插入一张图像，如图 5-37 所示。

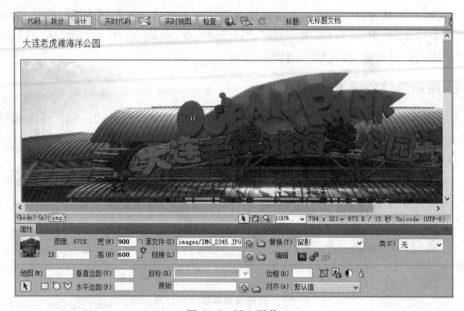

图 5-37　插入图像

（2）单击选中插入的图像，在"属性"面板中设置"宽"为"295"，"高"为"196"，如图 5-38 所示。也可以通过以下方法调整图像大小：单击图像，通过拖动图像右侧、下方及右下方的 3 个控制点调节图像的尺寸。

（3）选中图像，在"属性"面板中设置"对齐"为左对齐，结果如图 5-39 所示。

（4）当图像与文本混合排列时，默认情况下图像与文本之间是没有空隙的，这样页面显得十分拥挤。可以通过设置图像边距来增加图像和文本之间的距离，方法如下：选中

图 5-38　调整图像大小

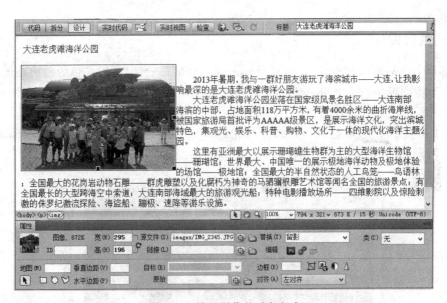

图 5-39　设置图像的对齐方式

图像,在"属性"面板中设置"垂直边距"为"0","水平边距"为"20",结果如图 5-40 所示。

5.5.2　编辑图像

为了获得最佳图像效果,Dreamweaver CS5 提供了强大的图像编辑功能,可以轻松实现对图像的重新取样、裁剪、调整亮度和对比度、锐化等操作。下面着重介绍裁剪、调整亮度和对比度功能。

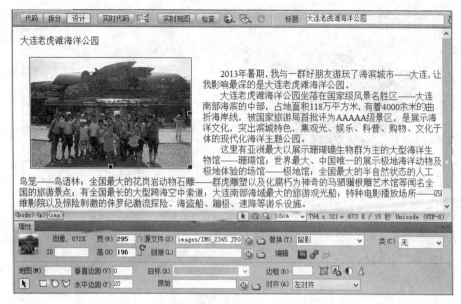

图 5-40 设置图像的边距

1. 裁剪图像

在 Dreamweaver CS5 中,不需要借助外部图像编辑软件,利用自带的裁剪功能,就可以轻松地将图像中多余的部分删除,突出图像的主题,下面通过例子演示裁剪的操作步骤。

(1) 打开一个页面,插入一张图像,如图 5-41 所示;选中图像,单击"属性"面板中的裁剪按钮 <img>,此时图像边框上会出现 8 个控制手柄,如图 5-42 所示。

图 5-41 插入图像

图 5-42　添加裁剪控制手柄

（2）用鼠标拖动控制手柄，圈住需要的部分，阴影区域为删除部分，如图 5-43 所示；再次单击裁剪按钮☒，完成图像的裁剪，重新设置宽和高后结果如图 5-44 所示。

图 5-43　调整裁剪区域

2. 调整图像的亮度和对比度

在 Dreamweaver CS5 中，可以通过"亮度和对比度"按钮调整网页中过亮或过暗的图像，使图像色调一致或更加清晰。下面通过例子演示调整亮度和对比度的操作步骤。

图 5-44　裁剪后的效果

（1）打开一个页面，插入一张图像，如图 5-45 所示；单击"属性"面板中的█按钮，弹出"亮度/对比度"对话框，设置"亮度"为"54"，"对比度"为"17"，如图 5-46 所示。

图 5-45　插入图像

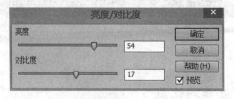

图 5-46　设置亮度和对比度

（2）单击"确定"按钮完成调整，结果如图 5-47 所示。

图 5-47　设置后的效果

5.5.3　插入其他图像元素

除了可以插入普通图像外,还可插入图像对象,如"图像占位符"、"鼠标经过图像"等。

1. 插入"图像占位符"

在设计网页过程中,并非总能马上就找到合适的图像素材。Dreamweaver 允许先插入一个空的图像,等找到合适的图像素材再将其改为真正的图像,这样的空图像叫作图像占位符。插入图像占位符的方式与插入普通图像类似,选择"插入"|"图像对象"|"图像占位符"命令,在弹出的"图像占位符"对话框中设置各种属性,如图 5-48 所示,然后单击"确定"按钮即可。

图 5-48　"图像占位符"对话框

2. 插入"鼠标经过图像"

"鼠标经过图像"功能是指当鼠标经过一幅图像时,该图像变为另外一幅图像。"鼠标经过图像"实际上由两幅图像组成:主图像(当首次载入页时显示的图像)和次图像(当鼠标指针移过主图像时显示的图像),因此组成鼠标经过图像的两幅图像必须要大小相等。如果两幅图像大小不同,系统会自动将第 2 张图像大小调整为与第 1 张图像同样大小。

插入"鼠标经过图像"方法如下:选择"插入"|"图像对象"|"鼠标经过图像"命令,弹出"插入鼠标经过图像"对话框,如图 5-49 所示,按需要设置好原始图像和鼠标经过图像即可。

图 5-49 "插入鼠标经过图像"对话框

5.5.4 创建添加图像元素的页面的实例

在 5.4.4 节纯文本网页基础上添加一些图像元素。

(1) 打开 5.4.4 节做好的网页,将光标放至文本"水果介绍"前,选择"插入"|"图像"命令,弹出"选择图像源文件"对话框,找到需要插入的图像,如图 5-50 所示;单击"确定"按钮,在弹出的"图像标签辅助功能属性"对话框中,将"替换文本"设置为"水果图片",如图 5-51 所示,单击"确定"即可插入图像,如图 5-52 所示。

图 5-50 "选择图像源文件"对话框

图 5-51 "图像标签辅助功能属性"对话框

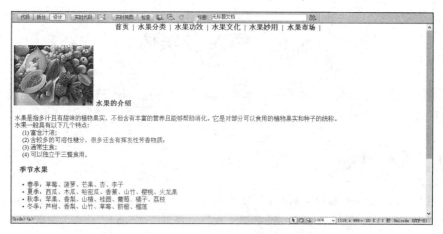

图 5-52　插入图像效果

（2）在图像"属性"面板中设置图像的属性，例如"宽"设置为"210"，"高"设置为"150"，"对齐"设置为"左对齐"，如图 5-53 所示。

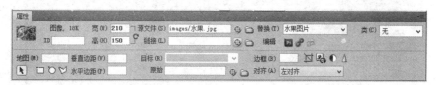

图 5-53　设置图像的属性

（3）保存并浏览添加图像后的网页，效果如图 5-54 所示。

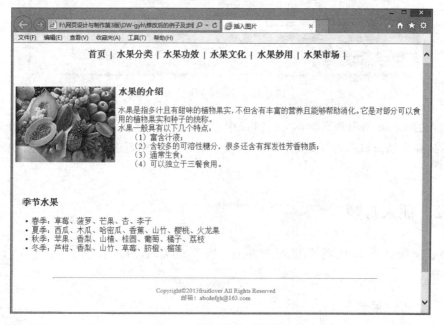

图 5-54　添加图像后的效果

5.6 插入多媒体

随着多媒体技术的发展,多媒体元素在网页设计中的运用也越来越多,从而极大地丰富了网页内容的表现形式,使网页更加活泼。

5.6.1 插入 Flash

使用 Dreamweaver 编辑网页时,若要在页面中插入 Flash 动画,可以将鼠标光标移至需要插入 Flash 动画的位置后,选择"插入"|"媒体"|"SWF"命令,在弹出的"选择 SWF"对话框中选择 Flash 文件,如图 5-55 所示,然后单击"确定"按钮即可。

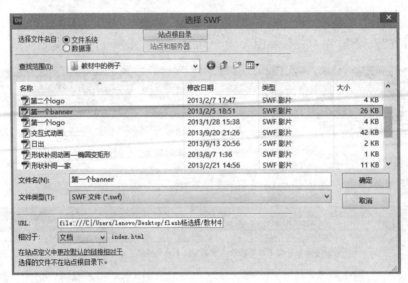

图 5-55　选择 SWF 文件

插入的 Flash 动画并不会在文档窗口中显示内容,而是以一个带有字母 f 的灰色框来表示。在文档窗口单击该文件,可以在 Flash 的"属性"面板中设置它的属性,如图 5-56 所示。

5.6.2 插入音频

声音能极好地烘托网页页面的氛围,网页中常见的声音格式有 WAV、MP3、MIDI 等。

1. 添加背景音乐

在 Dreamweaver 中,添加背景音乐可以通过"代码"视图完成。

图 5-56　插入的 Flash 及其"属性"面板

（1）打开网页文档，由"设计"视图切换到"代码"视图，在代码视图中找到标记<body>，并在其后面输入"<"以显示标记列表，在列表中选择"bgsound"标记，如图 5-57 所示。

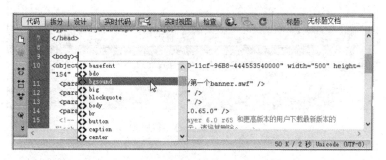

图 5-57　选择"bgsound"标记

（2）在列表中双击"bgsound"标记，则插入该标记，如果该标记支持属性，则按空格键以显示该标记允许的属性列表，从中选择属性"src"，这个属性用来设置背景音乐文件的路径，如图 5-58 所示。

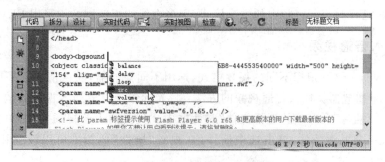

图 5-58　选择"src"

（3）双击后出现"浏览"字样，打开"选择文件对话框"，在对话框中选择音乐文件后，单击"确定"按钮即可插入音乐文件；在插入的音乐文件后按空格可以继续设置其他属性，所有属性设置完毕后输入"/>"结束代码的输入，这样就插入了一个背景音乐。

注意：使用"bgsound"标记插入背景音乐只适合用于 IE 浏览器。

2. 嵌入音频

嵌入音频可以将声音直接插入页面中,但只有浏览者在浏览网页时具有所选声音文件的适当插件后,声音才可以播放。如果希望在页面显示播放器的外观,可以使用这种方法。

将光标放置于想要显示播放器的位置,选择"插入"|"媒体"|"插件"命令,弹出"选择文件"对话框,在对话框中选择需要插入的音频文件,单击"确定"按钮后,插入的插件在文档窗口中将以 图标来显示;选中该图标,在"属性"面板中可以对播放器的属性进行设置,如图 5-59 所示。

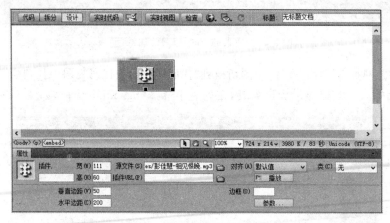

图 5-59 播放器的"属性"面板

5.6.3 插入视频

根据视频格式的不同可以分为两类,一类是普通视频,例如 wma、avi、mpeg 和 rmvb 等格式;另一类是 FLV(Flash Video)视频,也叫 Flash 视频,它具有文件极小、加载速度极快等特性,已成为当前视频中的主流格式,很多在线的视频网站均采用 FLV 格式。

1. 插入普通视频

Dreamweaver CS 根据不同的视频格式,选用不同播放器,默认情况下采用 Windows Media Player 播放器。插入普通视频的方法:将光标置于需要插入视频的地方,选择"插入"|"媒体"|"插件"命令,在"选择文件"对话框中找到要插入的视频文件,单击"确定"按钮即可插入一个视频插件,单击选中插件,在视频"属性"面板中可以设置相关属性,如图 5-60 所示。

2. 插入 FLV 视频

通过 Flash 自带的转换功能或 FLV 格式转换软件,可将其他格式的视频转换为 FLV 视频。插入 FLV 视频方法:将光标置于需要插入 FLV 视频的地方,选择"插入"|"媒体"|"FLV"命令,在"插入 FLV"对话框中设置相关参数,如图 5-61 所示,单击"确定"按

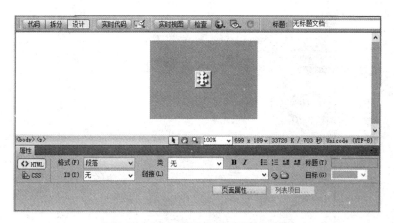

图 5-60　插入视频及视频"属性"面板

钮即可插入 FLV 视频；选中 FLV 视频，在 FLV 视频"属性"面板中可以设置相关的属性。

图 5-61　"插入 FLV"对话框

5.6.4　创建添加多媒体元素的页面的实例

在 5.5.4 节的图文网页的基础上添加一些多媒体元素。

（1）打开 5.5.4 节做好的页面，将光标放至"首页"的前面，选择"插入"|"媒体"|"SWF"命令，在弹出的"选择 SWF"对话框中选择要插入的 Flash 动画，如图 5-62 所示；单击"确定"按钮，在弹出的"对象标签辅助功能属性"对话框中设置"标题"为"flash"（也可不设），如图 5-63 所示；单击"确定"按钮，完成 Flash 动画的插入，如图 5-64 所示。

图 5-62　"选择 SWF"对话框

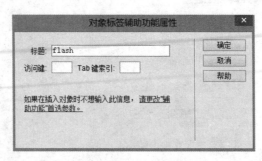

图 5-63　"对象标签辅助功能属性"对话框

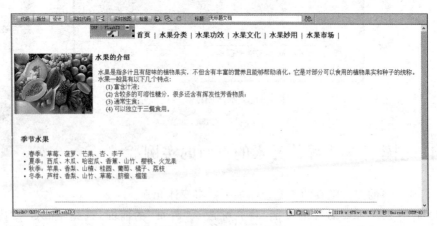

图 5-64　插入 Flash 动画

　　(2) 选中插入的 Flash,在"属性"面板中将"品质"设置为"高品质",Wmode 设置为"透明",如图 5-65 所示。

图 5-65　Flash"属性"面板

（3）将光标放至底部水平线的上方，选择"插入"|"媒体"|"插件"命令，选择要插入的音频文件，单击"确定"按钮插入一个音频；选中插入的音频插件，可以在"属性"面板中设置相关属性，如图 5-66 所示。

图 5-66　插入音频并设置属性

（4）保存并浏览文件，插入多媒体元素后的页面效果如图 5-67 所示。

图 5-67　插入多媒体元素后的页面效果

5.7 创建超链接

超链接是指从一个对象指向另一个对象的指针,承载超链接的可以是网页中的一段文字也可以是一张图像,甚至可以是图像中的某一部分。在网页中使用超链接,使网页之间建立相互关系是 Internet 受欢迎的一个重要原因。根据链接对象的不同,超链接可分为文本链接、图像链接、电子邮件链接和锚记链接等。

5.7.1 创建文本链接

文本链接是网页中最常用的一种链接方式,下面介绍为文字添加超链接的方法。

(1) 打开一个网页,在页面中选中要做超链接的文本,假设要为文字"教学指南"创建一个超链接,如图 5-68 所示。

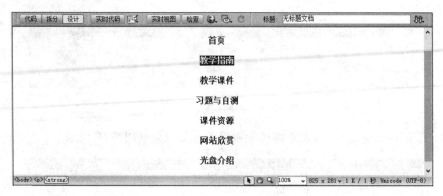

图 5-68   选中需要建立超链接的文字

(2) 为文字添加超链接,下面介绍 3 种添加超链接的方法。

① 选中需要建立超链接的文字后,在"属性"面板中的"链接"文本框中直接输入链接对象的路径,或者通过单击文本框右侧的"浏览文件"按钮,来查找需要作为链接的对象,其右方的"目标"文本框用来设置链接页面打开的方式,如图 5-69 所示。

图 5-69   链接的"属性"面板

② 选择"插入"|"超级链接"命令,或者单击"插入"面板中"常用"项中的"超级链接"按钮 ,弹出"超级链接"对话框,如图 5-70 所示,按要求设置好后,单击"确定"按钮,即可在网页中插入文本超链接。

图 5-70　"超级链接"对话框

③ 在"属性"面板的"链接"文本框的右边有一个指向文件的图标 ，通过这个
Dreamweaver 特有的创建超链接的快捷按钮，可以方便快速地创建指向"文件"面板中的
任何网页元素的超链接。具体步骤如下：选中需要建立超链接的文字后，在"属性"面板
中，用鼠标左键按住图标 不放，将它拖动到"文件"面板中所要指向的链接对象，如
图 5-71 所示。

图 5-71　设置超链接

5.7.2　创建图像链接

为图像建立超链接和为文本建立超链接类似，但是为图像建立超链接还可以在一张
图片上实现多个局部区域指向不同的链接对象。比如在一张世界地图图片上，单击不同
区域的链接可以跳转到各个洲的网页去，其中图片中可以单击的区域称为热点。

在图像"属性"面板的左下方有一组设置热点区域的按钮 。在 Dreamweaver
中插入一幅图像后，在"属性"面板上选择相应的热点工具，在插入的图像上拖曳鼠标左
键，绘制出淡蓝色的热点区域，如图 5-72 所示。

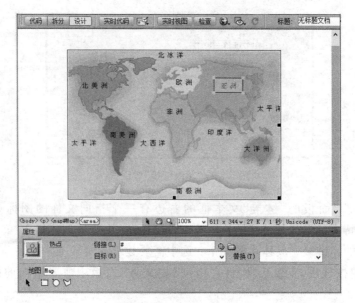

图 5-72　设置图像热点

此时，"属性"面板变为"热点"区域的面板，如图 5-73 所示。用 5.7.1 节学到的方法为这个热点区域创建一个超链接，同理在图中可以建立多个超链接。

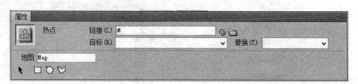

图 5-73　"热点"区域的"属性"面板

5.7.3　创建电子邮件链接

在网页制作中，经常看到这样的超链接：单击链接后，会弹出电子邮件发送程序，联系人的地址已经填写好了，这就是电子邮件超链接。创建方法为：先选定要链接的图片或文字（比如：欢迎与我联系！），在"插入"面板的"常用"项中选择按钮 ![电子邮件链接] 或选择"插入"|"电子邮件链接"命令，弹出"电子邮件链接"对话框，填入联系人的 E-mail 地址，单击"确定"按钮即可，如图 5-74 所示。

图 5-74　"电子邮件链接"对话框

5.7.4 创建锚记链接

锚记链接是网页中一种特殊的超链接形式。所谓锚记是指在文档中设置一个位置标记,并给该位置一个名称,以便引用。通过创建的锚记,可以使链接指向当前文档或不同文档中的指定位置。锚记链则常常被用来实现到特定的主题或者文档顶部的跳转链接,使访问者能够快速浏览到选定的位置,加快信息检索速度。

创建锚记链接可分为两步:首先创建命名锚记,然后创建到命名锚记的链接。具体操作步骤如下。

(1) 打开一个内容较长的网页,如图 5-75 所示;将光标置于文档中"鹊桥仙"文本的前面(文档中需要设置锚记的地方),选择"插入"|"命名锚记"命令,或单击"插入"面板"常用"选项中的 命名锚记 按钮,如图 5-76 所示。

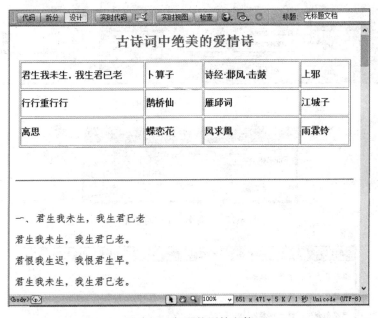

图 5-75　打开的原始文件

(2) 在弹出的"命名锚记"对话框的"锚记名称"文本框中输入一个当前页中唯一的锚记名,在此输入"qqx",如图 5-77 所示。

(3) 单击"确定"按钮,在"鹊桥仙"文本前会出现一个 (锚记)图标,如图 5-78 所示,至此命名锚记已设置完成,下面将为命名锚记添加链接。

(4) 在前面的目录中将题目"鹊桥仙"选中,在"属性"面板的"链接"下拉列表框中输入"♯qqx",即输入"♯"号并输入前面设置的锚记名,"目标"设置为"_self",如图 5-79 所示。

(5) 同理可以为其他几个锚记都建立锚记链接,保存并预览一下,单击锚记链接,很容易找到所需内容。

图 5-76 选择"命名锚记"

图 5-77 "命名锚记"对话框

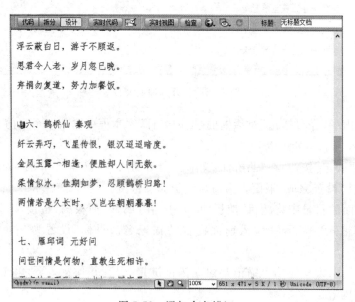

图 5-78 添加命名锚记

网页设计与制作教程(第 3 版)

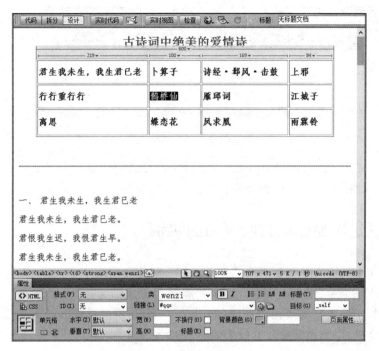

图 5-79　添加命名锚记链接

注：锚记链接不仅可以链接当前文档中的内容，还可以链接外部文档的内容。其方法是文档的 URL 加文档名加井号"#"加锚记名称。如果创建的锚记链接属于一个外部的网页文档，可以将其链接的目标设置为"_blank"。

5.7.5　检查与修复链接

一个网站通常包含大量超链接，使用检查与修复链接功能，可对网站中所有页面的超链接进行检查，报告网页中断掉的链接并进行修复。具体操作步骤如下。

（1）选择"窗口"|"结果"|"链接检查器"，打开"链接检查器"面板，如图 5-80 所示。

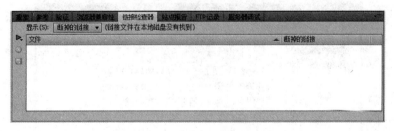

图 5-80　"链接检查器"面板

（2）在面板中设置"显示"为"断掉的链接"，单击面板左侧的 ▶ 按钮，在弹出的下拉菜单中选择"检查当前文档中的链接"选项，面板中就会显示出断掉的链接，如图 5-81 所示。

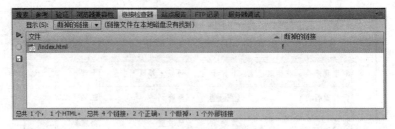

图 5-81　检查断掉的链接

（3）单击文件名，即可对断掉的链接进行修改；此外在"显示"中还可以选择"外部链接"、"孤立的文件"进行相关的检查和修复。

5.7.6　创建添加超链接的页面的实例

在 5.6.4 节的图文并茂的网页基础上添加一些超链接。

（1）打开 5.6.4 节做好的页面，选中要添加超链接的文字"首页"，在"属性"面板中"链接"文本框中输入要链接到的页面，如图 5-82 所示；用同样的方法为导航栏中的其他栏目添加超链接，添加超链接后的效果如图 5-83 所示。

图 5-82　超链接的"属性"面板

首页 | 水果分类 | 水果功效 | 水果文化 | 水果妙用 | 水果市场 |

图 5-83　添加了超链接后的效果

（2）选择"修改"|"页面属性"命令，在弹出的"页面属性"对话框中选中"链接 CSS"类别，如图 5-84 所示，可以对超链接进行相关设置。

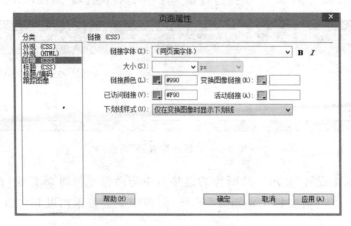

图 5-84　"页面属性"对话框

（3）选中页面底部的文字"abcdefgh@153.com"，将"属性"面板的"链接"设置为"mailto：abcdefgh@163.con"，为它设置电子邮件超链接，如图 5-85 所示。这样在浏览网页时，单击电子邮件链接将弹出电子邮件发送窗口。

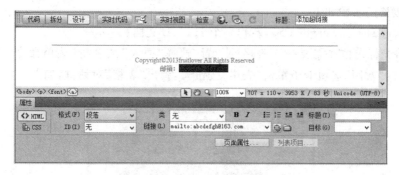

图 5-85　设置电子邮件超链接

（4）这样一个相对完整的网页就做好了，保存并浏览网页，效果如图 5-86 所示。

图 5-86　添加了超链接后的页面效果

5.8　表格的使用

表格是网页制作不可缺少的元素，它以简洁明了和高效快捷的方式将图片、文本、数据和表单等元素有序地显示在页面上；使用表格排版的页面在不同平台、不同分辨率的浏览器里都能保持其原有的布局，所以表格还是网页中最常用的排版方式之一。

5.8.1 创建表格

创建表格的步骤如下。

(1) 运行 Dreamweaver CS5,新建一个 HTML 文档。

(2) 将光标定位在需要插入表格的位置,选择"插入"|"表格"菜单命令,或者在"插入"面板中的"常用"选项卡中单击"表格"按钮,弹出"表格"对话框,如图 5-87 所示。

图 5-87 "表格"对话框

"表格"对话框中各选项的名称及作用如表 5-8 所示。

表 5-8 "表格"对话框中各选项的名称及作用

选 项		作 用
行数		指定表格行的数目
列		指定表格列的数目
表格宽度		以像素或百分比为单位指定表格的宽度
边框粗细		以像素为单位指定表格边框的宽度
单元格边距		指定单元格边框与单元格内容之间的像素值
单元格间距		指定相邻单元格之间的像素值
标题	无	对表格不启用行或列标题
	左	将表格的第一列作为标题列
	顶部	将表格的第一行作为标题列
	两者	可以在表格中输入行、列标题
标题		提供一个显示在表格外的表格标题
摘要		用于输入表格的说明

（3）在"表格"对话框中将"行数"设置为 5，"列数"设置为 4，"表格宽度"设置为 90％，"边框粗细"设置为 1，单击"确定"按钮，即可插入表格，如图 5-88 所示。

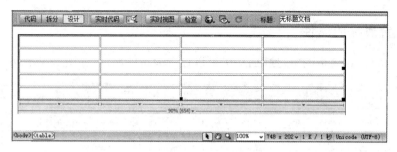

图 5-88　插入一张表格

5.8.2　选择表格元素

要对表格、行、列、单元格属性进行操作，首先要选择它们。

1．选择整个表格

可以通过以下几种方法来选择整个表格。

- 将鼠标移动到表格的左上角、上边框或者下边框的任意位置，当光标变成表格网格图标🔳时，或者将鼠标移到行和列的边框时，单击即可选择整个表格。
- 将光标置于表格内的任意位置，单击文档窗口左下角的＜table＞标记。
- 将光标置于表格内的任意位置，选择"修改"｜"表格"｜"选择表格"菜单命令。

2．选择行或列

可以选择行中所有连续单元格或列中所有连续单元格，通过以下几种方法实现。

- 将鼠标移动到行的最左端或列的最上端，当光标变为向右或向下的黑箭头➡或⬇时，单击即可选择单个行或列。
- 按住鼠标左键不放从左至右或者从上至下拖曳，即可选中相应的行或列，通过这种方法也可以选择多个连续的行或列。

3．选择单元格

可以通过以下几种方法来选择单个单元格。

- 按住鼠标左键并拖曳，可以选择一个单元格。
- 按住 Ctrl 键，然后单击要选中的单元格即可。
- 将光标放置在单元格中，单击三次即可选中单元格。
- 将光标放置在要选择的单元格内，然后单击文档窗口左下角的＜td＞标记即可。

4．选择不相邻的单元格、行与列

选择不相邻的行、列或单元格的方法：按住 Ctrl 键，单击要选择的行、列或单元格。

5.8.3 表格的属性设置

1. 设置表格的属性

选中表格后,在表格的"属性"面板中可以设置表格的属性,如图 5-89 所示。

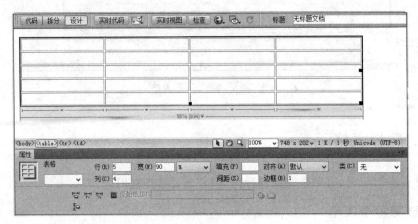

图 5-89 表格的"属性"面板

表格的"属性"面板中各选项及作用如表 5-9 所示。

表 5-9 表格"属性"面板中各选项及作用

选　项	作　用
行和列	设置表格中行和列的数目
宽	设置表格的宽度
填充	单元格内容和单元格边界之间的像素数
间距	相邻的表格单元格间的间隔
对齐	设置表格的对齐方式,该下拉列表中共包含"默认"、"左对齐"、"居中对齐"和"右对齐"4 个选项
边框	设置表格边框的宽度
类	对该表格设置一个 CSS 类
🗒	清除列宽
🔳	将表格宽度转换为像素
🔳	将表格宽度转换为百分比
🔳	清除行高

2. 设置单元格属性

选中单元格后,在单元格的"属性"面板中可以设置单元格的属性,如图 5-90 所示。

图 5-90　单元格的"属性"面板

单元格的"属性"面板中各选项及作用如表 5-10 所示。

表 5-10　单元格"属性"面板中各选项及作用

选　项	作　用
▣	拆分单元格
北	合并单元格
水平	设置单元格中对象的水平对齐方式,"水平"下拉列表中包含"默认"、"左对齐"、"居中对齐"和"右对齐"4 个选项
垂直	设置单元格中对象的垂直对齐方式,"垂直"下拉列表中包含"默认"、"顶端"、"居中"、"底部"和"基线"5 个选项
宽与高	设置单元格的宽与高
不换行	表示单元格的宽度将随文字长度的不断增加而加长
标题	将当前单元格设置为标题单元格
背景颜色	设置单元格的背景颜色

5.8.4　表格的基本操作

1. 调整表格和单元格的大小

1）调整表格大小

当选择了整个表格后,在表格的右边框、下边框和右下角将会出现 3 个控制点,如图 5-91 所示。通过鼠标拖动这些控制点,可以使表格横向、纵向或者整体放大、缩小。

2）调整单元格的大小

除了可以在单元格的"属性"面板中调整行或列的大小外,还可以通过拖动的方式来调整其大小。将鼠标移动到单元格的边框上,当光标变成左右箭头或者上下箭头时,如图 5-92 所示,单击并横向或纵向拖动鼠标即可改变行或列的大小。

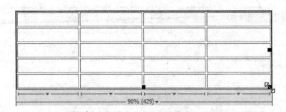

图 5-91   调整表格大小

图 5-92   调整单元格大小

2. 添加、删除行或列

1）添加行或列

想要在某行的上面或者下面添加一行,首先将光标置于该行的某个单元格中,单击"插入"面板"布局"选项卡中的"在上面插入行"按钮或"在下面插入行"按钮即可,如图 5-93 所示;同理可以用这种方法添加列。右击某行或列的单元格,在弹出的菜单中执行"修改"|"表格"|"插入行"或"插入列"命令,也可以为表格添加行或列。

图 5-93   添加表格的行

2）删除行或列

如果想要删除表格中的某行或某列,可以将光标置于该行或列的某个单元格中,执行"修改"|"表格"|"删除行"或"删除列"命令即可。

3. 拆分、合并单元格

在应用表格时,有时需要对单元格进行拆分与合并。实际上,不规则的表格是由有规则的表格拆分或合并而成的。下面是单元格拆分与合并的例子。

（1）运行 Dreamweaver CS5,新建一个 HTML 文档,插入一个 2×2 的表格,如图 5-94 所示。

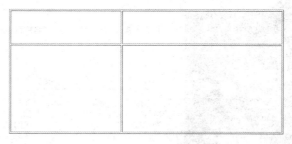

图 5-94　插入表格

（2）选中表格左边的两个单元格，然后单击"属性"面板上的合并单元格按钮▣，可以将左边的两个单元格合并成一个单元格，如图 5-95 所示。

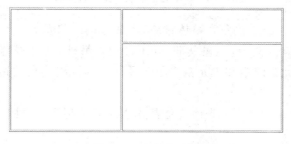

图 5-95　合并单元格

（3）将光标置于右上的单元格中，单击"属性"面板上的拆分单元格按钮▥，弹出"拆分单元格"对话框，如图 5-96 所示，将其拆分为左右两列，拆分后的效果如图 5-97 所示。

图 5-96　"拆分单元格"对话框

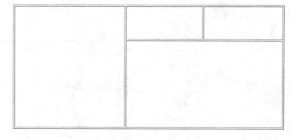

图 5-97　拆分后的效果

（4）在表格的相应位置插入文本和图像，最后效果如图 5-98 所示。

4. 插入嵌套表格

表格之中还有表格即嵌套表格。网页的排版有时会很复杂，在外部需要一个表格来控制总体布局，如果内部排版的细节也通过总表格来实现，则容易引起行高列宽等的冲突，给表格的制作带来困难。其次，浏览器在解析网页的时候，要将整个网页的结构下载完毕之后才显示表格，如果不使用嵌套，表格将非常复杂，浏览者要等待很长时间才能看到网页内容。

中文名称:老虎	英文名称:tiger

简介
　　猫科动物,陆地上最强大、最凶猛的猛兽之一。大型的虎种如东北虎体重可以达到200公斤,野外生存的东北虎最大体重甚至有384公斤,是猫科动物中体型最大的。老虎在所属食物链中处于最顶端,在自然界中没有天敌。虎的适应能力也很强,在亚洲分布很广,从北方寒冷的南西伯利亚地区,到南亚的热带丛林以及高山峡谷等地,都能见到其优雅威武的身影。老虎可跳上3.6米高度,一跳7米远,摸高高度可达5米,一掌力量有1000公斤。

图 5-98　在单元格中插入文字和图像

引入嵌套表格,由总表格负责整体排版,由嵌套的表格负责各个子栏目的排版,并插入到总表格的相应位置中,各司其职,互不冲突。另外,通过嵌套表格,利用表格的背景图像、边框、单元格间距和单元格边距等属性可以得到漂亮的边框效果,制作出精美的网页。

创建嵌套表格的操作方法:先插入总表格,然后将光标置于要插入嵌套表格的地方,继续插入表格即可,如图 5-99 所示。

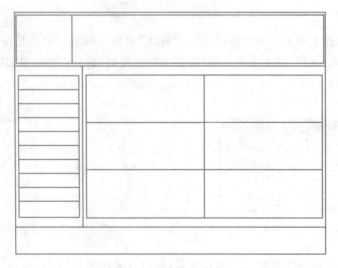

图 5-99　表格的嵌套

5.8.5　表格运用的实例

下面是运用表格制作个人简历的例子。

(1) 运行 Dreamweaver CS5,新建一个 IITML 文档,设置页面属性中的左边距和上边距为 0;插入一个 15 行 7 列的表格,宽设为"700",边框设为"1",设置如图 5-100 所示。

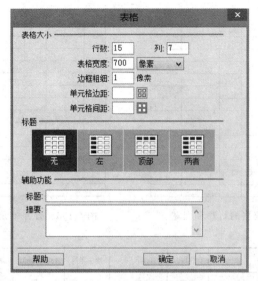

图 5-100　表格嵌套的效果

（2）选中整个表格单击鼠标右键，选择"编辑标签（E）＜table＞…"选项，弹出"标签编辑器-table"对话框，设置单元格间距和单元格边距均为"0"，如图 5-101 所示。

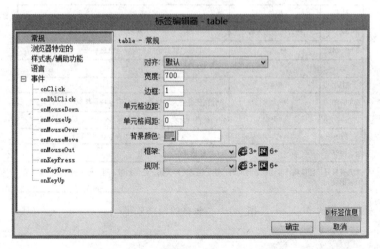

图 5-101　"标签编辑器-table"对话框

（3）在"属性"面板中设置每一行的行高为"40"，设置第 1、3、5 列的列宽为"70"，第 2、4、6 列的列宽为"125"，并将表格的对齐方式设为"居中对齐"，设置后的表格如图 5-102 所示。

（4）合并相关的单元格，并将第 5、9、14 行单元格的背景颜色设为"FFFF99"，设置后的效果如图 5-103 所示。

（5）选中所有的单元格，在"属性"面板中将水平对齐设置为"居中对齐"，向表格中输入内容，最终的表格效果如图 5-104 所示。

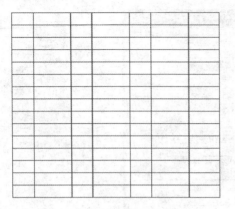

图 5-102　设置表格的行高和列宽

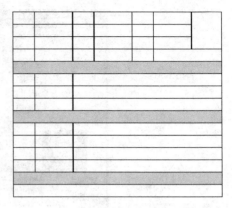

图 5-103　合并单元格并设置背景颜色

姓名	张三	性别	男	出生年月	1988-01-01	
籍贯	**省**市	民族	汉	政治面目	党员	
学历	本科	专业	信息管理与信息系统	身高	175cm	
英语等级	六级	计算机等级	三级网络	联系电话	1827091****	
学习或工作经历						
时间	单位		经历			
2009	**公司南昌分部		实习两个月			
2006-2010	**大学		就读于信息管理与信息系统专业			
奖惩情况						
时间	单位		经历			
2006-2010	**大学		分别获得**大学优秀学生奖学金特等奖3次、一等奖2次			
2006-2010	**大学		分别获得**大学"学习标兵"称号1次、"优秀学生干部"2次			
2010	**大学		获得**大学"优秀毕业生"称号			
自我评价						
本人有良好的团队精神和组织管理能力，善于沟通人际关系，吃苦耐劳，有良好的身体素质和适应环境的能力。						

图 5-104　表格的最终效果

5.8.6　表格的布局功能

在 Dreamweaver 中表格的作用不仅是安放网页元素和记载资料，还是网页排版的灵魂，是页面布局的重要方法，它可以将网页中的文本、图像等内容有效地组合成符合设计效果的页面。表格布局的操作过程一般是先根据设计的效果图制作表格，然后再向表格中添加内容。下面以例子来讲解通过表格布局设计网页的基本方法。

1. 设计结构图

根据预想的效果图进行切割，得到网页设计的结构图。例如根据如图 5-105 所示的

"蝴蝶的天空"网页的效果图分析,得到该网页的布局结构图如图 5-106 所示。

图 5-105 "蝴蝶的天空"网页效果图

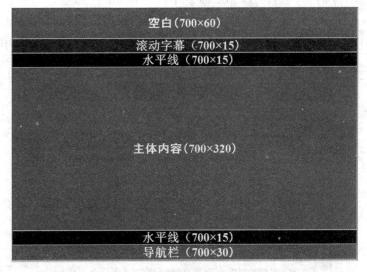

图 5-106 "蝴蝶的天空"网页布局结构图

2. 建立页面,使用表格布局

(1)新建一个 HTML 文档,设置页面属性的上下左右边距均为"0"。

(2)参照布局结构图,插入一个 6 行 1 列的表格,宽设为"700",边框设为"1",对齐方式选择"居中对齐"。

(3)编辑各个单元格的高度,设置第 1 行的行高为"60",第 2、3、5 行的行高为"15",第 4 行的行高为"320",第六行的行高为"30",设置后的表格如图 5-107 所示。

图 5-107　插入表格

3. 向表格中添加元素

(1) 把光标放在第 2 行需要插入滚动字幕的地方,选择"插入"|"标签"菜单命令,弹出"标签选择器"对话框,选择 HTML 标签中的"marquee"标签,单击"插入"按钮,如图 5-108 所示;切换到"代码"视图,在 marquee 标签内插入一段需要滚动显示的文字,设置文字的大小为"2",颜色为"♯6666FF",加粗,如图 5-109 所示;滚动文字在页面中的效果如图 5-110 所示。

图 5-108　"标签选择器"对话框

(2) 将光标放到第 3 行,选择"插入"|"HTML"|"水平线"菜单命令,插入一条水平线,在"属性"面板中设置它的宽为"100%",高为"1",插入水平线后的页面如图 5-111 所示。

图 5-109　插入滚动文字并修饰

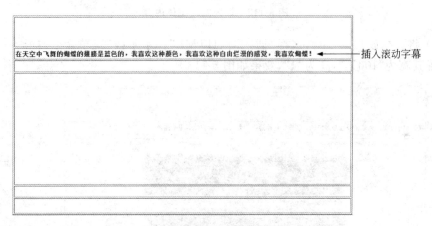

图 5-110　插入滚动字幕

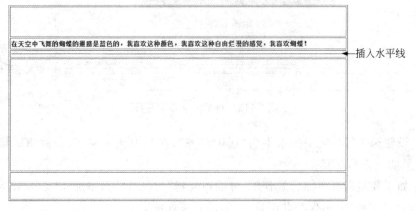

图 5-111　插入水平线

（3）设置第 4 行单元格的水平为"居中对齐"，插入一张图片及版权声明，并为图片及文字设置必要的超链接，此时的页面如图 5-112 所示。

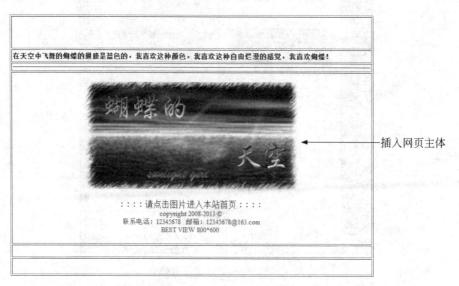

图 5-112　插入网页主体内容

（4）将光标放到第 5 行，选择"插入"|"HTML"|"水平线"菜单命令，插入一条水平线，设置其宽为"100％"，高为"1"，效果如图 5-113 所示。

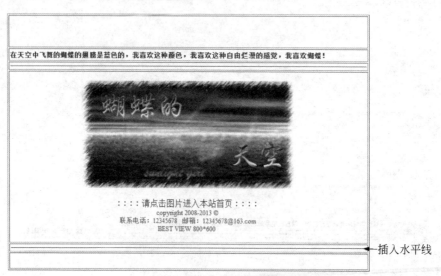

图 5-113　再插入一条水平线

（5）设置第 6 行单元格的水平为"居中对齐"，在其中插入文字，并做超链接，制作导航栏，效果如图 5-114 所示。

（6）如果要给网页添加背景音乐，可以切换到"代码"视图，添加<bgsound>标记；这样整个网页就制作完成，保存并浏览，最终的效果如图 5-115 所示。

　网页设计与制作教程（第 3 版）

在天空中飞舞的蝴蝶的翅膀是蓝色的，我喜欢这种颜色，我喜欢这种自由烂漫的感觉，我喜欢蝴蝶！

:：：：请点击图片进入本站首页：：：
copyright 2008-2013 ©
联系电话：12345678　邮箱：12345678@163.com
BEST VIEW 800*600

|本站首页|心情驿站|蝴蝶天空|蝴蝶随笔|关于我们|和我联系|　←——插入导航栏

图 5-114　插入导航栏

图 5-115　最终网页效果

5.8.7　应用表格布局设计网页的实例

下面使用表格布局功能设计一个网站的首页，具体步骤如下。

(1) 针对构思的网页效果图 5-116 进行分析，得到网页布局的结构图 5-117。

(2) 新建一个 HTML 文档，选择"修改"|"页面属性"菜单命令，弹出"页面属性"对话

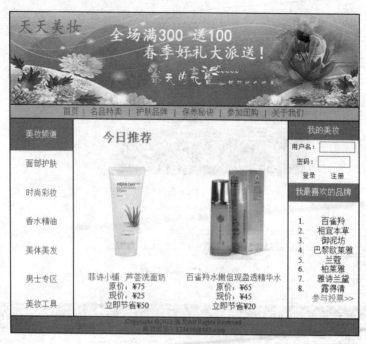

图 5-116 "天天美妆"网页效果图

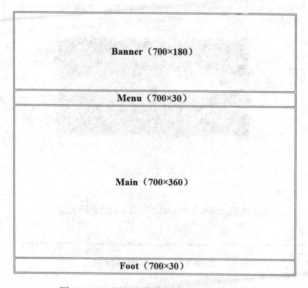

图 5-117 "天天美妆"网页布局结构图

框,选择"外观(CSS)"选项,将上边距和左边距设置为"0",选择"链接(CSS)"选项,将链接的颜色设置为"♯666","下划线样式"设置为"始终无下划线"。

(3) 插入一个 4 行 3 列的表格,宽设为"700",边框设为"1",单元格边距和单元格间距均设为"0",如图 5-118 所示;选中表格,在表格的"属性"对话框中将对齐方式设为"居中对齐",插入的表格如图 5-119 所示。

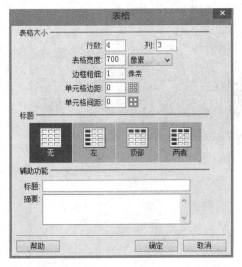

图 5-118 "表格"对话框

图 5-119 插入表格

(4) 合并第 1 行的单元格,并设置第 1 行的行高为"180",插入 Banner 图片;合并第 2 行的单元格,设置单元格的高为"30",水平设为"居中对齐",背景颜色设为"♯B4D77D",输入文本"首页│名品特卖│护肤品牌│保养秘诀│参加团购│关于我们",并为它们设置相应的超链接,效果如图 5-120 所示。

图 5-120 表格第 1 行和第 2 行的设计

(5) 设置第 3 行的高为"360",左边一列的宽为"127",中间一列的宽为"433",右边一列的宽为"140";在左列中插入一个 7 行 1 列的表格,边框设为"0",单元格间距和单元格边距均设置为"0",将第 1 行行高设为"60",其他 6 行行高均设为"50",使其均匀充满,如图 5-121 所示;选中所有的行设置水平为"居中对齐",设置第 1 行单元格的背景颜色为"♯FF00FF",输入文本"美妆频道",并设置字体颜色为白色;在其他单元格中输入相应的内容,并为它们设置超链接,如图 5-122 所示。

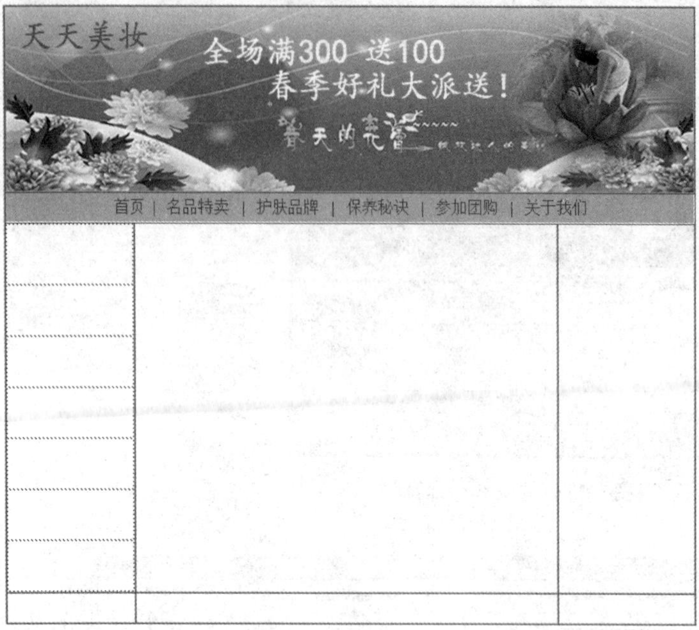

图 5-121　设置表格第 3 行 　　　　　　图 5-122　第 3 行左列的设计

　　(6) 在第 3 行的右列插入一个 6 行 1 列的表格,宽设为"140",边框设为"0",设置单元格间距和单元格边距为"0";将第 1 行和第 5 行的行高设为"35",第 2、3、4 行的行高设为"27",第 6 行的行高设为"209",如图 5-123 所示。

图 5-123　在第 3 行右列插入表格

（7）选中第 3 行右列中嵌套的表格的所有行，设置水平为"居中对齐"；选中第 1 行，设置背景颜色为"♯FF00FF"，输入文本"我的美妆"，设置字体颜色为白色；在第 2 行中输入"用户名："，设置字体大小为"2"，再选择"插入"|"表单"|"文本域"菜单命令，插入表单中的文本域，在"属性"面板中将字符宽度设置为"6"；在第 3 行中输入"密码："，设置字体大小为"2"，再选择"插入"|"表单"|"文本域"菜单命令，插入表单中的文本域，在"属性"面板中将字符宽度设置为"6"，类型选择"密码"；在第 4 行中输入"登录 注册"，设置字体大小为"2"，如图 5-124 所示。

（8）选择第 5 行，将其背景颜色设为"♯FF00FF"，输入文本"我最喜欢的品牌"，设置字体颜色为白色；选择第 6 行，设置水平为"左对齐"，输入如图 5-125 所示的内容，其中将"参与投票"字体的颜色设为"♯FF00FF"。

图 5-124 设计右列表格的 1～4 行

图 5-125 设计右列表格

（9）将光标移至中间一列，插入一个 3 行 2 列的表格，宽设为"430"，边框设为"0"，设置单元格间距和单元格边距设为"0"，设置第 1 行的行高为"40"，第 2 行的行高为"220"，第 3 行的行高为"100"，如图 5-126 所示。

图 5-126 在第 3 行中列插入表格

（10）选择所有的单元格，设置水平为"居中对齐"；选择第 1 行第 1 列，输入文本"今日推荐"，颜色设置为"＃FF00FF"，格式为"标题 2"；选择第 2 行，在左右两列插入图片；选择第 3 行，输入相关的文字，效果如图 5-127 所示。

图 5-127　效果

（11）合并大表格的最后一行，行高设为"30"，设置水平为"居中对齐"，背景颜色为"＃52A701"，输入版权声明和联系方式等文字，设置字体大小为"2"，颜色设为"＃666"，如图 5-128 所示。

图 5-128　表格第 4 行版权栏的设计

（12）为网页中需要加超链接的地方添加超链接，这样整个网页就做好了，最终效果如图 5-129 所示。

图 5-129　网页最终效果

　　网页设计与制作教程（第 3 版）

5.9　框架的使用

框架是网页中常见的一种页面设计方式,框架的作用就是把浏览器窗口划分为若干个区域,每个区域可以分别显示不同的网页。框架最常见的用法是将窗口的左侧或上侧的区域设置为目录区,用于显示文件的目录或导航条,而将右边一块面积较大的区域设置为页面的主体区域,例如如图 5-130 所示是一个使用框架布局的页面。

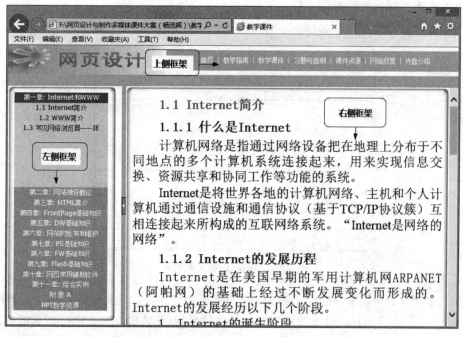

图 5-130　使用框架布局的页面

5.9.1　创建框架

框架主要由框架集(Frameset)和框架(Frame)两部分组成。

- 框架集是指在一个文档内定义一组框架结构的 HTML 网页,它定义了网页中显示的框架数、框架的大小、载入框架的网页源和其他可定义的属性等。框架集本身不包含要在浏览器中显示的 HTML 内容,只是向浏览器提供应如何显示一组框架以及在这些框架中应显示那些文档的有关信息。
- 框架是指在浏览器窗口定义的一个区域,它是框架集中所要载入的文档,每个框架实质上都是一个独立存在的 HTML 文档。

如果某个页面被划分成两个框架,那么它实际上包含的是三个独立的文件:一个框架集文件和两个框架内容文件。框架内容文件就是显示在页面框架中的内容。

创建框架集可以使用两种方法：创建自定义框架集和创建预定义框架集。

1. 创建自定义框架集

要创建自定义框架集，可执行下列操作。

（1）在要创建自定义框架集前，先选择"查看"|"可视化助理"|"框架边框"菜单命令，使框架边框在文档窗口中可见。

（2）多次选择"修改"|"框架集"|"拆分左框架"命令（或选择拆分右、上、下框架），可以得到各种各样的框架样式，如图 5-131 所示；另按住 Alt 键拖曳任一条框架边框，可以快速垂直或水平地拆分已有的框架。

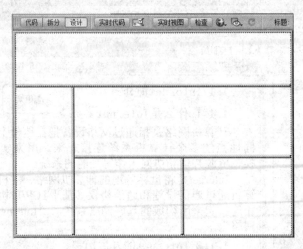

图 5-131　创建自定义框架集

（3）如操作失误需要删除某个框架时，可采用如下方法：将鼠标指针移至要删除的框架的边界线上，当鼠标指针变为双向箭头时拖动鼠标，将该框架的边框拖离页面或拖到父框架的边框上即可；此外还可以通过框架的嵌套，设计出复杂的框架布局。

2. 创建预定义框架集

使用预定义框架集可以快速创建想要的框架集，Dreamweaver CS5 预定义了 15 种框架集，创建预定义框架集方法如下：选择"文件"|"新建"菜单命令，弹出"新建文档"对话框，选择左边"示例中的页"选项卡，在"示例文件夹"列表框中选择"框架页"选项，在"示例页"列表框中会显示出 15 种常用的框架形式，根据需要选择其中的一种单击"创建"按钮即可，在右边还可以预览选中的框架样式的效果，如图 5-132 所示。

5.9.2　框架集和框架属性的设置

1. 设置框架集属性

（1）选择"窗口"|"框架"菜单命令，打开"框架"面板，单击整个框架的边框，则可以将

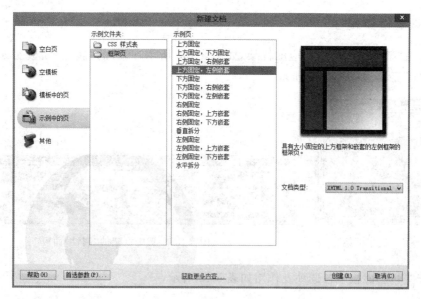

图 5-132 "新建文档"对话框

整个框架集选中,如图 5-133 所示。选中的框架集将被虚线环绕。

(2) 选中框架集后,此时的"属性"面板中将显示框架集的属性,如图 5-134 所示。

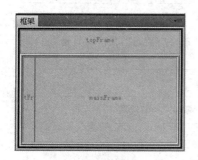

图 5-133 选中框架集

图 5-134 框架集的"属性"面板

框架集"属性"面板中各选项及作用如表 5-11 所示。

表 5-11 框架集"属性"面板中各选项及作用

选 项	作 用
边框	设置是否显示边框,包含"是"、"否"和"默认"三个选项
边框宽度	设置整个框架集中所有边框的宽度
边框颜色	设置整个框架集的边框颜色
值	指定所选择的行或列的大小
单位	包括"像素"、"百分比"和"相对"三个选项
框架集预览图	预览整个框架集结构

2. 设置框架属性

打开"框架"面板,单击相应的框架,如图 5-135 所示,此时的"属性"面板变为选中的框架"属性"面板,如图 5-136 所示。

图 5-135 选中框架

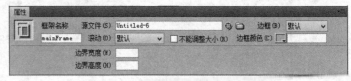

图 5-136 选中框架的"属性"面板

框架"属性"面板中各选项及作用如表 5-12 所示。

表 5-12 框架"属性"面板中各选项及作用

选 项	作 用
框架名称	输入指定框架的名称,将被超链接和脚本引用
源文件	用来指定在当前框架中打开的源文件(网页文件)
滚动	选择当框架内的内容显示不下时是否出现滚动条,包含"是"、"否"、"自动"和"默认"四个选项
不能调整大小	选择此复选框,可防止用户浏览时拖动框架边框
边框	设置当前框架是否出现边框,包含"是"、"否"和"默认"三个选项
边框颜色	设置与当前框架相邻的所有框架的边框颜色
边界宽度	以像素为单位设置框架边框和内容之间的左右边距
边界高度	以像素为单位设置框架边框和内容之间的上下边距

注：如果要改变某个框架的背景颜色只需将光标放置在需要改变背景颜色的框架中,选择"修改"|"页面属性"菜单命令,在弹出的"页面属性"对话框中的背景颜色中设置。

5.9.3 在框架中设置链接

利用框架结构可以把导航条的内容固定在页面的顶部、左边或右边,用户通过选择导航项,可在其他指定框架里显示内容。要在一个框架中使用链接在另一个框架中打开文档,必须设置链接目标。在框架中设置链接的具体操作步骤如下。

(1) 建立一个上下结构的框架页面,选中需要设置链接的文本,如图 5-137 所示。

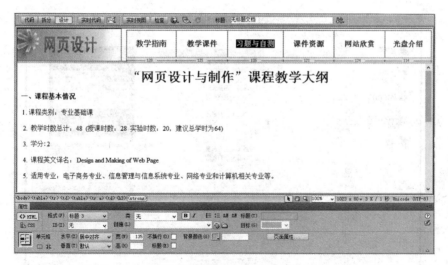

图 5-137　建立一个框架页面

（2）在 HTML"属性"面板中，在"链接"文本框中选择或输入需要链接到的文件的路径，并单击"目标"下拉列表选择框架名"mainFrame"，如图 5-138 所示。

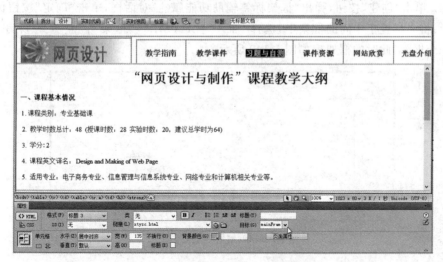

图 5-138　设置"习题与自测"的链接

（3）制作完成，保存并预览一下页面，单击"习题与自测"超链接时，链接内容将显示在下方框架页面中。

5.9.4　使用框架布局功能设计页面的实例

下面使用框架布局功能设计一个网页，具体步骤如下。

（1）打开 Dreamweaver CS5，选择"文件"|"新建"菜单命令，在弹出的"新建文档"对话框中，依次选择"示例中的页"|"框架页"|"上方固定，下方固定"选项，如图 5-139 所示。

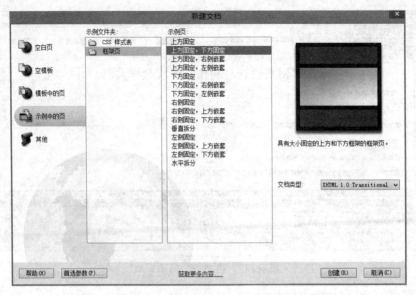

图 5-139　"新建文档"对话框

（2）单击"创建"按钮，弹出"框架标签辅助功能属性"对话框，单击"确定"按钮保持默认设置；将光标置于中间的框架中，选择"插入"|"HTML"|"框架"|"左对齐"菜单命令，插入一个框架，此时的框架集如图 5-140 所示。

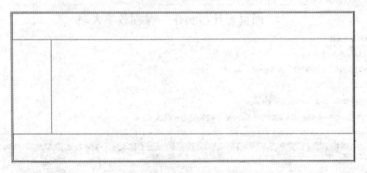

图 5-140　插入的框架集

（3）选择"窗口"|"框架"菜单命令，打开"框架"面板，单击整个框架的边框，选中整个框架集；在框架集"属性"面板的框架集预览图中单击第一行框架，这时选中的框架变为深色，设置边框为"是"，颜色为"♯87BB59"，行的值为"178"，单位为"像素"，如图 5-141 所示；同理，选中第三行框架，设置边框为"是"，颜色为"♯87BB59"，行的值为"30"，单位为"像素"。

图 5-141　纵向大框架集"属性"面板的设置

（4）在"框架"面板中选中第二行新插入的框架，在文档窗口中单击新插入的框架的边框也行，此时"属性"面板切换至左右框架集的"属性"面板，在框架集预览图中选中左边的框架，设置边框为"是"，边框颜色设为"♯87BB59"，列的值为"140"，单位为"像素"，如图 5-142 所示。

图 5-142　横向小框架集"属性"面板的设置

（5）新建一个 HTML 文档，设置页面属性中的上下左右边距均为"0"，插入事先做好的 banner 图片，如图 5-143 所示，将文档保存为 top.html。

图 5-143　制作 top.html

（6）新建一个 HTML 文档，设置页面属性中的上下左右边距均为"0"，背景颜色"♯9AD4FA"；插入一个 7 行 1 列的表格，表格宽度设置为"100％"，边框设为"0"；向表格中输入内容，选中所有的行设置水平对齐为"居中对齐"，使输入的文字位于每一行中间，如图 5-144 所示，将文档保存为 left.html。

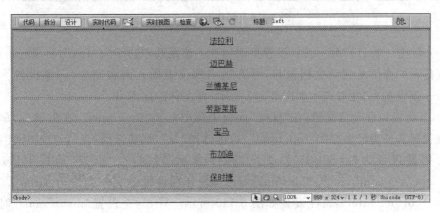

图 5-144　制作 left.html

（7）新建一个 HTML 文档，设置页面属性上边距和左边距为"4px"，将事先准备好的汽车介绍的内容复制到文档窗口，如图 5-145 所示，将文件保存为 main. html。

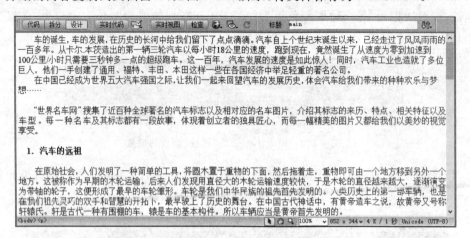

图 5-145　制作 main. html

（8）新建一个 HTML 文档，设置页面属性中的上下左右边距均为"0"，背景颜色设为"♯090"，插入一个 1 行 1 列的表格，表格宽度设置为"100％"，边框设为"0"，设置行的水平对齐为"居中对齐"；向表格中输入版权声明联系方式等，如图 5-146 所示，将文件保存为 bottom. html。

图 5-146　制作 bottom. html

（9）新建一个 HTML 文档，设置页面属性上边距和左边距为"4px"，将事先准备好的汽车法拉利的介绍复制到文档窗口，并在适当的位置插入两张图片，一张设置为"右对齐"，另一张设置为"左对齐"，如图 5-147 所示，将文件保存为 fll. html。

（10）切换到框架集文档，在"框架"面板中选中框架"topFrame"，在框架的"属性"面板中设置源文件为已做好的"top. html"，边框选择"是"，滚动选择"否"，勾选"不能调整大小"，边框颜色设为"♯87BB59"，如图 5-148 所示；同理，在"框架"面板中依次选中"leftFrame"、"mainFrame"、"bottomFrame"，并分别设置源文件为"left. html"、"main. html"和"bottom. html"，属性设置如图 5-148 所示一样，只是设置"mainFrame"时，滚动选择"默认"选项。

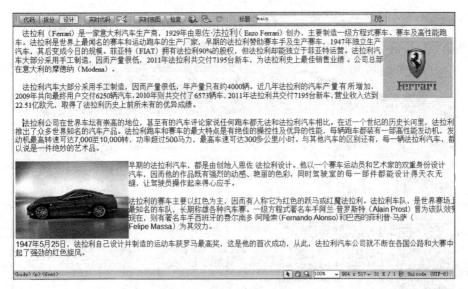

图 5-147　制作 fll.html

图 5-148　"topFrame"框架的属性设置

（11）选择 leftFrame 中的"法拉利"，在"属性"面板中设置超链接为"fll.html"文档，目标为"mainFrame"，如图 5-149 所示；同理依次为其他的名车设置超链接，并设置目标均为"mainFrame"。

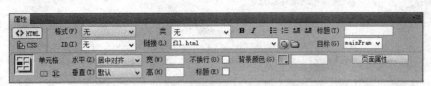

图 5-149　为"法拉利"做超链接

（12）这样一个用框架做的网页就完成了，保存并预览网页，打开页面的效果如图 5-150 所示，单击"法拉利"后的效果如图 5-151 所示。

5.9.5　嵌入式框架的应用方法

嵌入式框架（IFRAME）也是框架的一种，它可以嵌入在网页中的任何部分，从而被广泛地应用于网页设计中，比如嵌在一个表格中的某个单元格内，在其他单元格建立链接可以在这个内嵌的框架中显示相应的内容，让表格间接地实现框架的功能。

图 5-150　打开页面的效果

图 5-151　单击"法拉利"后的效果

下面通过一个简单的例子讲解嵌入式框架的使用方法。

（1）新建一个 HTML 文档，设置页面属性中的上下左右边距均为"0"，插入一个 2 行 2 列的表格，表格宽度设置为"650"，边框设为"1"；将第一行合并单元格，插入一张图片，将第二行的左列宽设为"125"，插入一个 6 行 1 列的表格，输入目录栏，如图 5-152 所示。

（2）将光标置于第二行右列单元格内，将单元格水平设为"居中对齐"，输入文本"童

网页设计与制作教程（第 3 版）

图 5-152　用表格布局

年留影";回车后选择"插入"|"HTML"|"框架"|"IFRAME"菜单命令,插入一个嵌入式框架,如图 5-153 所示。

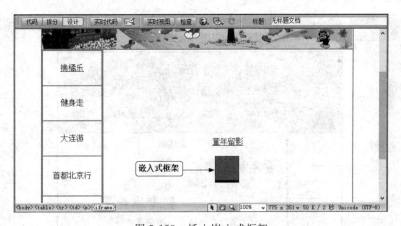

图 5-153　插入嵌入式框架

(3) 单击选中框架,选择"修改"|"编辑标签"菜单命令,弹出"标签编辑器-iframe"对话框,设置嵌入式框架的源文件、名称、宽度、高度、滚动、显示边框等参数,具体如图 5-154 所示,单击"确定"按钮,完成参数设置。

(4) 选中第二行左列栏目中的文本"摘橘乐",设置"链接"为"zjl.html","目标"为"tongnian"(前面给嵌入式框架取的名称),如图 5-155 所示;同理,选中第二行右列上方的文本"童年留影",设置超链接到"main.html",在"目标"下拉列表中输入嵌入式框架的名称"tongnian"。

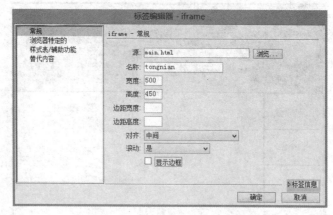

图 5-154 "标签编辑器-iframe"对话框

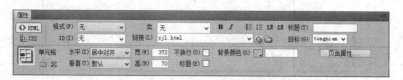

图 5-155 设置超链接

（5）网页制作完成，保存并预览一下，打开页面后的效果如图 5-156 所示，单击"摘橘乐"超链接后的效果如图 5-157 所示。

图 5-156 打开页面后的效果

图 5-157　单击"摘橘乐"超链接后的效果

5.10　表单的使用

表单是构成动态网站必不可少的元素之一,是提供交互式操作的主要方法。通过表单网站管理者可以与 Web 站点的访问者进行交流或从他们那里收集信息。常见的表单有搜索表单、用户登录注册表单、调查表单等。

使用表单必须具备两个条件:一个是建立含有表单元素的网页文档,另一个是具备服务器端的表单处理应用程序或者客户端的脚本程序(如 CGI、ASP、JSP、PHP 等),它能够处理用户输入到表单的信息。

5.10.1　创建表单

创建一个表单的步骤如下。

(1) 将光标移到需要插入表单的位置,选择"插入"|"表单"|"表单"菜单命令,可插入了一个表单区域,如图 5-158 所示,表单区域以红色虚线框显示,但在浏览器中是不可见的,表单元素必须插在表单之中。

(2) 插入表单后,可以在表单的"属性"面板中设置表单的属性,如图 5-159 所示。

表单"属性"面板中各选项及作用如表 5-13 所示。

图 5-158　插入一个表单区域

图 5-159　表单的"属性"面板

表 5-13　表单"属性"面板中各选项及作用

选　项	作　用
表单名称	设置表单的名称
动作	设置处理该表单的服务器脚本路径
目标	设置表单被处理后页面的打开方式,包含四个选项:_bank、_parent、_self 和_top
方法	设置将表单数据发送到服务器的方法。包含三个选项:POST、GET、默认,通常选择 POST
编码类型	设置发送数据的 MIME 编码类型,一般情况应选择 application/x-www-form-urlencoded
类	定义表单的 CSS 类样式

5.10.2　添加表单元素

使用 Dreamweaver CS5 可以创建各种表单元素,有文本域、按钮、图像域、复选框、单选按钮、选择(列表/菜单)、文件域、隐藏域及跳转菜单等。在"插入"面板的"表单"类别中列出了所有表单元素,如图 5-160 所示。

下面是一些常见表单元素的介绍。

1. 文本域

文本域是表单中常用的元素之一,它包括单行文本域(文本字段)、多行文本域(文本区域)和密码文本域 3 类,例如姓名是单行文本域,密码是密码域,个人格言是多行文本域。

将光标置于要插入文本域的位置,单击"文本字

图 5-160　"插入"面板中的表单对象

网页设计与制作教程(第 3 版)

段"按钮 ，可以插入一个文本域。在文本域的"属性"面板上，可以对文本域进行设置，例如文本域的名称、字符宽度、类型等，如图 5-161 所示；文本域的效果如图 5-162 所示。

图 5-161　文本域的"属性"面板

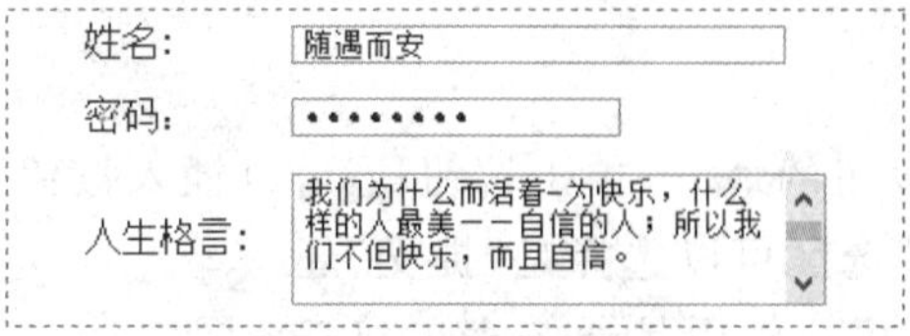

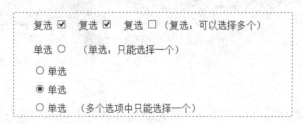

图 5-162　添加文本域

2. 选择域

将光标移到要插入选择域的位置，选择"复选框" 或"单选按钮"按钮 可以插入复选或单选按钮，如图 5-163 所示。

```
复选 ☑　复选 ☑　复选 ☐（复选：可以选择多个）

单选 ○　（单选：只能选择一个）

○ 单选
◉ 单选
○ 单选　（多个选项中只能选择一个）
```

图 5-163　添加选择域

3. 列表和下拉菜单

将光标移到要添加列表和下拉菜单的位置，单击"选择（列表/菜单）"按钮 可以插入列表或菜单。在列表/菜单的"属性"面板中可以选择和设置列表/菜单的属性，如图 5-164 所示。

图 5-164　列表/菜单的"属性"面板

单击 列表值… 按钮，弹出"列表值"对话框，输入列表或者菜单选项，如图 5-165 所示；建立的菜单和列表如图 5-166 所示。

图 5-165　"列表值"对话框

图 5-166　菜单和列表效果

4. 按钮

将光标移到要插入按钮的地方,单击按钮 可以插入按钮,如图 5-167 所示。在按钮"属性"面板中的"动作"选区可以选择是"提交"还是"重设"功能,其中"提交"的作用是通知表单将表单数据提交给处理应用程序或脚本,"重置"的作用是将所有表单域重置为其原始值;此外通过改动"值"可以改动按钮上的提示文字,如图 5-168 所示。

图 5-167　按钮效果

图 5-168　按钮的"属性"面板

5. 文件域

文件域的作用是让用户可以浏览并选择本地计算机上的某个文件,并将该文件作为表单数据上传到服务器中。将光标移到要插入文件域的地方,单击"文件域"按钮 可以插入文件域,如图 5-169 所示,选中文件域可以通过下方的"属性"进行设置。

6. 图像域

"图像域"可以在表单中插入图像以代替表单按钮,使界面更漂亮些,如图 5-170 所示;图像域的"属性"面板如图 5-171 所示,在"图像区域"可以为该按钮指定一个名称,其中"提交"和"重置"是两个保留名称,实现用图像化按钮替换"提交"和"重置"按钮。

图 5-169　文件域效果　　　　　　　　　　图 5-170　图像域效果

7. 跳转菜单

跳转菜单可以创建一个菜单或列表,并为菜单或列表上的每一选项设置一个超链接,从中任选一项,便可转到被链接的文件,效果如图 5-172 所示。

图 5-171　图像域的"属性"面板

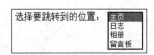

图 5-172　跳转菜单效果

5.10.3　制作表单页面的实例

使用表单制作一个用户注册的网页,具体步骤如下。

(1) 打开 Dreamweaver CS5,新建一个 HTML 文档,输入"欢迎您注册!",设置格式为"标题 1",对齐方式为"居中对齐";选择"插入"|"表单"|"表单"菜单命令插入一个表单,将光标放至表单内,插入一个 10 行 2 列的表格,表格对齐方式设为"居中对齐",边框设为"0",调整列宽,如图 5-173 所示,选中所有的第一列单元格,设置水平为"右对齐",选中所有的第二列单元格,设置水平为"左对齐"。

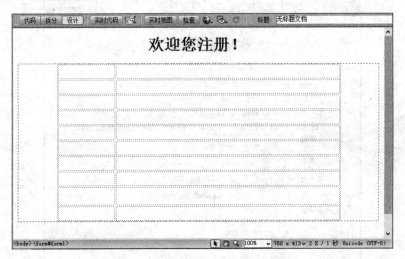

图 5-173　创建表单并插入表格

(2) 在左边一列中输入注册表单的各个项目名称,如图 5-174 所示。

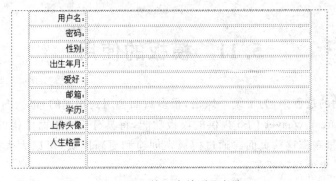

图 5-174　输入表单项目名称

（3）在右边一列插入表单的各种表单元素，如图 5-175 所示。

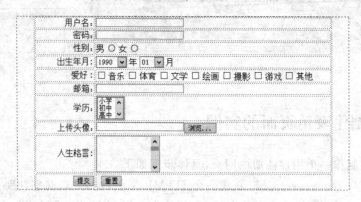

图 5-175　插入表单元素

（4）这样一个注册表单的页面就制作完成了，保存并浏览，效果如图 5-176 所示。

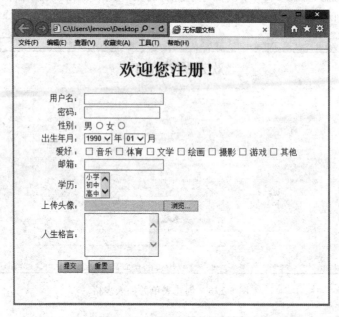

图 5-176　注册表单页面效果

5.11　模板的使用

在制作网站的过程中，为了统一风格，很多页面会用到相同的布局、图片和文字元素，这时可以通过 Dreamweaver CS5 提供的模板功能，将具有相同版面结构的页面制作为模板，通过模板批量制作这些页面。通过模板来创建和更新网页，可以大大提高工作效率，同时网站的维护也变得轻松了。

———————————————— 网页设计与制作教程(第 3 版)

5.11.1 模板的基本操作

1. 创建模板

模板的创建有以下 3 种方式。

1）利用"模板"面板

（1）选择"窗口"|"资源"菜单命令，打开"资源"面板，单击左下角的"模板"按钮 ，切换到模板子面板，如图 5-177 所示。

（2）单击模板子面板右上角的"扩展"按钮，在弹出的菜单中选择"新建模板"（或者单击右下角的 "新建模板"按钮 ），这时在模板列表区会出现一个未命名的模板文件，给模板命名，如图 5-178 所示。

图 5-177　打开模板子面板

图 5-178　新建模板

（3）然后单击右下角的"编辑"按钮 ，打开模板进行编辑，编辑完成后，保存模板，完成模板的建立。

2）将普通网页另存为模板

（1）打开一个已经制作完成的网页，删除网页中不需要的部分，保留网页共同需要的区域。

（2）选择"文件"|"另存模板"菜单命令，弹出"另存模板"对话框，如图 5-179 所示。对话框中的"站点"下拉列表框用来设置模板保存的站点位置；在"现存的模板"选框中显示了当前站点的所有模板；"另存为"文本框用来给模板命名（后缀默认为 .dwt）。设置完成后，单击"保存"按钮，即把当前的网页转换成了模板，同时将模板另存到了选择的站点中。

图 5-179　"另存模板"对话框

3）通过菜单创建模板

选择"文件"|"新建"菜单命令，弹出"新建文档"对话框，然后在左侧的列表框中选择"空模板"，在中侧的列表框中选择"HTML 模板"，在右侧的列表框中选取相关的模板类

型,单击"创建"按钮即可创建一个模板页,如图 5-180 所示。

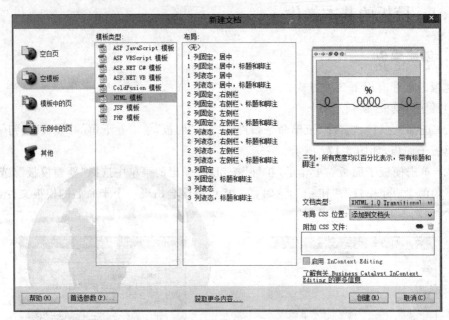

图 5-180 "新建文档"对话框

2. 创建可编辑区域

在模板中有两种类型的区域:可编辑区域和不可编辑区域。可编辑区域能改变以模板为基础创建的文档的内容,在默认情况下,模板为不可编辑区域,即其中的内容均标记为不可编辑。可以在创建模板的同时,创建可编辑区域,在可编辑区域中的内容均标记为可编辑的。创建可编辑区域的具体操作步骤如下。

(1)在文档窗口中,选中需要设置为可编辑区域的部分,单击鼠标右键,在弹出的菜单中选择"模板"|"新建可编辑区域"命令,打开"新建可编辑区域"对话框,如图 5-181 所示。

图 5-181 选择"可编辑区域"

(2)在"新建可编辑区域"对话框中给该区域命名,然后单击"确定"按钮,这样模板文件就创建好了。如果希望删除可编辑区域,可以将光标置于要删除的可编辑区域内,选择"修改"|"模板"|"删除模板标记"菜单命令,光标所在区域的可编辑区即被删除。

5.11.2 模板的应用实例

应用模板可以批量做出同一风格的页面,下面介绍如何基于模板建立网页。

(1)打开一个页面 1.html,如图 5-182 所示;选择"文件"|"另存为模板"菜单命令,弹

图 5-182　1.html 的效果

出"另存模板"对话框,在"站点"文本框中选择模板存放的网站 yxh,在"另存为"文本框中给模板命名为 mb,然后单击"保存"按钮,如图 5-183 所示。

(2)弹出"要更改链接吗?"的提示,选择"是",此时,在站点内自动生成一个名为 Templates 的文件夹,名称为 mb.dwt 的模板文件被保存在该文件夹中;选中需要设置为可编辑区域的部分(即可更换内容的区域),单击鼠标右键,在弹出的菜单中选择"模板"|"新建可编辑区域"命令,弹出"新建可编辑区域"对

图 5-183　"另存模板"对话框

话框,在该对话框中给该区域命名,然后单击"确定"按钮,如图 5-184 所示设置了一处可编辑区域;根据需要依上述方法可设定多处可编辑区域,设置完毕保存即可完成模板的制作。

(3)新建一个空白网页 2.html,选择"窗口"|"资源"菜单命令,打开"资源"面板;单击"资源"面板的"模板"按钮,在"资源"面板中可以看见 mb.dwt 文件,选中 mb.dwt,按住鼠标左键直接拖曳到 2.html 的文档窗口中,在可编辑区域中输入新的网页内容并保存即

图 5-184　设置可编辑区域

可快速制作出一个如图 5-185 所示的页面。比较 1.html(图 5-182)和 2.html(图 5-185)，
看看有哪些相同，哪些不同。

图 5-185　2.html 的效果

5.12 行为的应用

Dreamweaver CS5 提供了丰富的行为,这些行为可以为网页对象添加一些动态效果和简单的交互功能,让网页初学者不需要书写任何代码也可以方便快捷地设计出通过编写 JavaScript 语言才能实现的动态功能。

在 Dreamweaver 中,行为是事件与动作的组合,一般的行为都是由事件来激活动作的。动作是由预先写好的能够执行某种任务的 JavaScript 代码组成,例如交换图像、弹出提示信息等;而事件一般与浏览器前的用户的操作相关,例如单击鼠标、页面加载完毕等。例如,当鼠标移动到网页的图片上方时,图片高亮显示,此时的鼠标移动称为事件,图片的变化称为动作。

5.12.1 行为的基本操作

使用行为的主要途径是"行为"面板。使用"行为"面板的操作步骤如下。

(1)选择"窗口"|"行为"菜单命令或按 Shift＋F4 组合键,打开"行为"面板,如图 5-186 所示。

(2)单击"行为"面板中的▣(添加行为)按钮,则可在弹出的菜单中选择所需要的动作。

(3)选中"行为"面板中某一事件,单击━(删除事件)按钮便可从事件列表中删除所选择的事件,如图 5-187 所示。

图 5-186 "行为"面板

图 5-187 删除事件

(4)在"事件"列表中,通过▲(增加事件值)按钮和▼(降低事件值)按钮可以改变选定事件的顺序。

5.12.2 常见的行为事件和行为动作

1. 常见的行为事件

事件是触发动作的用户操作,是动作发生的条件,一般由浏览器所定。打开

Dreamweaver CS5,选择"窗口"|"行为"菜单命令,打开"行为"面板,然后单击"显示所有事件"按钮■可在行为列表中列出所有事件,如图 5-188 所示。常见的事件名称及含义如表 5-14 所示。

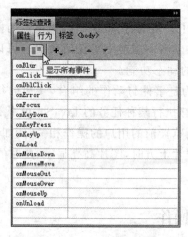

图 5-188　显示所有事件

表 5-14　常用的事件名称及含义

事 件 名 称	事 件 含 义
OnBlur	当指定的元素停止从用户的交互动作上获得焦点时,触发该事件。例如,当用户在交互文本框中单击后,再在文本框之外单击,浏览器会针对该文本框产生一个"OnBlur"事件
OnClick	单击使用行为的元素,则会触发该事件
OnDblClick	在页面中双击使用行为的元素,就会触发该事件
OnError	当浏览器下载页面或图像发生错误时,触发该事件
OnFocus	指定元素通过用户的交互动作获得焦点时触发该事件。例如,在一个文本框中单击时,该文本框就会产生一个"OnFocus"事件
OnKeyDown	按下一个键后且尚未释放该键时,就会触发该事件。该事件常与"OnKeyPress"与"OnKeyUp"事件组合使用
OnKeyPress	事件会在键盘按键被按下并释放一个键时发生
OnKeyUp	按下一个键后又释放该键时,就会触发该事件
OnLoad	当网页或图像完全下载到用户浏览器后,就会触发该事件
OnMouseDown	单击网页中建立行为的元素且尚未释放鼠标之前,就会触发该事件
OnMouseMove	当鼠标在使用行为的元素上移动时,就会触发该事件
OnMouseOut	当鼠标从使用行为的元素上移出后,就会触发该事件
OnMouseOver	当鼠标指向一个使用行为的元素时,就会触发该事件
OnMouseUp	在使用行为的元素上按下鼠标并释放后,就会触发该事件
onUnload	离开当前网页时(关闭浏览器或跳转到其他网页),就会触发该事件

2. 常见的行为动作

行为其实就是标准的 JavaScript 程序，在 Dreamweaver CS5 中提供了很多行为动作，每个动作可以完成特定的任务。在"行为"面板中单击"添加行为"按钮 ➕，即可弹出"行为"下拉菜单，如图 5-189 所示。常见的动作命令及含义如表 5-15 所示。

图 5-189 "行为"下拉菜单

表 5-15 常用的动作命令及含义

动 作 命 令	命 令 含 义
交换图像	创建图像变换效果。可以是一对一的变换，也可以是一对多的变换
恢复交换图像	将设置的变换图像还原成变换前的图像
弹出信息	在浏览器中弹出一个新的信息框
打开浏览器窗口	在新浏览器中载入一个 URL。用户可以为这个窗口指定一些具体的属性，也可以不加以指定
拖动 AP 元素	可让访问者拖动绝对定位的"AP"元素。使用此行为可创建拼板游戏、滑块控件和其他可移动的界面元素
改变属性	改变页面元素的各项属性
效果	可改变对象的各种显示效果，包括增大/收缩、挤压、显示/渐隐、晃动、遮帘、高亮颜色
显示-隐藏元素	可显示、隐藏或恢复一个或多个页面元素的默认可见性。此行为用于在用户与网页进行交互时显示信息
检查插件	可根据访问者是否安装了指定的插件这一情况将它们转到不同的页面
检查表单	可检查指定文本框的内容以确保用户输入的数据类型正确

动 作 命 令	命 令 含 义
设置导航栏图像	可将某个图像变为导航栏图像,还可以更改导航条中图像的显示和动作
设置文本	使指定文本替代当前的内容。设置文本动作包括设置层文本、设置框架文本、设置文本域文本、设置状态栏文本
调用 JavaScript	在事件发生时执行自定义的函数或 JavaScript 代码行
跳转菜单	跳转菜单是文档内的弹出菜单,对站点访问者可见,并列出链接到文档或文件的选项
跳转菜单开始	"跳转菜单开始"行为与"跳转菜单"行为密切关联;"跳转菜单开始"允许用户将一个"转到"按钮和一个跳转菜单关联起来,在使用此行为之前,文档中必须已存在一个跳转菜单
转到 URL	可在当前窗口或指定的框架中打开一个新的页面。此行为适用于通过一次单击更改两个或多个框架的内容
预先载入图像	可以缩短显示时间,其方法是对在页面打开之初不会立即显示的图像(例如那些将通过行为或 JavaScript 载入的图像)进行缓存

5.12.3 行为的应用实例

行为是某个事件和由该事件触发的动作的结合体。行为的创建操作一般是先在"行为"面板中指定一个动作,然后指定触发该动作的事件,以此将行为添加到页面中。下面通过"创建弹出信息"的实例来介绍 Dreamweaver 中常用行为的添加方法。

(1) 运行 Dreamweaver CS5,打开一个页面,如图 5-190 所示。

图 5-190 打开一个页面

(2) 单击文档左下角的"＜body＞"标记,从而选中整个文档内容,如图 5-191 所示。

(3) 选择"窗口"|"行为"菜单命令,打开"行为"面板,单击"添加行为"按钮 ，如图 5-192 所示。

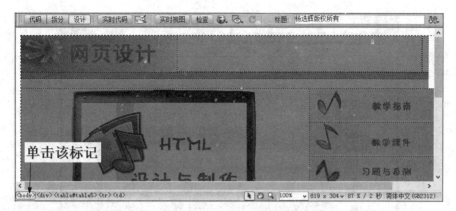

图 5-191　选中整个文档

（4）在弹出的下拉菜单中选择"弹出信息"选项，打开"弹出信息"对话框，在"消息"框中输入想要显示的信息，如图 5-193 所示。

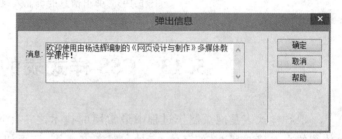

图 5-192　"行为"面板　　　　　　　　　　图 5-193　"弹出信息"对话框

（5）单击"确定"按钮返回"行为"面板，并单击事件名称右侧的下拉箭头，在打开的下拉列表中选择"onLoad"事件，如图 5-194 所示。

（6）如果对设置的行为命令进行修改，可用鼠标右键单击已经添加的行为，在弹出的快捷菜单中选择"编辑行为"选项，如图 5-195 所示。

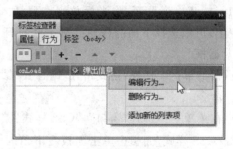

图 5-194　设置事件　　　　　　　　　　图 5-195　编辑修改行为快捷菜单

（7）保存文档，按 F12 键在浏览器中预览，当页面加载完成后，即会弹出一个信息提示框，如图 5-196 所示。

图 5-196　弹出信息的页面效果

5.13　CSS 样式表的应用

　　CSS 样式表是网页制作过程中最常用的技术之一。通过 CSS 不仅可以控制大多数传统的文本格式属性,如字体、字号和对齐方式等;还可以定义一些特殊的效果,如定位、鼠标特效、滤镜效果等。

5.13.1　CSS 的基本操作

1. 新建 CSS 样式

　　(1) 打开一个页面,将光标放置在要插入 CSS 规则的位置上,可以选择下面的任意一种方法打开"新建 CSS 规则"对话框。

- 在菜单栏中选择"格式"|"CSS 样式"|"新建"菜单命令。

- 在菜单栏中选择"窗口"|"CSS 样式"菜单命令,在"CSS 样式"面板中单击面板右下角的 按钮(新建 CSS 规则),如图 5-197 所示。

- 在 CSS"属性"面板中,在"目标规则"下拉框中选择"＜新 CSS 规则＞"项,单击"编辑规则"按钮,如图 5-198 所示。

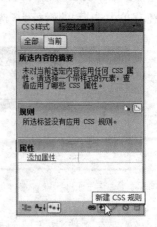

图 5-197　在"CSS 样式"面板中
　　　　　创建 CSS 规则

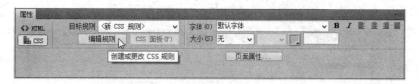

图 5-198　在 CSS "属性" 面板中创建 CSS 规则

（2）在"新建 CSS 规则"对话框中，设置要创建的 CSS 规则的选择器类型，如图 5-199 所示。

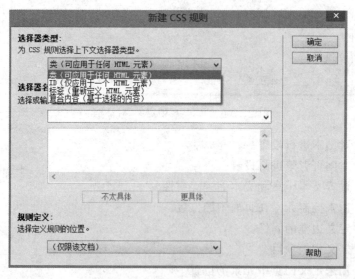

图 5-199　"新建 CSS 规则"对话框

- "类（可应用于任何 HTML 元素）"：可以创建一个用 class 属性声明的应用于任何 HTML 元素的类选择器；然后在"选择器名称"文本框中输入类名称，类名称必须以句点（.）开头，能够包含任何字母和数字（如：.blue）。
- "ID（仅应用于一个 HTML 元素）"：可以创建一个用 ID 属性声明的仅应用于一个 HTML 元素的 ID 选择器；然后在"选择器名称"文本框中输入 ID 号，ID 必须以井号（#）开头，能够包含任何字母和数字（如：#one）。
- "标签（重新定义 HTML 元素）"：可以重新定义特定 HTML 标签的默认格式；然后在"选择器名称"文本框中输入 HTML 标签或从弹出菜单中选择一个标签。
- "复合内容（基于选择的内容）"：可以定义同时影响两个或多个标签、类或 ID 的复合规则。例如，如果输入 div p，则<div>标签内的所有<p>元素都将受此规则影响。

（3）选择要定义规则的位置，在"规则定义"中选择"仅限该文档"项，可以在当前文档中嵌入样式；在"规则定义"中选择"新建样式表文件"项，可以创建外部样式表。

（4）单击"确定"按钮，弹出一个 CSS 规则定义对话框，在该对话框中可以对 CSS 属性进行设置，如图 5-200 所示。CSS 样式的属性分为 8 种类型，包括类型、背景、区块、方框、边框、列表、定位和扩展，它们的含义如下。

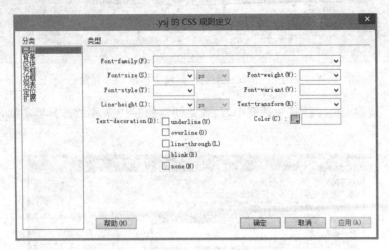

图 5-200 "CSS 规则定义"对话框

- 类型：对文本进行设置。
- 背景：对网页背景进行设置。
- 区块：设置文本距离和文本缩进等属性。
- 方框：用来控制元素在页面中的位置。
- 边框：定义边框的属性。
- 列表：定义列表项目。
- 定位：用来定义网页中元素的位置。
- 扩展：用来改变鼠标形状以及通过定义扩展选项中的滤镜菜单，制作出各式各样的网页特效。

（5）根据个人需要，设置好 CSS 样式对话框中的各种参数后，单击"确定"按钮，完成样式表的创建。

2. 编辑 CSS 样式

在"CSS 样式"面板中选择需要编辑的 CSS 样式，右击样式，并在弹出的快捷菜单中选择"编辑"命令，即可打开 CSS 规则定义对话框，在该对话框中便可对所定义的 CSS 样式进行修改。

3. 应用 CSS 样式

1）应用 CSS 自定义样式

选中网页中需要应用 CSS 自定义样式的元素，单击鼠标右键，在弹出的快捷菜单中选择"CSS 样式"，在其子菜单中选择定义好的自定义样式名称即可。

2）链接外部现有的 CSS 样式文件

单击"CSS 样式"面板右下角的"附加样式表"按钮，弹出"链接外部样式表"对话框，如图 5-201 所示，在"文件/URL"文本框中设置外部样式表文件的路径，"添加为"选择

"链接"(这是 IE 和 Netscape 两种浏览器都支持的导入方式,"导入"只有 Netscape 浏览器支持),设置完毕后单击"确定"按钮,外部的 CSS 文件即被导入到当前页面中。

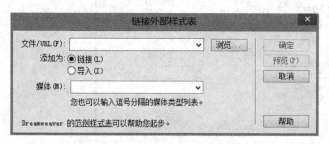

图 5-201 "链接外部样式表"对话框

4. 删除 CSS 样式

在"CSS 样式"面板中,选择需要删除的样式,按 Delete 键删除;或者右击需要删除的样式,在弹出的快捷菜单中选择"删除"命令。

5.13.2 CSS 的应用实例

导航条是设计网页时必须要掌握的方法,经典的方法是使用"列表+CSS"的方法创建。下面介绍如何使用 CSS 创建出好看的导航条。

(1) 打开 Dreamweaver CS5,新建一个空白文档,输入导航条的项目,创建好超链接,选中所有项目单击鼠标右键,在弹出的菜单中选择"列表"|"项目列表"选项,得到如图 5-202 所示的列表。

(2) 将视图模式切换到"拆分"模式,并在 ul 标签中输入 id 为 nav,如图 5-203 所示。

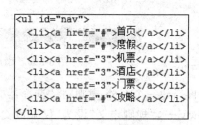

图 5-202 项目列表　　　　　　　　图 5-203 为 ul 标签增加 id

(3) 在"CSS 样式"面板中单击面板右下角的"新建 CSS 规则"按钮,在弹出的对话框中将"选择器类型"设为"复合内容","选择器名称"设为"♯nav li","规则定义"设为"仅限该文档",如图 5-204 所示。

(4) 单击"确定"按钮,弹出"♯nav li 的 CSS 规则定义"对话框,在左边"分类"列表中选择"方框",在右边设置 float:left(让列表变为横向排列);在左边"分类"列表中选择"列表",在右边设置 list-style-type:none(去除列表前面的符号);设置后的效果如图 5-205 所示。

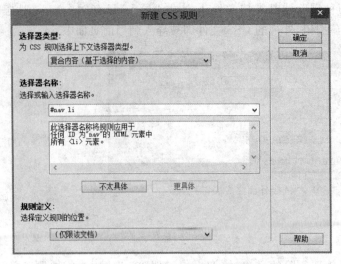

图 5-204 "新建 CSS 规则"对话框

首页度假机票酒店门票攻略

图 5-205 让列表横向排列

（5）再新建一个 CSS 规则，将"选择器类型"设为"复合内容"，"选择器名称"设为"♯nav li a"，"规则定义"设为"仅限该文档"，在弹出的 CSS 规则定义对话框中进行如下设置：在左边"分类"列表中选择"类型"，在右边设置 color：♯000（将字体颜色设为黑色），text-decoration：none（去除超链接的下划线效果）；在左边"分类"列表中选择"背景"，在右边设置 background-color：♯CCC（将文本背景设为灰色）；在左边"分类"列表中选择"区块"，在右边设置 text-align：center（将菜单文字居中），display：block（将链接以块级元素显示）；在左边"分类"列表中选择"方框"，在右边设置 width：97px（调整菜单元素的宽度），height：22px（设置背景的高度），padding-top：4px（设置菜单与上边框的距离），margin-left：2px（使每个菜单之间空 2px 距离）；设置后的效果如图 5-206 所示。

首页　度假　机票　酒店　门票　攻略

图 5-206 添加 CSS 后的效果

（6）再新建一个 CSS 规则，将"选择器类型"设为"复合内容"，"选择器名称"设为"♯nav li a:hover"，"规则定义"设为"仅限该文档"，在弹出的 CSS 规则定义对话框中进行如下设置：在左边"分类"列表中选择"类型"，在右边设置 color：♯FFF（将字体颜色设为白色）；在左边"分类"列表中选择"背景"，在右边设置 background-color：♯999（将文本背景设为深灰色）。运用这个 CSS 样式的作用是：当鼠标放在栏目区域时，字体和背景会变色。

（7）保存并浏览文件，最终的导航条效果如图 5-207 所示。

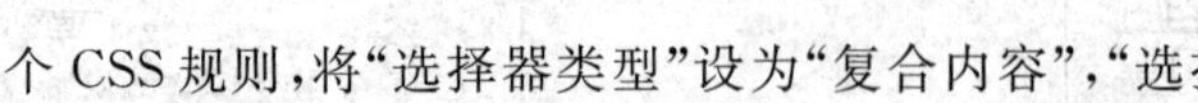

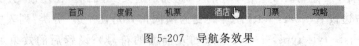

图 5-207 导航条效果

5.14 AP Div 的应用

所谓 AP Div 是指存放文本、图像、表单和插件等网页内容的容器,可以想象成是一张一张叠加起来的透明胶片,每张透明胶片上都有不同的画面,它用来控制浏览器窗口中网页内容的位置和层次。

AP Div 的出现使网页从二维平面拓展到三维立体,由于一个页面中可以拥有多个层,而不同的层之间可以相互重叠,并能通过设置透明度来决定每个层是否可见,所以 AP Div 可用来实现许多特效;此外,通过 AP Div 的嵌套还可以实现复杂的布局。

5.14.1 AP Div 的基本操作

1. 创建 AP Div

打开一个页面,选择"插入"|"布局对象"|"AP Div"菜单命令,即可插入一个 AP Div,如图 5-208 所示;将鼠标光标放置于当前的 AP Div 中,再选择"插入"|"布局对象"|"AP Div"菜单命令一次,可以完成创建嵌套 AP Div 的操作。

选中 AP Div,通过黑色调整柄来控制 AP Div 的大小;如果想移动 AP Div,可以将鼠标靠近 AP Div 的缩放手柄,当鼠标指针变成十字箭头形状时按住鼠标左键,就可以拖动 AP Div 了。

2. 设置 AP Div 的属性

插入 AP Div 后,可以通过"AP 元素"面板和属性面板中修改 AP Div 的相关属性。

选择"窗口"|"AP Div 元素"菜单命令可以打开"AP Div 元素"面板,如图 5-209 所示,单击"眼睛"按钮 ,可以显示或隐藏 AP Div。选中一个 AP Div,在 AP Div 的"属性"面板中随即显示出它的各项属性,如图 5-210 所示。

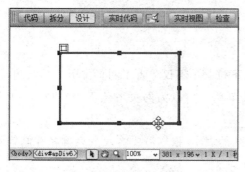

图 5-208 插入"AP Div"   图 5-209 "AP 元素"面板

AP Div 的"属性"面板主要参数的含义如下。

• CSS-P 元素:指定一个名称来标识选中的 AP Div。

图 5-210　AP Div 的"属性"面板

- 左、上：指定 AP Div 相对于页面或父 AP Div 左上角的位置。
- 宽、高：指定 AP Div 的宽度和高度。如果 AP Div 的内容超过指定的大小，这些值将会被覆盖。
- Z 轴：设置 AP Div 的层次属性。在浏览器中，编号较大的 AP Div 出现在编号较小的 AP Div 的上面，编号可正可负。
- 可见性：设置 AP Div 的初始显示状态。它有以下 4 个选项。
  - default：不指明 AP Div 的可见性。
  - inherit：继承父 AP Div 的可见性。
  - visible：显示 AP Div 的内容，无论其父 AP Div 是否可见。
  - hidden：隐藏 AP Div 的内容，无论其父 AP Div 是否可见。
- 背景图像：设置 AP Div 的背景图像。
- 背景颜色：设置 AP Div 的背景颜色。
- 溢出：指定 AP Div 的内容超过其大小时的处理方式，它有以下 4 个选项。
  - visible：增加 AP Div 的大小，以便 AP Div 的所有内容都可见。
  - hidden：保持 AP Div 的大小，并剪裁掉与 AP Div 大小不符的任何内容，不显示滚动条。
  - scroll：不管 AP Div 的内容是否超出，都显示滚动条。
  - auto：当 AP Div 的内容超出时自动显示滚动条。
- 剪辑：设置 AP Div 的可视区域。
- 类：在类的下拉列表中，可以选择已经设置好的 CSS 样式或新建 CSS 样式。

5.14.2　AP Div 的应用实例

下拉菜单是网上最常见的效果之一，下拉菜单不仅节省了网页排版上的空间，使网页布局简洁有序，而且一个新颖美观的下拉菜单还可以为网页增色不少。利用 AP Div 制作下拉菜单的具体操作步骤如下。

(1) 打开一个网页，插入一个 1 行 5 列的表格，根据需要输入主菜单名并修饰建立好一个导航条，如图 5-211 所示。

(2) 为第一个主菜单"新闻资讯"建立一个下拉菜单。选择"插入"|"布局对象"|"AP Div"菜单命令，插入 apDiv1，在"属性"面板中设置 apDiv1 的相关参数，使它的上边线紧贴导航条的下边线，如图 5-212 所示。如果远离导航条的话，鼠标一离开导航条，菜单就会

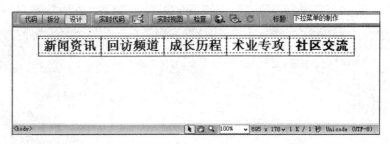

图 5-211　建立一个导航条

消失,导致下拉菜单不能正常使用,因此这一点非常关键。

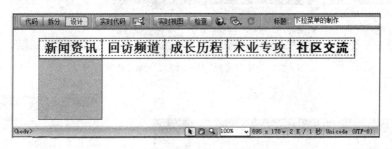

图 5-212　插入层

(3) 在 apDiv1 中插入一个 3 行 1 列的表格,调整表格属性,并在单元格中分别输入子菜单名,如图 5-213 所示。

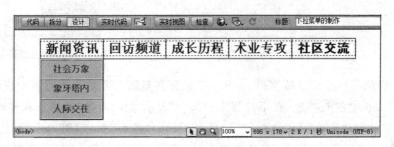

图 5-213　建立子菜单

(4) 按住 Ctrl 键不放单击导航条中的第一个单元格,然后选择"窗口"|"行为"菜单命令,打开"行为"面板,在"行为"面板中单击 ➕ 按钮,在下拉列表中选中"显示-隐藏元素"选项,如图 5-214 所示。

(5) 在弹出的"显示-隐藏元素"对话框中,在"元素"后的文本框中会列出当前网页所有的 AP Div,选中"div'apDiv1'"。因为想要 apDiv1 对"新闻资讯"有响应,所以单击下面的"显示"按钮,再单击"确定"按钮,如图 5-215 所示。

(6) 回到"行为"窗口,窗口中出现如图 5-216 所示的字样,单击行为下的文字"onFocus",会出现一个向下的小箭头,单击它,在下拉列表中选中 onMouseOver 选项。这一步的作用是实现当鼠标移至第一个单元格时,下拉菜单 apDiv1 的状态变为显示。

图 5-214　选择"显示-隐藏元素"选项

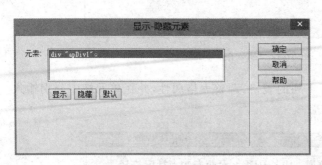

图 5-215　"显示-隐藏元素"对话框

图 5-216　选中 onMouseOver 选项

（7）下面的操作是让下拉菜单 apDiv1 在鼠标移至第二个单元格时再变成隐藏状态。单击"行为"面板中的 ➕ 按钮，在下拉列表中选中"显示-隐藏元素"选项。在弹出的"显示-隐藏元素"对话框中选中"div'apDiv1'"，单击下面的"隐藏"按钮，再单击"确定"按钮，如图 5-217 所示；再回到的"行为"窗口中单击行为下的文字"onFocus"，在下拉列表中选中onMouseOut 选项，如图 5-218 所示。

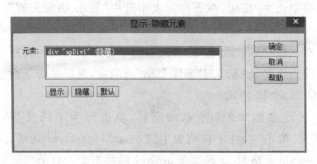

图 5-217　"显示-隐藏元素"选项

图 5-218　选中 onMouseOut 选项

（8）选择"窗口"|"AP 元素"菜单命令，打开"AP 元素"面板，在"AP 元素"面板中选中 apDiv1，用为导航条中第一个单元格设置的方法在"行为"窗口中为 apDiv1 再添加显示和隐藏自己的命令。这样做的效果是当鼠标移出 apDiv1 时，apDiv1 会自动隐藏。添加命令后 apDiv1 的状态如图 5-219 所示。

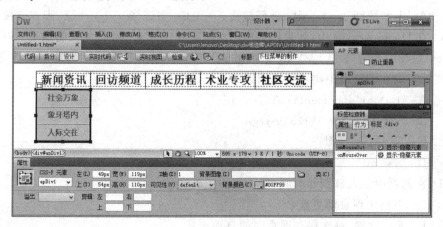

图 5-219　为 apDiv1 添加显示和隐藏后的状态

（9）为下拉菜单中各项子菜单建立好超链接；再在"AP 元素"面板中单击 apDiv1 的前面一格，出现闭着眼睛的图标，如图 5-220 所示。操作这一步的目的是让下拉菜单的初始状态是不可见的。

（10）第一个主菜单的下拉菜单制作完毕，按 F12 键在浏览器中预览，效果如图 5-221 所示。同理可以为导航条的其他主菜单建立下拉菜单。

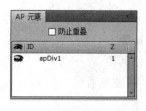

图 5-220　设置层 layer1 不可见

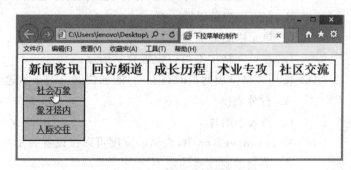

图 5-221　下拉菜单效果

思考与练习

1. 单项选择题

（1）如果网页既设置了背景图像又设置了背景色，那么将会（　　）。

    A．以背景图像为主　　　　　　　　B．以背景色为主

    C．产生一种混合效果　　　　　　　　D．产生冲突，不能同时设置

（2）在 Dreamweaver 中，想要使用户在单击超链接时弹出一个新的网页窗口，需要在超链接中定义目标的属性为（　　　）。

    A. _parent   B. _bank   C. _top   D. _self

（3）在"属性"面板的"链接"里直接输入"#"，就可以制作一个（　　　）。

    A. 内部链接   B. 外部链接   C. 空链接   D. 脚本链接

（4）在 Dreamweaver 中，如果网页中的某幅图片（ysj. gif）和该网页的地址从"C:\my document\123\"变为"D:\123\my document\123\"，在不改变该网页地址的设置情况下，仍然能正确在浏览器中浏览到该图像的地址设置是（　　　）。

    A. "C:\my document\123\ysj. gif"

    B. "\my document\123\ysj. gif"

    C. "\123\ysj. gif"

    D. "ysj. gif"

（5）在网页中插入日期和时间，以下说法正确的是（　　　）。

    A. 不能实现自动更新

    B. 通过设置，每次保存网页时能自动更新

    C. 默认设置可实现自动更新

    D. 有时能实现，有时不能实现自动更新

（6）在 Dreamweaver 中不可以通过（　　　）进行网页结构布局排版。

    A. 表格   B. AP 元素   C. 框架   D. 表单

（7）在 Dreamweaver 的操作使用中，下面说法正确的是（　　　）。

    A. 网页上任意两个单元格可以相互合并

    B. 在表格中可以插入行

    C. 单元格的边框宽度不可为 0

    D. 在单元格中不可以设置背景图片

（8）使用表格排版网页时，（　　　）能加快网页的显示速度。

    A. 拆分表格   B. 缩短表格长度

    C. 插入小图片   D. 减少单元格间距

（9）在 Dreamweaver 中，表格的宽度可以被设置为 100%。这意味着（　　　）。

    A. 表格的宽度是固定不变的

    B. 表格的宽度会随着浏览器窗口大小的变化而自动调整

    C. 表格的高度是固定不变的

    D. 表格的高度会随着浏览器窗口大小的变化而自动调整

（10）在表格中不可以插入的内容是（　　　）。

    A. 文字   B. 图片   C. 表格   D. 网页

（11）在表格属性设置中，间距指的是（　　　）。

    A. 单元格内文字距离单元格内部边框的距离

    B. 单元格内图像距离单元格内部边框的距离

    C. 单元格内文字距离单元格左部边框的距离

D. 单元格与单元格之间的宽度

(12) 下列说法中错误的是( )。

   A. 每个框架都有自己独立的网页文件

   B. 每个框架的内容不随另外框架内容的改变而改变

   C. 表格对窗口区域进行划分

   D. 表格单元中不仅可以输入文字,也可以插入图片

2. 问答题

(1) 什么叫所见即所得的网页制作工具?

(2) 简述图像映射和热点的含义。

(3) 什么是行为、动作和事件?

(4) 使用模板和库建设网站有什么好处?

3. 实践题

(1) 使用表格制作一个学生课程表的页面,效果如图 5-222 所示。

信息管理与信息系统 111 班班级课表							
2013~2014学年第2学期							
	星期一	星期二	星期三	星期四	星期五	星期六	星期日
第1 2 节	信息存储与检索 孙一 信工楼 E625 (1~16 周) 1~2 节				ERP 管理 孔六 机电楼 D303 (1~16 周) 1~2 节		
第3 4 节		财务管理 王三 信工楼 E624 (1~16 周) 3~4 节	Java语言程序设计 李四 机电楼 D202 (1~16 周) 3~4 节	供应链管理 赵五 信工楼 E625 (1~16 周) 3~4 节			
第5 6 节	信息系统分析与设计 杨二 信工楼 E625 (1~16 周) 5~7 节		财务管理 王三 信工楼 E624 (1~16 周) 5~6 节				
第7 8 节	信息系统分析与设计 杨二 信工楼 E625 (1~16 周) 5~7 节						
第9 10 11 节							

图 5-222　课表效果图

(2) 打开 QQ 空间的注册页面(http://qzs.qq.com/qzone/v6/reg/index.html),如图 5-223 所示,参照该页面制作一个注册表单。

(3) 参照图 5-224 制作一个手机展示的页面,主页面显示手机的缩略图,单击缩略图后会打开一个新页面,具体介绍所选的手机。

(4) 描述制作如图 5-225 所示的布局表格的步骤。

(5) 当网页 index.html 在浏览器中浏览时,会自动弹出一个信息框,显示"欢迎访问我的网站!",叙述其操作步骤。

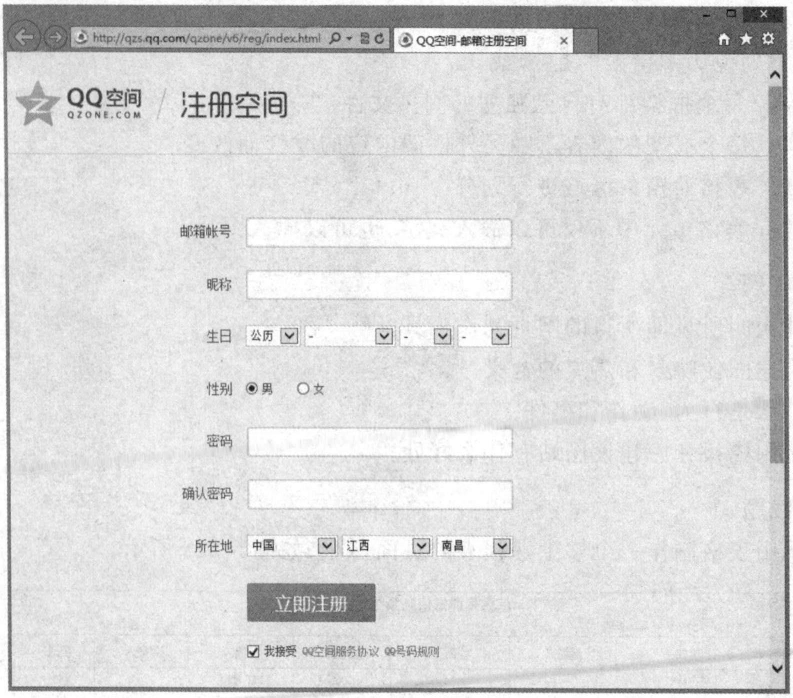

图 5-223　注册页面效果图

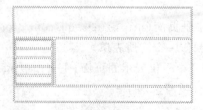

图 5-224　手机展示页面效果图

图 5-225　布局表格效果图

第 2 篇　提　高　篇

第 6 章　CSS＋Div 网页布局

6.1　盒　子　模　型

在 CSS＋Div 的网页布局中,CSS 假定所有的 HTML 文档元素都生成了一个描述该元素在 HTML 文档布局中所占空间的矩形元素框,可以形象地将其看作一个盒子。CSS 围绕这些盒子产生了一种"盒子模型"概念,利用这些"盒子"可以精确地排版和布局。

6.1.1　盒子模型的属性及设置

HTML 文档中的每一个盒子除了内容(content)外都由以下属性组成:填充(padding)、边框(border)和边界(margin),每个属性又都包括上、下、左、右四个方向可以设置,如图 6-1 所示,通过对这些属性的控制可以丰富盒子的实际表现效果。下面对盒子模型的四个组成部分及各自具备的属性进行简要的介绍。

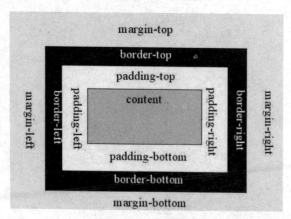

图 6-1　盒子模型

1. 内容

内容是盒子模型的中心,它呈现了盒子的主要信息内容,这些内容可以是文本、图片等多种类型。内容有三个属性：width、height 和 overflow。使用 width 和 height 属性可以指定盒子内容区的高度和宽度。当内容信息太多,超出内容区所占范围时,可以使用 overflow 溢出属性来指定处理方法。当 overflow 属性值为 hidden 时,溢出部分将不可见;为 visible 时,溢出的内容信息可见,只是被呈现在盒子的外部;当为 scroll 时,滚动条将被自动添加到盒子中,用户可以滚动显示内容信息;当为 auto 时,将由浏览器决定如何处理溢出部分。

2. 填充

填充是内容和边框之间的空间,可以被看作内容的背景区域。填充的属性有五种,即 padding-top、padding-bottom、padding-left、padding-right 以及综合了以上四种方向的快捷填充属性 padding,此属性的值不能为负值。使用这五种属性可以指定内容区的内容与各方向边框间的距离。

设置盒子的 padding 属性的语法结构有:
- Padding：上边距 右边距 下边距 左边距(上下左右的边距都不相同);
- Padding：上下边距 左右边距(上下边距值相同,左右边距的值也相同);
- Padding：上边距 左右边距 下边距(只有左右边距的值相同);
- Padding：边距值(上下左右四个方向的边距值均相同)。

当四个边距值各不相同时,也可以对四个方向上的 padding 值单独设置,语法结构为:
- Padding-left：左边距;
- Padding-right：右边距;
- Padding-top：上边距;
- Padding-bottom：下边距。

另外通过对盒子背景色属性的设置可以使填充部分呈现相应的颜色。当对盒子设置了背景颜色或背景图像后,那么背景会覆盖 padding 和内容组成的范围,并且默认情况下背景图像是以 padding 的左上角为基准点在盒子中平铺的。

3. 边框

边框是环绕内容和填充的边界。边框的属性有 border-style、border-width 和 border-color 以及综合了以上三类属性的快捷边框属性 border,其中 border-style 是边框最重要的属性,它的属性值如表 6-1 所示。如果没有指定边框样式,其他的边框属性都会被忽略,边框将不存在。在设定以上三类边框属性时,既可以进行边框四个方向整体的快捷设置,也可以进行四个方向的专向设置,如 border-top-style：solid、border-bottom-width：10px、border-left-color：red 等。

对盒子的各个边框设置的语法结构为:

```
Border: border-width border-style border-color;
```

例如：border：1px solid red;表示将四个方向的边框设置为宽度为 1px、实线、红色的样式。也可以单独设置边框的宽度、颜色和样式，如：Border-width:2px；表示将四个方向的边框宽度设置为 2px。也可以单独设置某一方向上的边框属性，如：Border-bottom:1px double ♯FFFFFF；表示将下边框设置为宽度为 1px、双线、白色的样式。

表 6-1　border-style 属性值

值	描　　述
none	定义无边框
hidden	与"none"相同。不过应用于表时除外，对于表，hidden 用于解决边框冲突
dotted	定义点状边框。在大多数浏览器中呈现为实线
dashed	定义虚线。在大多数浏览器中呈现为实线
solid	定义实线
double	定义双线。双线的宽度等于 border-width 的值
groove	定义 3D 凹槽边框。其效果取决于 border-color 的值
ridge	定义 3D 垄状边框。其效果取决于 border-color 的值
inset	定义 3D inset 边框。其效果取决于 border-color 的值
outset	定义 3D outset 边框。其效果取决于 border-color 的值
inherit	规定应该从父元素继承边框样式

【例 6-1】　制作有边框的表格。

（1）在记事本中输入以下 html 代码。

```
<html>
<head>
<title>制作有边框的表格</title>
<style type="text/css">
#special {
    font-family: Arial,Helvetica,sans-serif;      /*设置表格的字体*/
    text-align: center;                            /*设置文本的对齐方式为居中*/
    border: 1px solid ♯9C6;                        /*为整个表格设置边框*/
}
#special .head {
    color: #FFF;                                   /*设置表头的字体颜色为白色*/
    background-color: #9C6;                         /*设置表头背景颜色*/
    font-weight: bold;                             /*设置表头字体加粗*/
}
#special .sign {
    background-color: #eaf2d3;                      /*设置单数列的背景颜色*/
}
#special td {
    border: 1px solid ♯EAF2D3;                      /*为每一个单元格设置边框*/
```

```
    }
  </style>
  </head>
  <body>
  <table id="special" width="400" height="142" >
    <tr>
      <td class="head" >特殊符号</td>
      <td class="head" >符号码</td>
      <td class="head">特殊符号</td>
      <td class="head" >符号码</td>
    </tr>
    <tr>
      <td class="sign">&lt;</td>
      <td>&amp;lt;</td>
      <td class="sign">&quot;</td>
      <td>&amp;quot;</td>
    </tr>
    <tr>
      <td class="sign">&gt;</td>
      <td>&amp;gt;</td>
      <td class="sign">&copy;</td>
      <td>&amp;copy;</td>
    </tr>
    <tr>
      <td class="sign">&amp;</td>
      <td>&amp;amp;</td>
      <td class="sign">&reg;</td>
      <td>&amp;reg;</td>
    </tr>
  </table>
  </body>
  </html>
```

（2）保存预览，效果如图 6-2 所示。

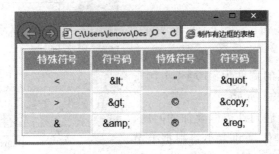

图 6-2　有边框的表格

本例不仅为整个表格加上了边框,而且为每一个单元格也加上了边框,这是传统的HTML代码无法实现的,可见使用CSS设置属性可以使网页修饰得更精致。

4. 边界

边界位于盒子的最外围,它不是一条边线,而是添加在边框外面的空间。边界使元素盒子之间不必紧凑地连接在一起,它是CSS布局的一个重要手段。边界的属性有五种,即margin-top、margin-bottom、margin-left、margin-right以及综合了以上四种方向的快捷空白边属性margin,其具体的设置和使用与填充属性类似。可以通过设置对象的左、右margin属性为auto值,实现布局对象在浏览器居中的效果。对于两个邻近的都设置了边界值的盒子,它们邻近部分的边界不是二者边界值的相加,而是二者的重叠;若二者邻近的边界值大小不等,则取二者中较大的值。同时,CSS允许给边界属性指定负数值。当指定负边界值时,整个盒子将向指定负值方向的相反方向移动,以此可以产生盒子的重叠效果。采用指定边界正负值的方法可以移动网页中的元素,这是CSS布局技术中的一个重要方法。

6.1.2 盒子模型的计算

由于盒子模型由许多属性组成,因此它的尺寸计算更为复杂。一个盒子所占据的空间由内容本身的尺寸加上众多属性之和构成,即:

$$盒子的宽度=margin\text{-}left+border\text{-}left+padding\text{-}left$$
$$+width+padding\text{-}right+border\text{-}right$$
$$+margin\text{-}right;$$
$$盒子的高度=margin\text{-}top+border\text{-}top+padding\text{-}top+height$$
$$+padding\text{-}bottom+border\text{-}bottom$$
$$+margin\text{-}bottom。$$

例如有以下CSS代码:

```
#box {
    width: 70px;
    margin: 10px;
    padding: 5px;
}
```

则该盒子所占据的宽度为:$10+5+70+5+10=100px$,如图6-3所示。

在实际操作中会遇到外边框叠加的问题,这时盒子所占据的具体尺寸大小将根据上节提到的合并的情况具体计算。

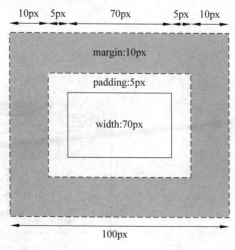

图6-3 盒子的尺寸计算

6.1.3 盒子模型的应用举例

盒子模型在网页布局中的应用十分广泛，下面通过例子说明盒子模型的简单应用。

【例 6-2】 利用 CSS+Div 制作一个新闻页面。

（1）在记事本中输入以下 HTML 代码。

```
<html>
<head>
<title>制作一个新闻页面</title>
<style type="text/css">
body {margin: 20px;                      /* 设置页面边距为 20 */
}
#container {                             /* 设置最外面的大盒子属性 */
    width: 838px;                        /* 设置盒子的宽度 */
    margin-top: 10px;                    /* 设置上外边距 */
    margin-bottom: 20px;                 /* 设置下外边距 */
    margin-left: auto;                   /* 自动调整左边距 */
    margin-right: auto;                  /* 自动调整右边距 */
    padding: 15px 30px;                  /* 设置内边距 */
    border: 1px dotted #0f9;             /* 设置边框 */
}
#title {                                 /* 设置文章标题的属性 */
    font-size: 28px;                     /* 设置字体的大小 */
    text-align: center;                  /* 设置文本对齐方式 */
    width: 838px;                        /* 设置盒子宽度 */
    height: 50px;                        /* 设置盒子高度 */
    padding-top: 10px;                   /* 设置上内边距 */
    padding-bottom: 10px;                /* 设置下内边距 */
}
#article {                               /* 设置文章正文的属性 */
    font-size: 18px;                     /* 设置字体的大小 */
    line-height: 30px;                   /* 设置行高 */
    width: 838px;                        /* 设置盒子宽度 */
    padding-top: 15px;                   /* 设置上内边距 */
    padding-bottom: 30px;                /* 设置下内边距 */
}
#articleinfo {                           /* 设置文章信息栏的属性 */
    font-size: 12px;                     /* 设置字体的大小 */
    text-align: center;                  /* 设置文本对齐方式 */
    width: 838px;                        /* 设置盒子宽度 */
    padding-top: 10px;                   /* 设置上内边距 */
    padding-bottom: 10px;                /* 设置下内边距 */
    height: 35px;                        /* 设置盒子高度 */
    margin-bottom: 0px;                  /* 设置下外边距 */
```

```
        }
        </style>
        </head>
        <body>
        <div id="container">
          <div id="title">
          <p>"玉兔"成功实施首次科学探测</p>
          </div>
          <div id="articleinfo">
            <p>2014-01-15 07:55:21    来源：城市快报(天津)</p>
          </div>
          <div id="article">
            <p>       北京时间 14 日 21 时 45 分,在北京
              航天飞行控制中心精确控制下,"玉兔号"月球车展开机械臂……</p>
          </div>
        </div>
        </body>
        </html>
```

（2）保存预览,效果如图 6-4 所示。

在本例中,每个 div 均可看作是一个盒子模型,通过对各个 div 的属性设置,使这四个 div 之间的布局效果如图 6-5 所示。

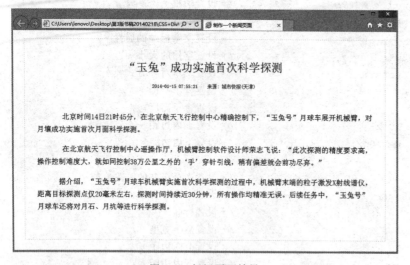

图 6-4　新闻页面效果

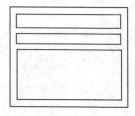

图 6-5　布局效果示意图

6.2　普通流：display 属性

6.2.1　display 的引入

在用 CSS 布局页面的时候,一般将 HTML 标签分成两种：块状元素和内联元素,它

们是在 CSS 布局页面中很重要的两个概念。

块状元素：一般是其他元素的容器，可容纳内联元素和其他块状元素，块状元素排斥其他元素与其位于同一行，在浏览器中独占一行，设置的宽度和高度起作用。常见块状元素为 blockquote、center、div、dl、form、h1-h6、hr、menu、noframes、ol、p、pre、table、ul。

内联元素：只能容纳文本或者其他内联元素，允许其他内联元素与其位于同一行。浏览器碰到它们时会接着它们在同一行布置下一元素，除非它的下一元素是块状元素，但设置的宽度和高度不起作用。常见内联元素为 a、b、big、br、cite、em、i、img、input、select、small、span、strike、strong、sub、sup、textarea、tt、u。

【例 6-3】 认识块状元素和内联元素。

（1）在记事本中输入以下 HTML 代码。

```
<html>
<head>
<title>认识块状元素和内联元素</title>
</head>
<body>
<h3>HTML 结构</h3>                              <!--块状元素-->
<p>段落</p>                                     <!--块状元素-->
<ol><li>有序列表</li><li>有序列表</li></ol>     <!--块状元素-->
<span>span 标签</span>                          <!--内联元素-->
<strong>strong 标签</strong>         <!--内联元素,将与上一个内联元素在同一行-->
<div>层标签</div>                    <!--块状元素,不与其他元素共行-->
<em>em 标签</em>                                <!--内联元素-->
<img src="6-3.jpg"/>                            <!--内联元素-->
</body>
</html>
```

（2）保存预览，效果如图 6-6 所示。可以看到块状元素单独占据一整行显示，而内联元素并排显示。

CSS 有三种基本的定位机制：普通流、浮动和绝对定位。除非专门指定，否则所有框都在普通流中定位。也就是说，普通流中的元素的位置按照其在 HTML 中的位置顺序决定，默认的规则为块级框从上到下一个接一个地排列，行内框在一行中水平布置，这样布局可控性就小了很多。如果引入了display 属性，就可以通过 display 属性来改变元素以行内元素还是以块状元素显示，可以强制让浏览器按预先设置的方式来布局相关元素，增强了灵活性，具体可看例 6-4。

图 6-6　块状元素和内联元素演示

6.2.2 display 属性的取值

display 用于定义建立布局时元素生成的显示框类型。display 属性的常用取值有 none、block、inline 和 inline-block,具体如表 6-2 所示。

表 6-2 display 属性的常用取值

值	描述
none	此元素不会被显示
block	此元素将显示为块状元素,此元素前后会带有换行符
inline	默认。此元素会被显示为内联元素,元素前后没有换行符
inline-block	行内块元素(CSS2.1 新增的值)

【例 6-4】 display 属性的运用。

(1) 在记事本中输入以下 HTML 代码。

```
<html>
<head>
<title>display 属性的运用</title>
<style>
div{
    display:inline;        /*设置 div 的 display 为 inline,强制把 div 内联显示,浏览器会
                             像处理内联元素一样把三个 div 显示在一行*/
    width:300px;           /*内联元素不能设置宽度,故此行不起作用*/
}
span{
    display:block;}        /*设置 span 的 display 为 block,强制把 span 块状显示,浏览器
                             会像处理块状元素一样给三个 span 换行*/
p{
    display:inherit;}      /*p 元素继承父类元素 div 和 span 的 display 属性,所以文本域
                             一和文本域二内联显示,文本域三和文本域四块状显示。*/
.inline-block{
    display:inline-block;  /*内联元素,但是可以设置宽度。*/
    width:700px;           /*宽度会起作用,留 700px 的宽度,然后再布置下一个标签*/
}
.none{
    display:none;          /*设置为 none 的元素不在普通流当中显示,这样"强调元素一"
                             和"强调元素三"会紧挨在一起显示。*/
}
</style>
</head>
<body>
```

```
<div>这是第一个 div</div>
<div>这是第二个 div</div>
<div>这是第三个 div</div>
<span>这是第一个 span</span>
<span>这是第二个 span</span>
<span>这是第三个 span</span>
<div><p>文本域一</p><p>文本域二</p></div>
<span><p>文本域三</p><p>文本域四</p></span>
<span class="inline-block"><strong>强调元素一</strong><strong class=
"none">强调元素二</strong><strong>强调元素三</strong></span>
<div>div 元素</div>
</body>
</html>
```

（2）保存预览,效果如图 6-7 所示。

图 6-7　display 属性取值演示

从本例中可以看到：原本属性为块状元素的,在设置了 display 属性为内联元素后,若干个 div 将在同一行显示;而原本为内联的元素如 span,在设置了 display 属性为块状元素后,每个 span 单独占据一行显示。块状元素可以设置宽度;内联-块状元素也可以设置宽度;而内联元素不可以,内联元素的宽度由浏览器自动计算。

6.2.3　display 的应用举例

无序列表标签和 display 配合使用,制作一个竖排的导航条。

【例 6-5】　制作竖排的导航条。

（1）在记事本中输入以下 HTML 代码。

```
<html>
<head>
<title>竖排的导航条</title>
<style type="text/css">
li {                             /* 设置无序列表的属性 */
    list-style-type: none;       /* 将列表项目符号类型设置为无标记,默认情况为实心圆 */
}
li a {                           /* 设置链接字体的属性 */
    color: #000;                 /* 设置链接字体的颜色 */
```

```
        background-color: #CCC;          /* 设置背景颜色 */
        text-decoration: none;           /* 设置链接文本无下划线 */
        text-align: center;              /* 设置文本对齐方式 */
        display: block;                  /* 设置块状显示 */
        height: 25px;                    /* 设置盒子的高度 */
        width: 97px;                     /* 设置盒子的宽度 */
        padding-top: 5px;                /* 设置上内边距 */
        border-bottom:1px solid #999;    /* 设置下边框 */
    }
    li a:hover {                         /* 设置鼠标滑过时链接文本的属性 */
        color: #FFF;                     /* 设置鼠标滑过时链接文本字体的颜色 */
        background-color: #999;          /* 设置鼠标滑过时链接文本背景的颜色 */
    }
    </style>
    </head>
    <body>
    <ul>
      <li><a href="#">首页</a></li>
      <li><a href="#">度假</a></li>
      <li><a href="#">机票</a></li>
      <li><a href="#">酒店</a></li>
      <li><a href="#">门票</a></li>
      <li><a href="#">攻略</a></li>
    </ul>
    </body>
    </html>
```

图 6-8　竖排的导航条效果

（2）保存预览，效果如图 6-8 所示。

在本例中将原本为内联元素的 a 标签，通过设置其
display 属性的值为 block，将其转换为块状元素，以便可以
设置它的宽高和背景等属性。另外还设置了 a:hover 属性
的样式，添加了交互式响应，这样当光标移动到某一个导航项时，背景颜色会加深，字体变
为白色。

6.3　浮动：float 属性

在普通流中，块状元素的盒子都是上下排列的，行内元素的盒子都是左右排列的，如
果仅仅按照普通流的方式进行排列，限制比较大。因此在 CSS 中还可以使用浮动和定位
方式进行盒子的排列。在 CSS 中，任何元素都可以浮动，浮动元素会生成块级框，而不论
它本身是何种元素。一个设置了 float 属性的元素会根据普通流布局中的位置，移出普通
流并移到普通流的左边或右边。当不需要在 float 元素两边的元素环绕它时，可以使用
clear 属性清除。

6.3.1 float 属性的取值

float 属性定义元素在哪个方向浮动,以往这个属性经常应用于图像,使文本围绕在图像周围,不过在 CSS 中,任何元素都可以浮动。当一个元素设置了 float 属性时,这个元素就会成为一个块状的盒子,这个盒子能在水平线向左或向右移动,直到它的边缘接触到容器区块的边缘或另一个设置了 float 属性的元素的边缘。如果在水平方向没有足够的空间,设置了 float 属性的盒子将会逐行向下移动,直到有足够的水平空间容纳它为止。float 属性的取值及描述如表 6-3 所示。

表 6-3　float 属性的取值及描述

值	描　　述
left	元素向左浮动
right	元素向右浮动
none	默认值。元素不浮动,并会显示其在文本中出现的位置
inherit	规定应该从父元素继承 float 属性的值

下面通过一个实例来了解 float 属性的用法。

【例 6-6】　float 属性的运用。

(1) 未加 float 属性前的代码如下。

```html
<html>
<head>
<title>float 属性的运用</title>
<style type="text/css">
#father{padding:10px;                /*设置内边距*/
        border:1px solid #000;       /*设置边框*/
}
div{border:1px dashed #000;          /*设置边框*/
    margin:10px;                     /*设置外边距*/
}
</style>
</head>
<body>
<div id="father">
<div id="son1">son1</div>
<div id="son2">son2</div>
<div id="son3">son3</div>
</div>
</body>
</html>
```

代码的演示效果如图 6-9 所示。

(2) 在(1)中代码的基础上,在<style>标记对之间为 son1 加上以下 float 属性代码。

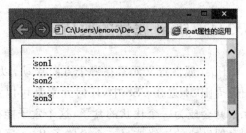

图 6-9　未加 float 属性前的效果

```
#son1{float:left;}
```

代码的演示效果如图 6-10 所示。可以发现 son1 浮动到其父元素的左侧,而且 son1 的宽度不再占据一整行,而是根据 son1 中的内容来确定宽度;如果将未浮动的 son2 代码改为:<div id="son2">son2
ysj</div>,即添加了一行文字,这时的效果如图 6-11 所示,可以发现 son2 中的内容是环绕着 son1 的。

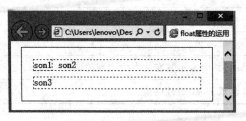

图 6-10　给 son1 加了 float 属性后的效果

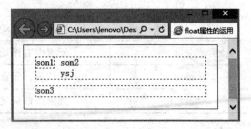

图 6-11　给 son1 增加了一行文本的效果

(3) 在(1)中代码的基础上,在<style>标记对之间为三个子元素都加上以下 float 属性代码。

```
#son1{float:left;}
#son2{float:left;}
#son3{float:left;}
```

代码的演示效果如图 6-12 所示。为三个子元素添加了 float 属性向左浮动后,可以看到三个盒子水平排列。由于设置了 float 属性,它们就脱离了普通流,但是父元素仍属于普通流,因此导致了其父元素中的内容为空。如果为父元素也加上与子元素相同的 float 属性:#father{ float:left; },效果将如图 6-13 所示。

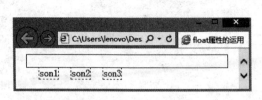

图 6-12　为三个子元素都设置 float 属性后的效果

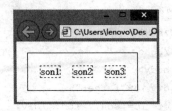

图 6-13　为父元素设置 float 属性后的效果

通过以上的演示,可以总结出以下几点规律。

- 设置了浮动后的盒子将以块状元素显示,不会占据一整行的宽度,而根据盒子里面的内容来确定宽度。

网页设计与制作教程(第 3 版)

- 未浮动的盒子将占据浮动盒子的位置,同时未浮动盒子内的内容会环绕浮动后的盒子。
- 浮动的盒子将脱离普通流,即不再占据浏览器分配给它的位置。
- 对于多个盒子的浮动,多个浮动元素不会互相覆盖,一个浮动元素的外边界碰到另一个浮动元素的外边界后便停止运动。
- 若包含的容器太窄,无法容纳水平排列的多个浮动元素,那么最后的浮动盒子会向下移动。但如果浮动元素的高度不同,那么它们向下移动时可能会被卡住。例如在图 6-13 效果的基础上添加代码 #father{width:150px;},以及将 son1 的代码改为:< div id = " son1" > son1
ysj</div>,此时的效果如图 6-14 所示,son3 在向下移动时就被 son1 卡住了。

图 6-14 son3 被 son1 卡住后右移

6.3.2 浮动的清除

clear 是清除浮动属性,它的取值及描述如表 6-4 所示。

表 6-4 clear 属性的取值及描述

值	描 述	值	描 述
left	在左侧不允许有浮动元素	none	默认值。允许浮动元素出现在两侧
right	在右侧不允许有浮动元素	inherit	规定应该从父元素继承 clear 属性的值
both	在左右两侧均不允许有浮动元素		

在 6.3.1 节父级元素和三个盒子都浮动的图 6-13 中,如果将 son3 的 float 属性改为 clear 属性:#son3{ clear:both;},则效果如图 6-15 所示。在为 son3 设置了清除两侧的浮动元素属性后,son3 将移到下一行显示。

需要注意的是,清除浮动是清除其他盒子浮动对该元素的影响,而设置浮动是让元素自身浮动,两者并不矛盾,因此可同时设置元素清除浮动和浮动,如图 6-16 就是在图 6-13 的基础上为 son3 再添加一条清除属性的效果。

图 6-15 为 son3 更改清除属性的效果

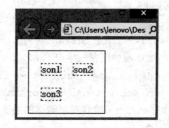

图 6-16 为 son3 再添加清除属性的效果

6.3.3 float 属性的应用举例

【例 6-7】 制作图文并茂的排版效果。

（1）在记事本中输入以下 HTML 代码。

```
<html>
<head>
<title>图文并茂的效果</title>
<style type="text/css">
#container {
    background-color: #FF9;          /*设置背景颜色*/
    height: 520px;                   /*设置盒子的高度*/
    width: 400px;                    /*设置盒子的宽度*/
    padding: 8px 10px;               /*设置上下和左右内边距*/
}
h2 {
    line-height: 30px;               /*设置行间距为30个像素*/
    color: #333;                     /*设置字体颜色*/
    display: block;                  /*设置块状显示*/
    width: 180px;                    /*设置盒子的宽度*/
    margin-left: 20px;               /*设置左外边距*/
    border-bottom: 1px dotted #000;  /*设置下边框*/
}
p {
    font-size:18px;                  /*设置字体大小*/
    line-height:20px;                /*设置行间距为20个像素*/
    color:#000;                      /*设置字体颜色*/
    padding-right: 20px;             /*设置右内边距*/
}
.image {
    float: left;                     /*设置浮动属性*/
    padding: 0px 6px 6px 6px;        /*设置内边距*/
}
</style>
</head>
<body>
<div id="container">
    <h2>我的朋友—字典</h2>
    <div class="image"><img src="dictionary.jpg" /></div>
    <p>   &nbs;小时候,幼儿园老师叫我们每人去买一本字典。
    有一天……给我释疑解惑的字典,你永远是我的好朋友!</p>
</div>
</body>
</html>
```

(2) 保存预览,效果如图 6-17 所示。

图 6-17　图文并茂的排版效果

本例应用的是文字环绕图片的排版方式,使用了浮动定位的方式,通过设定对象的 float 属性来使文字内容流入图片的旁边。在文字居左之后,为了使图片和文字有一定的空间,设置了图片有 6px 的内边距。

6.4　定位:position 属性

前面介绍了普通流和浮动的定位方式,本节介绍 position 定位属性。在定位属性下的定位能使元素通过设置偏移量定位到页面或其包含框的任何一个地方,定位功能非常灵活。

6.4.1　position 属性的取值

position 属性常用的取值有四种,分别是 static、fixed、relative 和 absolute。

static 称为静态定位,它是 position 属性的默认值,设置了 static 的元素表示不使用定位属性定位,元素位置将按照普通流或浮动方式排列。

fixed 称为固定定位,它可视为绝对定位的一种特殊情况,即以浏览器窗口为基准进行定位。设置了 fixed 的元素将被设置在浏览器的一个固定位置上,不会随其他元素滚动。形象地说,上下拉动滚动条的时候,fixed 的元素在屏幕上的位置不变,但 IE6 浏览器不支持此属性。

定位属性的取值中用的最多的是相对定位(relative)和绝对定位(absolute),下面会着重介绍。

为了使元素在定位属性定位时从基准位置发生偏移,在使用定位属性时必须和偏移属性配合使用。偏移属性包括 left、right、top、bottom。例如 left 指相对于定位基准的左边向右边偏移的值,取值可以是像素也可以是百分比。

6.4.2 相对定位

使用相对定位的元素的位置定位依据一般是以普通流的排版方式为基础,然后使元素相对于它在原来的普通流位置偏移指定的距离。相对定位的元素仍在普通流中,它后面的元素仍以普通流的方式对待它。

相对定位需要和偏移属性配合使用,下面是设置某一元素为相对定位的例子。

【例 6-8】 相对定位的实例。

(1) 在记事本中输入以下 HTML 代码。

```
<html>
<head>
<title>相对定位</title>
<style type="text/css">
em{
    background:#6FC;                    /*设置背景颜色*/
    position:relative;                 /*设置为相对定位*/
    left:50px;                         /*设置偏移量*/
    top:30px;
}
p{
    padding:25px;                      /*设置内边距*/
    border:2px solid #993333;          /*设置边框*/
}
</style>
</head>
<body>
<p>既然时间是最宝贵的财富,<em>那么珍惜时间,合理地运用时间就很重要</em>,如何合理
地花费时间,就如同花钱的规划一样重要,钱花完了可再挣,时间花完了就不能再生,因此,要利用
好你的时间.</p>
</body>
</html>
```

（2）保存预览，效果如图 6-18 所示。

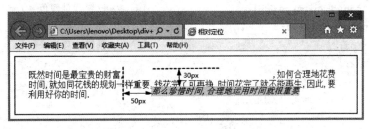

图 6-18 设置 em 为相对定位的效果

由例 6-8 可以看出相对定位的特点：相对定位的元素偏移前未拖离普通流，偏移是相对于在原来的普通流位置偏移指定的距离。本例通过设置 em 元素为相对定位，实现了将"那么珍惜时间，合理地运用时间就很重要"这句话相对于它的正常位置向右偏移 50px，向下偏移 30px。设置了相对定位的元素自身通过定位偏移了还占用着原来的位置，不会让给它周围的元素对象，而且会和其他元素发生重叠。另外偏移属性的值可以取负值，表示向相反的方向移动相应的距离。例如 left：−20px，表示元素偏离正常位置左边 20px。

下面是利用相对定位制作一个会动的导航条的实例。

【例 6-9】 制作会动的导航条。

（1）在记事本中输入以下 HTML 代码。

```html
<html>
<head>
<title>制作会动的导航条</title>
<style type="text/css">
li {
    list-style-type: none;                   /*设置列表符号类型*/
}
li a{
    font-family: Arial,Helvetica,sans-serif;   /*设置字体类型*/
    font-size: 20px;                          /*设置字体大小*/
    color:#fff;                               /*设置字体颜色*/
    text-align:center;                        /*设置文本对齐方式*/
    text-decoration:none;                     /*设置字体下划线*/
    background-color:#6CF;                     /*设置背景颜色*/
    display: block;                           /*设置显示为块状*/
    float:left;                               /*设置浮动属性*/
    padding:3px;                              /*设置内边距*/
    border-right:1px solid #69C;               /*设置右边框*/
    width: 80px;                              /*设置盒子宽度*/
}
li a:hover{
```

```
        color:#000;                              /*设置字体大小*/
        background-color:#69F;                   /*设置背景颜色*/
        position:relative;                       /*设置定位方式为相对定位*/
        left:1px;                                /*设置偏移量*/
        top:2px;
    }
    </style>
    </head>
    <body>
    <ul>
        <li><a href="#">本站首页</a></li>
        <li><a href="#">新闻资讯</a></li>
        <li><a href="#">人际交往</a></li>
        <li><a href="#">生涯规划</a></li>
        <li><a href="#">考试专栏</a></li>
        <li><a href="#">心灵驿站</a></li>
    </ul>
    </body>
    </html>
```

（2）保存预览，效果如图 6-19 所示。

图 6-19　会动的导航条

在例 6-9 中，除了设置每一个导航项的字体大小、颜色、背景等，沿用了前面制作横向导航条的代码，即将 display 和 float 配合使用；并设置了鼠标滑过时的交互动作，除了之前的字体颜色和背景的变换外，还添加了 position 属性，通过相对定位的方式，使鼠标滑过时导航条"动起来"。

6.4.3　绝对定位

使用绝对定位的元素的位置是以包含它的元素为基准进行定位的。所谓包含它的元素即指距离它最近的设置了定位属性的父级元素，如果它所有的父级元素都没有设置定位属性，那么包含它的元素就是指浏览器窗口。

对元素的绝对定位也需要配合偏移属性使用，例如设置某元素的定位属性的代码如下。

【例 6-10】　绝对定位的实例。

将例 6-8 中的 position：relative；改为 position：absolute；，其他代码不变，效果如图 6-20 所示。

网页设计与制作教程(第 3 版)

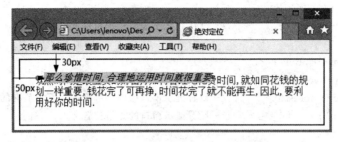

图 6-20　设置 em 为绝对定位的效果

由例 6-10 可以看出绝对定位的特点：绝对定位的元素的位置是以设置了定位属性的父级元素为基准，配合 left、top 属性值进行偏移；绝对定位的元素脱离了普通流，这意味着它们对其他元素的定位没有影响，就好像这个元素完全不存在一样。本例设置 em 元素为绝对定位，因为它的父级元素都没有设置定位属性，因此它以浏览器窗口左上角作为基准定位，将"那么珍惜时间，合理地运用时间就很重要"这句话向右偏移 50px，向下偏移 30px，并且 em 元素原来所占据的位置也消失了，被其他元素自动替代了。

如果对 em 元素的父级元素 p 设置定位属性，例如在本例中给 p 元素加一条代码：

```
p{position:relative; /*设置为相对定位*/}
```

这时 em 元素就不再以浏览器窗口为基准进行定位了，而是以它的父级元素 p 为基准进行定位，效果如图 6-21 所示。

图 6-21　设置 em 为绝对定位同时设置 p 为相对定位的效果

下面是一个利用绝对定位制作弹出提示窗口效果的实例。

【例 6-11】　制作弹出提示窗口的效果。

(1) 在记事本中输入以下 HTML 代码。

```
<html>
<head>
<title>弹出提示窗口</title>
<style type="text/css">
a.tip {
    color: red;
    text-decoration: none;
    position:relative;        /*设置待解释的文字为相对定位*/
}
```

```
a.tip span {
    display:none;                  /*默认状态下隐藏提示窗口*/
}
a.tip:hover .popbox {
    display:block;                 /*鼠标滑过时显示提示窗口*/
    position: absolute;            /*设置提示窗口为以待解释的文字为基准的绝对定位*/
    top: 18px;                     /*设置提示窗口的显示位置*/
    left: 10px;
    width:160px;                   /*设置提示窗口的大小*/
    background-color: blue;
    color: white;
    padding: 10px;
    z-index:9999;                  /*将提示窗口的层叠值设置大  些,防止它被其他a元素遮住*/
}
p {
    font-size: 16px;
}
</style>
</head>
<body>
<p>杨选辉出版的教材有:<a href="#" class="tip">《网页设计与制作教程》<span class=
"popbox">帮助初学者在较短的时间内快速掌握实用的网页设计知识和通用的网站制作方法。
</span></a>和<a href="#" class="tip">《信息系统分析与设计》<span class=
"popbox">帮助读者在较短的时间内熟悉和掌握信息系统分析与设计、维护和管理的基本方法。
</span></a>等系列。</p>
</body>
</html>
```

(2) 保存预览,效果如图 6-22 所示。

图 6-22 用 CSS 制作的提示窗口的效果

提示窗口一般都在要解释的文字旁边出现,因此在例 6-11 中,将要解释的文字设置
为相对定位,提示窗口以它为基准进行绝对定位。另外制作提示窗口还可以通过一般
HTML 标记都具有的 title 属性来实现,但用 title 属性实现的提示窗口不太美观,不能随
意控制显示的位置,并且鼠标要停留一秒钟后才能显示。例如以下代码就是用 title 属性
来实现提示的,效果如图 6-23 所示。

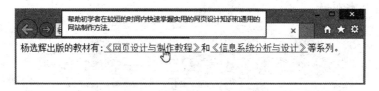

图 6-23　用 title 属性显示提示窗口的效果

```
<html>
<head>
<title>弹出提示窗口</title>
</head>
<body>
<p>杨选辉出版的教材有:<a href="#" title="帮助初学者在较短的时间内快速掌握实用的网
页设计知识和通用的网站制作方法。">《网页设计与制作教程》</a>和<a href="#" title=
"帮助读者在较短的时间内熟悉和掌握信息系统分析与设计、维护和管理的基本方法。">《信息系
统分析与设计》</a>等系列。</p>
</body>
</html>
```

6.5　CSS＋Div 布局

CSS＋Div 是 Web 标准中一种新的布局方式,它正逐渐代替传统的表格布局。CSS＋Div 模式具有诸多优势:结构与表现相分离,代码简洁,利于搜索,方便后期维护和修改。

对于 CSS＋Div 布局而言,本质就是将许多大小不同的盒子在页面上摆放,浏览者看到的页面中的内容不是文字,也不是图像,而是一堆盒子。设计者要考虑的是盒子与盒子之间的关系,是普通流、浮动还是 position 定位。通过各种定位方式将盒子排列成最合理的显示效果就是 CSS＋Div 的基本布局思想。

6.5.1　布局前的准备

在写布局代码之前需要做一些准备工作,包括布局构思、矩形分割和精确计算。

1. 布局构思

所有的设计第一步就是构思。布局构思就是在开始布局之前,先想好页面大概的模样,需要几个区块,包含哪些内容。构思好了,一般来说还需要用 Photoshop 等图片处理软件将需要制作的界面布局效果图画出来。

对于初学者,首先可以掌握一些基本的布局,大部分网页的布局都可以归类于这些基本布局;其次,也是最重要的就是多看、勤练,熟练掌握基本布局的设计方法,如图 6-24 为常见的 20 种基本布局。

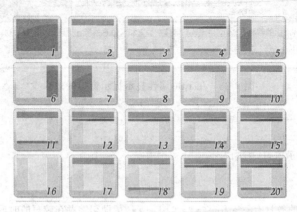

图 6-24　常见的基本布局

2. 矩形分割

用矩形把构思好的页面分割成各个区块。矩形分割要从整体到局部，从外到内逐步进行。如图 6-25 为对网页效果图进行了矩形分割：最外层即第一层相当于基本布局（图 6-24）中的 1，它可以是整个 body，也可以是 body 的子元素；第二层的布局是基本布局中的 5；第二层的右部分又包含了第三层，这一层的布局是基本布局中的 3；第三层的最上面一部分又包含了第四层，这部分的布局是基本布局中的 5；第五层是第四层分割出来的两个矩形，每个矩形又相当于基本布局中的 1。

第一层　第二层　　　第三层　第四层　　　第五层

图 6-25　英国-茶文化销售网（www.luhsetea.com）的矩形分割效果图

从本例可以看出，矩形分割就是由外到内层层划分的过程，如果划分出来的层仍然复杂就继续对其划分，直至划分到可以一眼看出是基本布局为止。

3. 精确计算

前两步完成了,就可以直接做出布局了,但如果没有精确计算这一步,做出来的布局会有很多细节问题难以处理。精确计算就是精确地给出各个部分的高(height 属性)、宽(width 属性)和盒子模型(border、margin、padding)等参数。

在默认情况下,div 标签的长度等于父标签的宽度(如果父标签有 margin 和 padding,那么要减去 margin 和 padding 值;如果这个 div 标签有 border,还要减去这个值)。例如有一个 div 标签的父标签是 body,那个这个 div 的宽度将是整个页面的长度。div 标签默认的宽度是 0(如果该 div 中没有包含任何元素),或者子元素总高度(即如果包含元素,高度就是刚好可以容纳下这些元素的高度)。大部分情况下,需要根据实际的布局情况设置高、宽,而不是采用默认值。

对于盒子模型,不同的浏览器的默认值不同。比如 border 在 IE 中默认是 2px,其他是 1px;而 margin 对于不同的元素、不同的浏览器都不相同。采用盒子模型是为了能让 div 或者 table 装下包含的元素而不会溢出边界,同时设置一定的距离可使整体效果整齐、美观。

高宽和盒子模型参数是相互影响的,同时,高宽还受到父元素的盒子模型参数的影响。盒子本身的大小计算如下。

width＝width＋padding-left＋padding-right＋border-left＋border-right

height＝height＋padding-top＋padding-bottom＋border-top＋border-bottom

精确计算也必须从外到内,从 body 的第一个子元素开始,逐一向内层计算。如果是相对布局,那么用百分比表示。例如:

```
<body>
<div width="75%"></div>
</body>
```

body 的第一个子元素 div 设置宽为 75%,那么它的宽度就是 body 宽度的 75%。如果 body 的 margin 为 0,那么宽度就是整个页面宽度的 75%。如果是绝对布局,则给出一个合理的数字值。例如:

```
<body>
<div width="900px"></div>
</body>
```

表示这个 div 的宽度是 900px。

精确计算比较复杂,但是它能保证布局正确,不出小错误。要做好精确计算,就要很好地掌握盒子模型。

6.5.2　常见的布局种类

网页的布局总体上说可分为固定宽度布局和可变宽度布局两类。所谓固定宽度是指网页的宽度是固定的,如 900px,它不会随浏览器大小的改变而改变;而可变宽度是指网页的宽度会随着浏览器窗口的大小而自动适应。如将网页宽度设置为 80%,则表示它的宽度永远是浏览器宽度的 80%。

固定宽度布局的好处是能生成精确且可预知的结果,网页不会随浏览器大小的改变而发生变形,窗口变小只是网页的一部分被遮盖住。对于包含很多大图片和其他元素的内容,在可变宽度布局中不能很好地表现,但固定宽度布局却可以很好地处理这种情况,所以固定宽度布局应用比较广泛,适合于初学者使用;而可变宽度布局的好处是能够适应各种显示器,不会因为显示器过宽而使两边出现很宽的空白区域,并且随着浏览器的分辨率越来越大,还可以灵活地利用屏幕的空间。

1. 固定宽度布局

在默认情况下,作为块状元素的 div 会占据整个一行显示。将几个 div 的宽度设置为固定值,并通过设置浮动将它们从左到右并列排列,这就是固定宽度布局的实现原理。

如果只是单纯地将中间三栏(三个 div 盒子)进行浮动,则盒子只能浮动到窗口的左边或右边,无法在浏览器中居中,因此需要在三个 div 盒子外面再套一个盒子(container),让 container 居中,这样就实现了三个 div 盒子在浏览器中居中,示意图如图 6-26 所示。

在 CSS+Div 布局中一般是通过 margin 属性的设置实现居中效果。margin 后面如果只有两个参数,则第一个表示 top 和 bottom 边距,第二个表示 left 和 right 边距。例如

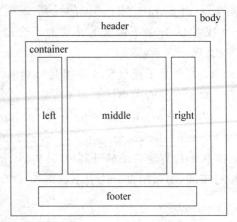

图 6-26　1-3-1 布局示意图

margin:0 auto 表示上下边界为 0,左右边距设置了 auto,浏览器就会自动将 div 的左右边距设置为相同的值,这样就呈现了居中的效果。

下面是一个 1-3-1 固定宽度布局的具体例子。

【例 6-12】　1-3-1 固定宽度布局的效果。

(1) 在记事本中输入以下 HTML 代码。

```
<html>
<head>
<title>1-3-1固定宽度布局</title>
<style type="text/css">
body {
    margin:0;
}
#header,#container,#footer {
    margin: 0 auto;            /*与width配合实现水平居中*/
```

```
        width: 780px;                /* 设置宽度为固定值 */
    }
    #header {
        height:100px;
        background:#06f;
    }
    #container {
        height:350px;
        background:red;
    }
    #left {
        float: left;
        width:200px;
        height:350px;
        background:#f93;
    }
    #middle {
        float: left;
        width: 380px;
        height:350px;
    }
    #right {
        float: left;
        width:200px;
        height:350px;
        background:#dceafc;
    }
    #footer {
        height:60px;
        background:#666;
        clear: both;                /* 清除浮动,防止中间三列不等高时页尾顶上去 */
    }
    </style>
    </head>
    <body>
    <div id="header">此处显示 id 为"header"的内容</div>
    <div id="container">
        <div id="left">此处显示 id 为"left"的内容</div>
        <div id="middle">此处显示 id 为"middle"的内容</div>
        <div id="right">此处显示 id 为"right"的内容</div>
    </div>
    <div id="footer">此处显示 id 为"footer"的内容</div>
    </body>
    </html>
```

（2）保存预览，效果如图 6-27 所示。当浏览器窗口变窄后效果如图 6-28 所示，部分内容被遮盖住了。

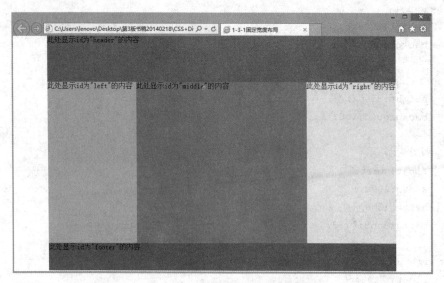

图 6-27　浏览器比较宽时的效果

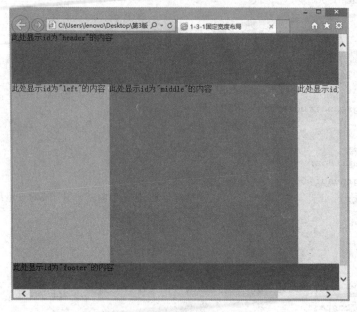

图 6-28　浏览器变窄后的效果

2. 可变宽度布局

在可变宽度的布局中要想让盒子的宽度随着浏览器的宽度自动适应，只需要将固定宽度布局中每列的宽由固定的值改为百分比就行了。下面给出一个 1-2-1 两列等比例布局的例子。

1）1-2-1 两列等比例布局

【例 6-13】 1-2-1 两列等比例布局的效果。

（1）在记事本中输入以下 HTML 代码。

```
<html>
<head>
<title>1-2-1两列等比例</title>
<style type="text/css">
body {
    margin:0;
}
#header,#container,#footer {
    margin: 0 auto;              /*与width配合实现水平居中*/
    width: 80%;                  /*改为百分比*/
}
#header {
    height:100px;
    background:#06f;
}
#container {
    height:350px;
}
#left {
    float: left;
    width:30%;                   /*改为百分比*/
    height:350px;
    background:#f93;
}
#right {
    float: left;
    width: 70%;                  /*改为百分比*/
    height:350px;
    background:yellow;
}
#footer {
    height:60px;
    background:#666;
    clear: both;                 /*清除浮动,防止中间三列不等高时页尾顶上去*/
}
</style>
</head>
<body>
<div id="header">此处显示id为"header"的内容</div>
<div id="container">
```

```
        <div id="left">此处显示 id 为"left"的内容</div>
        <div id="right">此处显示 id 为"right"的内容</div>
    </div>
<div id="footer">此处显示 id 为"footer"的内容</div>
</body>
</html>
```

（2）保存预览，效果如图 6-29 所示。

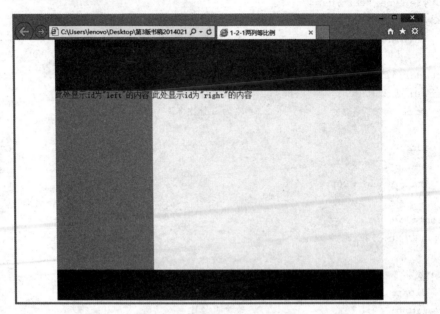

图 6-29　浏览器比较宽时的效果

在例 6-13 中，不论浏览器窗口的宽度如何变化，两列的宽度总是等比例的，但是当浏览器变得很窄时，网页就会很难看，如图 6-30 所示为浏览器窗口变窄后的效果。如果不希望这样，可以加一条 CSS 代码：♯header，♯container，♯footer〔mini-width:500px;〕，即将网页的最小宽度设为 500px，这样对于支持该属性的浏览器来说，当浏览器宽度小于500px 后，网页就不会再变小了，而是在浏览器的下方出现水平滚动条。

2）一列固定、一列变宽的 1-2-1 式布局

在实际的应用中，有时候要求在两栏中，一栏宽度固定，一栏宽度自适应。这种布局在博客论坛类网站中很受欢迎。这类网站常把一侧作为导航栏且固定，另一侧作为主体内容，宽度设为可变。

现在通过使用浮动的方法来实现一列固定、一列变宽的 1-2-1 式布局。如果把固定那列的 div 宽度设置为 200px，那么另一列的宽度就应该等于 container 宽的"100％—200px"，而 CSS 不支持这种带有加减法运算的宽度表达方法，但是通过 margin 可以变通地实现这个宽度。实现的原理是在 left 的外面再套一个 div（取名为 leftWrap），将leftWrap 的宽度也设为 100％，也就是等于 container 的宽度；然后通过将 leftWrap 的左侧 margin 设置为负的 200px，就使它向左平移了 200px；再将 left 的左侧 margin 设置为

正的 200px，就实现了"100％—200px"这个本来无法表达的宽度。该布局方法的示意图如图 6-31 所示。

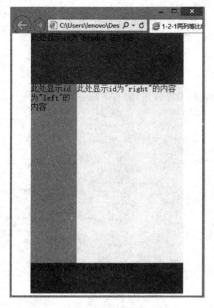

图 6-30　浏览器变窄后的效果

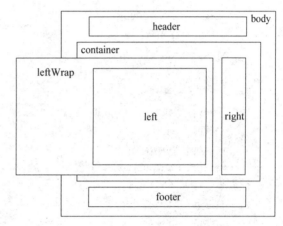

图 6-31　1-2-1 单列变宽布局示意图

下面是一个右侧宽度固定、左侧宽度自适应的 1-2-1 式布局的具体例子。

【例 6-14】　一列固定、一列变宽的 1-2-1 式布局的效果。

（1）在记事本中输入以下 HTML 代码。

```
<html>
<head>
<title>一列固定、一列变宽的 1-2-1 式布局</title>
<style type="text/css">
body {
    margin: 0;
}
#header,#container,#footer {
    margin: 0 auto;
    width: 80%;
}
#header {
    height: 100px;
    background: #06f;
}
#container {
    height: 350px;
}
```

```
#leftWrap {                                /* 给左侧的 div 外套一个 div */
    margin-left: -200px;                    /* 设置左边界为负,向左偏移 */
    float: left;
    width: 100%;                            /* 设置其宽度与 container 等宽 */
    height: 350px;
}
#left {
    margin-left: 200px;                     /* 设置左边界为正,向右偏移 */
    height: 350px;
    background: silver;
}
#right {
    float: right;
    width: 200px;
    height: 350px;
    background: purple;
}
#footer {
    height: 60px;
    background: #666;
    clear: both;
}
</style>
</head>
<body>
<div id="header">此处显示 id 为"header"的内容</div>
<div id="container">
    <div id="leftWrap">
        <div id="left">此处显示 id 为"left"的内容</div>
    </div>
    <div id="right">此处显示 id 为"right"的内容</div>
</div>
<div id="footer">此处显示 id 为"footer"的内容</div>
</body>
</html>
```

　　(2) 保存预览,效果如图 6-32 所示。无论浏览器窗口的宽度如何变化,右侧宽度始终保持 200px 不变,只有左侧在变化,如图 6-33 所示为浏览器窗口的宽度变窄后的效果。

　　3) 1-3-1 中间列变宽布局

　　两侧列固定、中间列变宽的 1-3-1 式布局也是一种常用的布局形式。这种形式的布局通常是把两侧列设置成绝对定位元素,并对它们设置固定宽度。例如左右两列都设置成 200px 宽,而中间列不设置宽度,这样它就会随着网页的大小改变而改变;然后将

图 6-32　浏览器比较宽时的效果

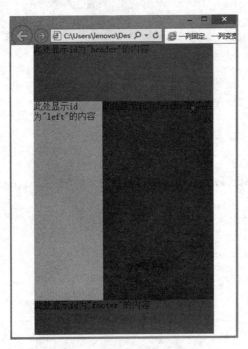

图 6-33　浏览器变窄后的效果

container 设置为相对定位，让两侧列以它为定位基准。如果对两侧列的盒子设置背景色，那么两侧列就可能和中间列不等高，因此不能对两侧列的盒子设置背景色，而应该对

container 设置背景色,这样两侧列看起来就和中间列等高了。

【例 6-15】 1-3-1 中间列变宽布局的效果。

(1) 在记事本中输入以下 HTML 代码。

```
<html>
<head>
<title>1-3-1 中间列变宽布局</title>
<style type="text/css">
body {
    font: 12px/18px Arial;      /* 设置字体大小 12 像素,行高 18 像素,字体为 Arial */
    margin: 0;
}
#header,#footer {
    background: #ccccff;
    width: 85%;
    margin: 0 auto;
}
h2 {
    margin: 0;
    padding: 20px;
}
p {
    padding: 15px 20px;
    text-indent: 2em;           /* 设置首行缩进两个字 */
    margin: 0;
}
#container {
    width: 85%;
    margin: 0 auto;
    background: #0ff;           /* 设置容器的背景色 */
    position: relative;         /* 设置成相对定位,使#navi、#side 以它为定位基准 */
}
#navi {
    width: 200px;
    position: absolute;
    left: 0px;
    top: 0px;
}
#content {
    right: 0px;
    top: 0px;
    margin-right: 200px;
    margin-left: 200px;
    background: #eded;          /* 设置中间列背景色 */
```

```
    }
#side {
    width: 200px;
    position: absolute;
    right: 0px;
    top: 0px;
}
</style>
</head>
<body>
<div id="header"><h2>Page Header</h2></div>
<div id="container">
    <div id="navi">
        <h2>Navi Bar</h2>
        <ul><li>1</li><li>2</li><li>3</li><li>4</li><li>5</li></ul>
    </div>
    <div id="content">
        <h2>Page Content</h2>
        <p>内容 1</p><p>内容 2</p><p>内容 3</p><p>内容 4</p>
    </div>
    <div id="side">
        <h2>Side Bar</h2>
        <ul><li>a</li><li>b</li><li>c</li></ul>
    </div>
</div>
<div id="footer"><h2>Page Footer</h2></div>
</body>
</html>
```

(2) 保存预览,效果如图 6-34 所示。

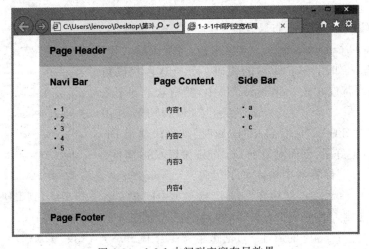

图 6-34 1-3-1 中间列变宽布局效果

6.5.3 布局实例一

【例 6-16】 布局实例一。

在制作网站之前,先用 Photoshop 制作出网页的效果图,将效果图进行矩形分割,如图 6-35 所示。

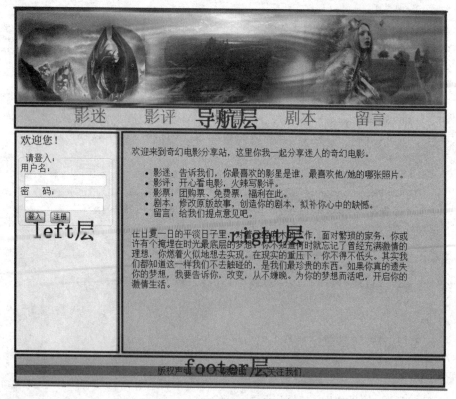

图 6-35 网页效果图矩形分割

下面用 CSS+Div 进行布局设计。

(1) 新建 Dreamweaver CS5 空白文档,将视图模式切换到"代码"模式,并在"body"标签对之间输入如图 6-36 所示的代码。分析这段代码可知,将所有的层都放在了"container"层中,然后从上到下依次是"banner"层、"nav"层、"mid"层和"footer"层,其中"mid"层又被拆分成了"left"层和"right"层。这样整个 Div 结构框架就构建好了,下面对每个 Div 分别设置 CSS 属性。

(2) 在"head"标签对中输入如下代码:<style type="text/css"></style>,然后在"style"标签对中间定义各个层的 CSS 规则。首先在"style"标签对中插入如图 6-37所示的代码来定义 body 的属性:页面边距为 0,字体大小为 16px,文本居中。

```
<body>
<div.id="container">
<div id="banner"></div>
<div id="nav"></div>
<div id="mid">
<div id="left"></div>
<div id="right"></div>
</div>
<div id="footer"></div>
</div>
</body>
```

图 6-36 创建 Div 结构框架

（3）下面定义 container 层的属性，输入如图 6-38 所示的代码，其中："margin：0px auto；"表示使 container 层居中排列，padding 属性设置了内容与边界的距离，border 属性设置了边框的宽度、样式和颜色，height 属性设置了该层的高度。

```
body{
margin:0;
font-size:16px;
text-align:center;
}
```

图 6-37　body 属性

```
#container{
width:800px;
margin:0px auto;
padding:2px 0px;
height:608px;
border: 1px solid #000;
}
```

图 6-38　container 层属性

（4）接着定义 banner 和 nav 层的属性。在 style 标签对中输入如图 6-39、图 6-40 所示的代码，分别设置它们的宽度、高度和居中显示、背景颜色以及边框属性。

```
#banner {
width:798px;
height:100px;
margin:0px auto;
background-color:#CCFFFF;
border:1px solid #FFF;
}
```

图 6-39　banner 层属性

```
#nav{
width:798px;
height:30px;
margin:0px auto;
background-color:#FFCC99;
border:1px solid #FFF;
}
```

图 6-40　nav 层属性

（5）然后定义中间的主体部分，包括 mid 层、left 层和 right 层。输入如图 6-41、图 6-42 和图 6-43 所示的代码，除了设置高、宽和边框属性之外，在 left 和 right 层中增加了属性 float，这是为了使 left 和 right 层在同一行显示。

（6）最下面是 footer 层，输入如图 6-44 所示的代码，用于设置 footer 层的属性。

```
#mid{
width:798px;
height:410px;
margin:0px auto;
border:1px solid #FFF;
}
```

图 6-41　mid 层属性

```
#left{
width:200px;
height:410px;
background-color:#FF99FF;
border-right:1px solid #FFF;
float:left;
}
```

图 6-42　left 层属性

```
#right{
width:597px;
height:410px;
background-color:#FFFF66;
float:left;
}
```

图 6-43　right 层属性

```
#footer{
width:798px;
height:60px;
margin:0px auto;
background-color:#3399FF;
border:1px solid #FFF;
}
```

图 6-44　footer 层属性

（7）预览一下，整个网页布局做好了，效果如图 6-45 所示。

（8）向每一个层中插入相关内容，整个网页就做好了，页面的最终效果如图 6-46 所示。

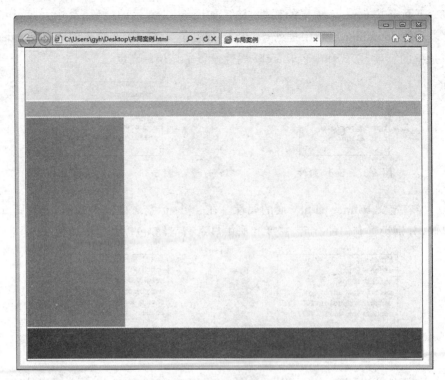

图 6-45　布局效果

图 6-46　插入页面内容后的效果

网页设计与制作教程(第 3 版)

6.5.4　布局实例二

下面再来用 CSS+Div 进行一个网页布局设计的实例,根据效果图 6-47 可以看出该网页有顶部、内容和底部三大部分,顶部又包括 logo 部分和 menu 部分。布局结构图如图 6-48 所示。

图 6-47　效果图　　　　　　　　　　　　　　　图 6-48　布局结构图

下面给出该网页设计的操作步骤。

(1) 打开 Dreamweaver CS5,新建一个名为 index.html 的空白文档,在"属性"面板中单击"页面属性"按钮,弹出"页面属性"对话框,在"外观(CSS)"选项中将上、下、左、右边距设为 0;然后选择"插入"|"布局对象"|"AP Div"菜单命令,创建一个 AP 层,按 F12 键打开"AP 元素"面板,在"AP 元素"面板上单击选中"apDiv1",如图 6-49 所示。

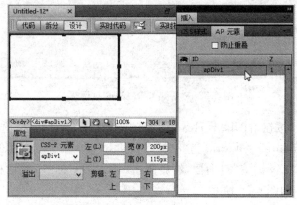

图 6-49　创建并选中一个 AP 层

（2）在"属性"面板中设置"CSS-P 元素"为"back"，"左"为"200px"，"上"为"0px"，"宽"为"860px"，"高"为"740px"，"背景颜色"为"♯FFFFFF"，如图 6-50 所示。

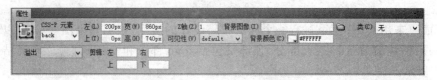

图 6-50　设置 AP 层的属性

（3）将光标置于"back"层内，然后选择"插入"|"布局对象"|"Div 标签"菜单命令，打开"插入 Div 标签"对话框，设置"插入"为"在插入点"，"ID"为"Head"，如图 6-51 所示；单击"新建 CSS 规则"按钮，打开"新建 CSS 规则"对话框，保持默认参数，如图 6-52 所示。

图 6-51　"插入 Div 标签"对话框

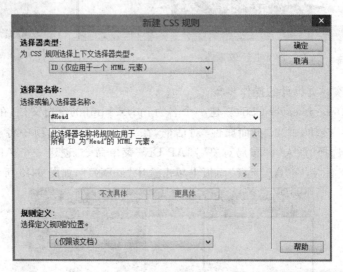

图 6-52　"新建 CSS 规则"对话框

（4）单击"确认"按钮，打开"♯Head 的 CSS 规则定义"对话框，选择"定位"选项，设置"Position"为"absolute"，"Width"为"860"，"Height"为"120"，如图 6-53 所示；单击"确定"按钮，返回"插入 Div 标签"对话框，然后单击"插入 Div 标签"对话框上的"确认"按钮创建一个 Div 标签，如图 6-54 所示。

（5）在"AP 元素"面板中显示了"back"层和"Head"层的嵌套关系，选中"Head"，如

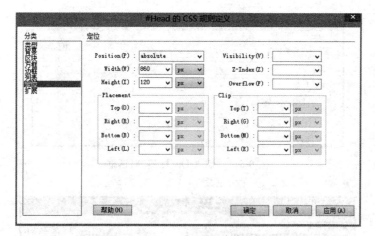

图 6-53　设置"Head"Div 标签的定位类型和大小

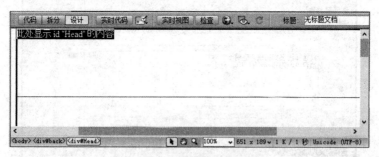

图 6-54　创建"Head"Div 标签

图 6-55 所示；然后选择"窗口"|"插入"菜单命令，打开"插入"面板，并打开"布局"类型，如图 6-56 所示。

图 6-55　选中"Head"

图 6-56　打开"插入"面板

（6）单击"插入 Div 标签"按钮，打开"插入 Div 标签"对话框，参数设置如图 6-57 所示；单击"新建 CSS 规则"按钮，打开"新建 CSS 规则"对话框，保持默认参数，如图 6-58 所示。

（7）单击"确认"按钮，打开"♯Body 的 CSS 规则定义"对话框，选择"定位"选项，设置"Position"为"absolute"，"Width"为"860"，"Height"为"590"，"Top"为"120"，如图 6-59 所示；单击"确定"按钮，返回"插入 Div 标签"对话框。然后单击"插入 Div 标签"对话框上的"确认"按钮创建一个 Div 标签，如图 6-60 所示。

图 6-57 "插入 Div 标签"对话框

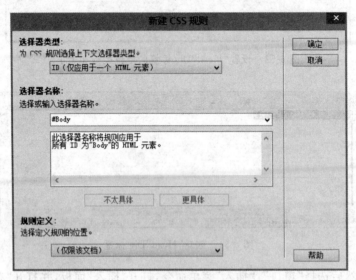

图 6-58 "新建 CSS 规则"对话框

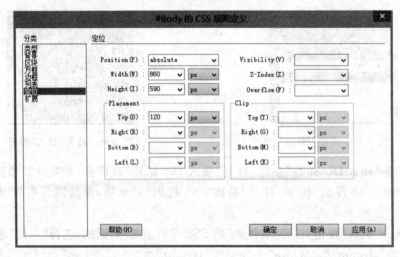

图 6-59 设置"Body"Div 标签的定位类型和大小

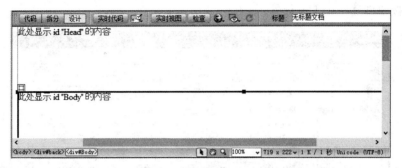

图 6-60　创建"Body"Div 标签

（8）选中"Body"层，在"插入"面板上单击"插入 Div 标签"按钮，打开"插入 Div 标签"对话框，参数设置如图 6-61 所示。单击"新建 CSS 规则"按钮，打开"新建 CSS 规则"对话框，保持默认参数，如图 6-62 所示。

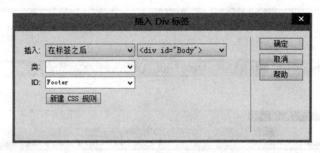

图 6-61　"插入 Div 标签"对话框

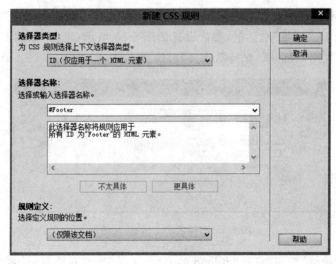

图 6-62　"新建 CSS 规则"对话框

（9）单击"确认"按钮，打开"♯Footer 的 CSS 规则定义"对话框，选择"定位"选项，设置"Position"为"absolute"，"Width"为"860"，"Height"为"30"，"Top"为"710"，如图 6-63 所示；单击"确定"按钮，返回"插入 Div 标签"对话框，然后单击"插入 Div 标签"对话框上的"确认"按钮创建一个 Div 标签,如图 6-64 所示。

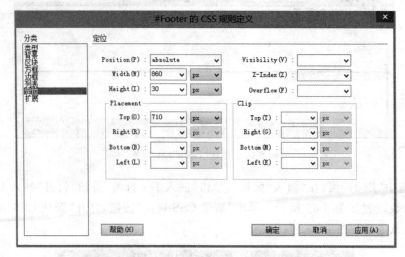

图 6-63　设置"Footer"Div 标签的定位类型和大小

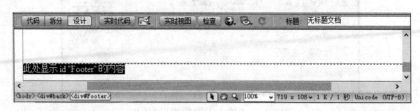

图 6-64　创建"Footer"Div 标签

（10）将光标置于"Head"层中,删除层中内容,在"插入"面板上单击"插入 Div 标签"按钮,打开"插入 Div 标签"对话框,参数设置如图 6-65 所示;单击"新建 CSS 规则"按钮,打开"新建 CSS 规则"对话框,保持默认参数,如图 6-66 所示。

图 6-65　"插入 Div 标签"对话框

（11）单击"确认"按钮,打开"♯logo 的 CSS 规则定义"对话框,选择"定位"选项,设置"Position"为"absolute","Width"为"300","Height"为"120",如图 6-67 所示;单击"确定"按钮,返回"插入 Div 标签"对话框,然后单击"插入 Div 标签"对话框上的"确认"按钮创建一个 Div 标签,如图 6-68 所示。

（12）选中"Head"层,在"插入"面板上单击"插入 Div 标签"按钮,打开"插入 Div 标

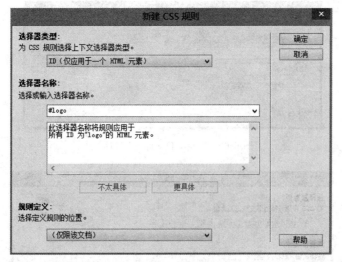

图 6-66　"新建 CSS 规则"对话框

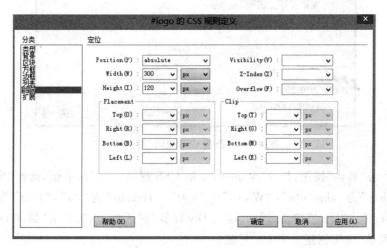

图 6-67　设置"logo"Div 标签的定位类型和大小

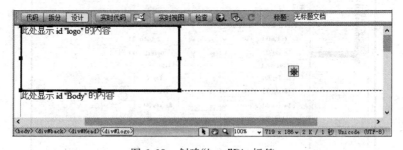

图 6-68　创建"logo"Div 标签

签"对话框,参数设置如图 6-69 所示;单击"新建 CSS 规则"按钮,打开"新建 CSS 规则"对
话框,保持默认参数,如图 6-70 所示。

图 6-69   "插入 Div 标签"对话框

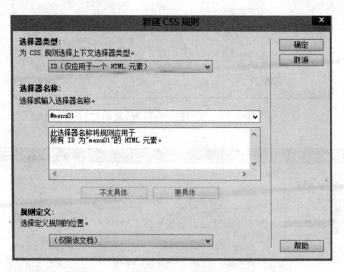

图 6-70   "新建 CSS 规则"对话框

（13）单击"确认"按钮，打开"♯menu01 的 CSS 规则定义"对话框，选择"定位"选项，设置"Position"为"absolute"，"Width"为"560"，"Height"为"30"，"Left"为"300"，如图 6-71 所示；单击"确定"按钮，返回"插入 Div 标签"对话框，然后单击"插入 Div 标签"对话框上的"确认"按钮创建一个 Div 标签。

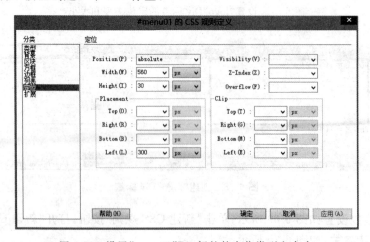

图 6-71   设置"menu01"Div 标签的定位类型和大小

（14）继续选中"Head"层，在"插入"面板上单击"插入 Div 标签"按钮，打开"插入 Div 标签"对话框，参数设置如图 6-72 所示；单击"新建 CSS 规则"按钮，打开"新建 CSS 规则"对话框，保持默认参数，如图 6-73 所示。

图 6-72　"插入 Div 标签"对话框

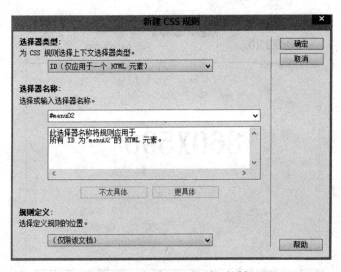

图 6-73　"新建 CSS 规则"对话框

（15）单击"确认"按钮，打开"♯menu02 的 CSS 规则定义"对话框，选择"定位"选项，设置"Position"为"absolute"，"Width"为"560"，"Height"为"90"，"Top"为"30"，"Left"为"300"，如图 6-74 所示；单击"确定"按钮，返回"插入 Div 标签"对话框，然后单击"插入 Div 标签"对话框上的"确认"按钮创建一个 Div 标签。

（16）至此，该网页的布局结构完成，结构图如图 6-75 所示。

（17）现在向 Div 中插入相应的元素，在 Div 中可以插入图像、多媒体和表格等内容，在插入元素的过程中可以通过添加 CSS 规则来设置插入元素的位置，如图 6-76 所示。选择"区块"，设置"Text-align"的参数，例如 menu01 就设置了"Text-align"为"right"。

（18）依次插入事先制作好的 logo、导航条、主体内容和版权说明，本页面的主体内容和版权说明是通过先插入一个表格再插入相应的元素来实现的；为了让页面能根据不同的浏览器自动调整居中的位置，还需要进行一些代码的修改：将页面切换到"拆分"状态，找到"♯back"的代码，如图 6-77 所示，改为如图 6-78 所示的代码。

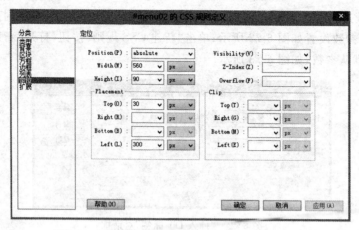

图 6-74　设置"menu02"Div 标签的定位类型和大小

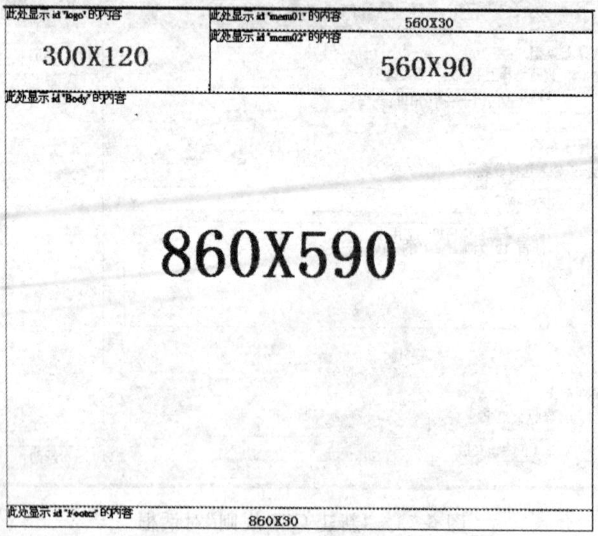

此处显示 id "logo" 的内容

300X120

此处显示 id "menu01" 的内容
此处显示 id "menu02" 的内容　　　560X30

560X90

此处显示 id "Body" 的内容

860X590

此处显示 id "Footer" 的内容　　　860X30

图 6-75　设计完成的网页结构图

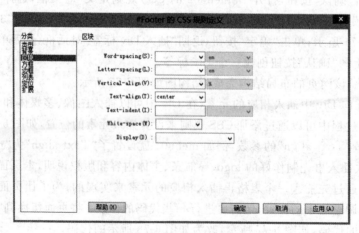

图 6-76　设置元素的对齐方式

网页设计与制作教程(第 3 版)

```
#back {
    position:absolute;
    width:860px;
    height:740px;
    z-index:1;
    left: 200px;
    top: 0px;
    background-color: #FFFFFF;
}
```

图 6-77　修改前"＃back"的代码

```
#back {
    width:860px;
    height:740px;
    z-index:1;
    margin: 0px auto;
    background-color: #FFFFFF;
}
```

图 6-78　修改后"＃back"的代码

（19）网页完成了，保存浏览，最终效果如图 6-79 所示。

图 6-79　页面的最终效果

思考与练习

1. 单项选择题

（1）下列（　　）表示上边框线宽 10px，下边框线宽 5px，左边框线宽 20px，右边框线宽 1px。

　　A. border-width：10px 1px 5px 20px；

B. border-width：10px 5px 20px 1px；

C. border-width：5px 20px 10px 1px；

D. border-width：10px 20px 5px 1px；

（2）关于浮动，下列（　　）样式规则是不正确的。

A. img｛float：left；margin：20px；｝

B. img｛float：right；right：30px；｝

C. img｛float：right；width：120px；height：80px；｝

D. img｛float：left；margin-bottom：2em；｝

（3）设置两个 div 的样式为.div1｛margin：10px；｝和.div2｛margin：5px；｝，则如图 6-80 时div1 与 div2 的间距为（　　）；如图 6-81 时 div1 与 div2 的间距为（　　）。

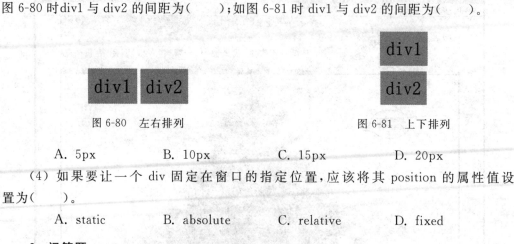

图 6-80　左右排列　　　　　　　　　　　　　　　图 6-81　上下排列

A. 5px　　　　　　B. 10px　　　　　　C. 15px　　　　　　D. 20px

（4）如果要让一个 div 固定在窗口的指定位置，应该将其 position 的属性值设置为（　　）。

A. static　　　　　　B. absolute　　　　　　C. relative　　　　　　D. fixed

2. 问答题

（1）CSS 布局方法与表格布局方法相比，有哪些优势？

（2）简述 CSS 布局的基本思想及基本步骤。

（3）举例说明什么是块级元素和行内元素？如何定义它们？

3. 解释以下 CSS 样式的含义。

（1）♯header，♯pagefooter，♯container｛margin：0 auto；width：85％；｝

（2）♯content｛position：absolute；width：300px；｝

4. 实践题

（1）制作一个如图 6-82 所示的栏目标题栏，其左端是栏目标题，右端是"更多"之类的链接。

图 6-82　栏目标题栏效果

（2）画出一个 1－（（1－2）＋1）－1 的布局结构示意图，效果如图 6-83 所示。

（3）根据下面的代码画出其在浏览器中的显示效果图。

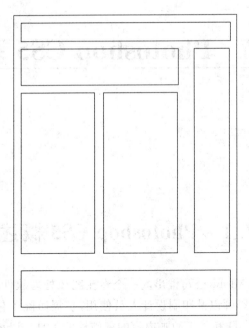

图 6-83　布局结构示意图

```html
<html>
  <head>
    <title>Examples</title>
    <style type="text/css">
    body{border:1px solid black;width: 300px;height: 300px;}
    .father{width: 200px; height: 200px; position: absolute; top: 20px; left: 20px;
    background:red;}
    .son{position:absolute;top:50px;left:50px;background:green;}
    .son_son{position:absolute;top:50px;left:50px;width: 100px;height: 100px;
    background:blue;}
    </style>
  </head>
  <body>
    <div class="father">
      <div class="son">
        <p>这里的 son 作为子元素,在父级元素设置了 position 后,该元素以父级元素为参
        考点进行定位</p>
        <div class="son_son"></div>
      </div>
    </div>
  </body>
</html>
```

第 **7** 章 **Photoshop CS5 基础知识**

7.1 **Photoshop CS5 概述**

Photoshop CS5 是 Adobe 公司推出的一个专业图像处理软件,有标准版和扩展版两个版本。标准版适合摄影师以及印刷设计人员使用,扩展版除了包含标准版的功能外还添加了用于创建和编辑 3D 和基于动画内容的突破性的工具。Photoshop CS5 界面友好、功能强大、操作方便,已被广泛应用于包装设计、VI 设计、广告设计、插画创作和照片处理等各个领域,深受广大电脑设计爱好者的喜爱。

7.1.1 图形图像的基本概念

要真正掌握和灵活使用 Photoshop CS5 软件,不仅要掌握其操作,而且还要掌握图形图像方面的知识,才能按要求发挥创意,从而创作出高品质、高水准的艺术作品。

1. 像素与分辨率

像素和分辨率是 Photoshop 软件中最常用到的两个基本概念,它们的设置决定了文件的大小和图像输出时的质量。

(1) 像素:像素(pixel)是组成位图图像的最基本单元。一个图像文件的像素越多,包含的图像信息就越多,就越能表现更多的细节,图像的质量自然就越高,同时保存它们所需要的磁盘空间也会越大,编辑和处理的速度也会越慢。假如一张 640×480 的图片,表示这张图片在每一个长度的方向上都有 640 个像素点,而每一个宽度方向上都有 480 个像素点,总数就是 640×480=307200 个像素,简称 30 万像素。

(2) 分辨率:分辨率是指在单位长度内包含多少像素,其单位为像素/英寸(pixels/inch)或像素/厘米(pixels/cm)。图像尺寸与图像大小及分辨率的关系:图像的尺寸越大,图像的分辨率越高,图像的文件也就越大;相应地所占内存多,计算机处理速度就会变慢。因此,可以通过调整图像尺寸和分辨率来改变图像文件的大小,从而达到提高处理速度的目的。分辨率包括图像分辨率、屏幕分辨率和输出分辨率等。

2. 位图与矢量图

在计算机中,图像是以数字方式来记录、处理和保存的,所以,图像也可以称为数字化图像。图像类型大致可以分为:矢量图与位图。

(1) 矢量图:矢量图也称为向量图,它是根据几何特性来绘制图形的。在计算机中,矢量图是以数学式的方法记录图像的内容,其记录的内容以线条和色块为主。例如,一条线段的数据只需要记录两个端点的坐标、线段的粗细和色彩等。由于记录的内容比较少,不需要记录每一个点的颜色和位置等,所以它的文件容量比较小,这类图像很容易进行放大、旋转等操作,且不易失真,精确度较高,所以在一些专业的图形软件中应用较多。但矢量图不适于制作一些色调丰富或色彩变化较大的图像,而且绘制出来的图形不是很逼真,无法像照片一样精确地描述自然界的景观,且由于不同应用程序存储矢量图的方法不同,在不同应用程序之间的转换也有一定的困难。

(2) 位图:位图又称为点阵图,它使用像素来表现图像。在 Photoshop 中使用"缩放"工具,在视图中多次单击,将图像放大,可以看到图像是由一个个像素点组成的,每个像素都具有特定的位置和颜色值。位图图像最显著的特征就是它们可以表现颜色的细腻层次,可以逼真地表现自然界的景观。基于这一特征,位图图像被广泛用于照片处理、数字绘画等领域,同时位图也可以很容易地在不同软件之间交换文件。但位图无法制作真正的 3D 图像,并且图像缩放和旋转时会产生失真现象;同时位图图像在保存为文件时,需要记录下每一个像素的位置和色彩数据,形成的文件较大,对内存和硬盘的空间容量的需求也较高。Photoshop CS5 属于位图图像软件,用它保存的图像都是位图图像。

3. 图像的颜色模式

颜色模式是将某种颜色表现为数字形式的模型,或者说是一种记录图像颜色的方式。不同的颜色模式所定义的颜色范围不同,其通道数目和文件大小也不同。常见的颜色模式有:RGB 模式、CMYK 模式、HSB 模式、Lab 颜色模式、位图模式、灰度模式、索引颜色模式、双色调模式和多通道模式等。下面主要介绍 RGB 模式。

RGB 颜色模式是目前应用最为广泛的颜色系统之一,也是工业界的一种颜色标准。RGB 颜色由红(red)、绿(green)、蓝(blue)三原色构成,它代表了可视光线中的三种基本颜色,通过对 R、G、B 三个颜色通道的变化以及它们相互之间的叠加来得到各式各样的颜色。RGB 三原色中的每一种原色都存在着 256 个等级强度的变化(0~255),如红色(R),在 0 级时是全黑,而到了 255 级就是全红了。通过对 RGB 三原色不同的颜色等级的叠加组合,能得到共计 16 777 216 种色彩,这些色彩称为真色彩,通过这种方法基本上可以模拟出肉眼所能见到的大自然的所有色彩。

4. 图像的文件格式

图像文件格式是记录和存储影像信息的格式。常见的图像文件格式有 BMP、JPEG、GIF、PSD、PNG、PDF 等。

（1）BMP 格式：BMP（Windows Bitmap）是一种 Windows 标准的位图图像文件格式。BMP 格式可以保存真彩色的图像，所占用的空间也较大，但是它可以采用一种叫RLE 的无损压缩方式，并且对图像质量不会产生什么影响。

（2）JPEG 格式：JPEG（Joint Photographic Experts Group，联合图像专家组）是最常用的一种图像格式，它是一个最有效、最基本的有损压缩格式，被极大多数的图形处理软件所支持。JPEG 格式的图像被广泛运用于网页的制作，当对图像的精度要求不高而存储空间又有限时，JPEG 是一种理想的压缩方式。

（3）GIF 格式：GIF（Graphics Interchange Format）有以下几个特点：它只支持 256色以内的图像；它采用无损压缩存储，在不影响图像质量的情况下，可以生成很小的文件；它支持透明色，可以使图像浮现在背景之上；它可以制作动画，这也是 GIF 最突出的一个特点。GIF 以上这些特点恰恰适应了 Internet 的需要，于是它成了 Internet 上最流行的图像格式。

（4）PSD 格式：PSD（Photoshop Document）是 Adobe 公司的图像处理软件 Photoshop的专用格式。它可以保存 Photoshop 的图层、通道、路径等信息，是能够支持全部图像色彩模式的一种格式。PSD 格式在保存文件时，会将文件压缩以减少占用的磁盘空间。但PSD 格式所包含的图像数据信息较多，因此比其他格式的图像文件要大得多。由于 PSD文件保留了所有原图像数据信息，因而修改起来较为方便。

（5）PNG 格式：PNG（Portable Network Graphic，便携网络图像）是由 Netscape 公司开发的图像格式，可以用于网络图像。PNG 格式可以保存 24 位的真彩色图像，并且支持透明背景和消除锯齿边缘的功能，可以在不失真的情况下压缩保存图像。但由于 PNG格式不完全支持所有浏览器，且所保存的文件也较大，从而影响下载速度，因此目前它在网页中的使用要比 GIF 格式少得多。

（6）PDF 格式：PDF（Portable Document Format，便携文档格式）是 Adobe 公司开发的一种电子出版软件的文档格式。该格式文件可以存有多页信息，其中包含图形、文档的查找和导航功能。因此，使用该软件不需要排版或图像软件即可获得图文混排的版面。由于该格式支持超文本链接，因此网络下载经常使用该格式的文件。

7.1.2 Photoshop CS5 的功能简介

Photoshop CS5 的功能十分强大，基本功能如下。

（1）图像编辑。图像编辑是图像处理的基础，可以对图像做各种变换如放大、缩小、旋转、倾斜、镜像、透视等，还可以进行复制、去除斑点、修补、修饰图像的残损等，这在婚纱摄影、人像处理制作中有非常大的用场。

（2）图像合成。图像合成是将几幅图像通过图层操作，应用工具合成完整的、传达明确意义的图像，还可以通过使用绘图工具让外来图像与创意很好地进行融合。

（3）校色调色。校色调色是 Photoshop 中深具威力的功能之一，可方便快捷地对图像的颜色进行明暗、色彩的调整和校正，也可在不同颜色进行切换以满足图像在不同领域如网页设计、印刷、多媒体等方面的应用。

（4）特效制作。特效制作主要通过 Photoshop 的滤镜、通道及工具综合应用完成，包括图像的特效创意和特效字的制作，如油画、浮雕、石膏画、素描等常用的传统美术技巧都可以由 Photoshop 特效完成。

与早期版本的 Photoshop 相比，Photoshop CS5 增加了许多新功能，例如内容识别填充和修复、操控变形、出众的绘画效果等，主要是加强了抠图及网页制作方面的功能。

7.1.3　Photoshop CS5 的工作界面

启动 Photoshop CS5 程序，任意打开一幅图像，其工作界面如图 7-1 所示，它由应用程序栏、菜单栏、工具选项栏、工具箱、工作区、浮动面板组和状态栏等构成。

图 7-1　Photoshop CS5 的工作界面

（1）应用程序栏：位于工作界面的最上方，它提供了一些常用的功能按钮，例如"启动 Bridge"按钮、"查看额外内容"按钮、"缩放级别"按钮、"排列文档"按钮、"屏幕模式"按钮和"选择工作区"按钮等。单击某一按钮，即可打开相关选项。

（2）菜单栏：在 Photoshop CS5 中，共有 11 个主菜单命令，每个主菜单内都包含一系列对应的操作命令。如选择"编辑"主菜单，在弹出的下拉菜单中，用户可以选择相应菜单项，设置相应的文件命令。如果在选项菜单命令时，某些命令显示为灰色则表示该命令在当前状态下不能使用。

（3）工具选项栏：提供了有关使用工具的选项。当选中工具箱中的任意工具时，工具选项栏就会改变成相应工具的属性设置选项，用户可以很方便地利用它来设置工具的各种属性，它的外观也会随着选取工具的不同而改变。例如选择"画笔工具"后的选项栏如图 7-2 所示。

图 7-2　"画笔工具"选项栏

（4）工具箱：是处理图像的"兵器库"。它包含了用于创建和编辑图像、页面元素等的工具和按钮，并对相关工具进行了分组排列，如图 7-3 所示，其中工具旁边的字母代表该工具的快捷键。用鼠标单击工具箱中的工具按钮图标,即可使用该工具。如果工具按钮右下方有一个三角形符号,则代表该工具还有弹出式的工具。在该工具按钮上按住鼠标左键不放,或在该工具按钮处单击鼠标右键,即可弹出隐藏的工具组。双击工具箱顶部,可以将工具箱在单排和双排显示之间进行切换。

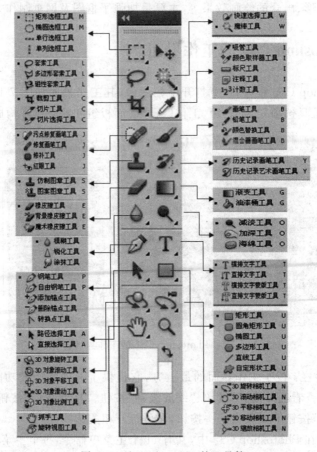

图 7-3　Photoshop CS5 的工具箱

（5）工作区:是显示图像文件,浏览和编辑图像的地方。

（6）状态栏:显示文档的窗口缩放比例、大小、文档尺寸和当前工具等信息。

（7）浮动面板组:在 Photoshop CS5 中包含的面板都可以通过 Photoshop 的"窗口"菜单找到并根据需要显示或隐藏。几个面板窗口组织在一起就成了面板组。默认设置下,每个面板组中都包含 2～3 个不同的面板。要同时使用同一面板组中的两个面板时,可以将这两个面板分离,同时显示在屏幕上。分离面板的方法很简单,只要在面板名称标签上按住鼠标左键并拖动,将其拖出面板组后,释放鼠标左键就可以将两个面板分开。有时也可以将某些不常用的面板合并起来,只要按住鼠标拖动面板名称标签到要合并的面板上,释放鼠标即可实现面板的合并。

在 Photoshop CS5 中提供了"导航器"、"动画"、"动作"、"段落"等 26 个浮动面板,表 7-1 给出了部分浮动面板的作用。

表 7-1　部分浮动面板的作用

面 板 名	作 用
"动作"面板	将用户编辑图像的过程和步骤录制下来,帮助操作烦琐、重复的编辑工作
"段落"面板	对文字段落进行格式化,可以设置段落的对齐方式、缩进、段间距等
"工具"面板	控制工具箱的隐藏和显示
"工具预设"面板	保存工具预置参数,以便以后使用
"画笔"面板	选择画笔和设置画笔特性
"历史记录"面板	编辑图像过程中的还原和重做操作。历史记录调板会记录每一次操作,如果对操作不满意可以恢复到以前的操作
"路径"面板	存储矢量路径的选区
"色板"面板	快速选取常用的前景色和背景色,并可以记录用户自定义的颜色以便以后使用
"通道"面板	保持图像的颜色数据,并且可以在通道中保存蒙版
"图层"面板	是 Photoshop 中的最精华所在。使用它可以轻松地改变图像的顺序、透明度、混合选项等功能
"图层复合"面板	提供了图层复合的功能,图层复合是"图层"面板状态的快照
"信息"面板	让用户在使用工具的时候,了解当前指针的位置、图像大小、色彩参数等数据
"选项"面板	是为各种工具提供选项的面板。"选项"面板不仅在形状上不同于 Photoshop CS5 的其他面板,而且在功能上差别也很大。它还可以通过双击相应的工具来打开,但它没有关闭按钮
"颜色"面板	设置前景色和背景色,可拖动滑块调整颜色,也可输入 RGB 颜色参数指定颜色
"样式"面板	含有各种预先定义好的图层样式,可以快速制作一些图像和文字特效。要应用一种样式,只需在图层面板中创建并选择一个图层,然后在样式面板中单击一种样式即可
"字符"面板	设置文字的属性,包括字体的样式、字符的大小、字符间距等选项

7.2　Photoshop CS5 的文件操作

Photoshop CS5 最常用的文件操作是新建、打开、置入、保存和关闭文件。

7.2.1　新建文件

启动 Photoshop CS5 后,它的工作区中是没有任何图像的。若要在一个新图像中进行编辑,首先需要新建一个文件,新建文件的具体操作步骤如下。

(1) 在菜单栏中选择"文件"|"新建"命令或按 Ctrl＋N 组合键,打开"新建"对话框,

如图 7-4 所示。

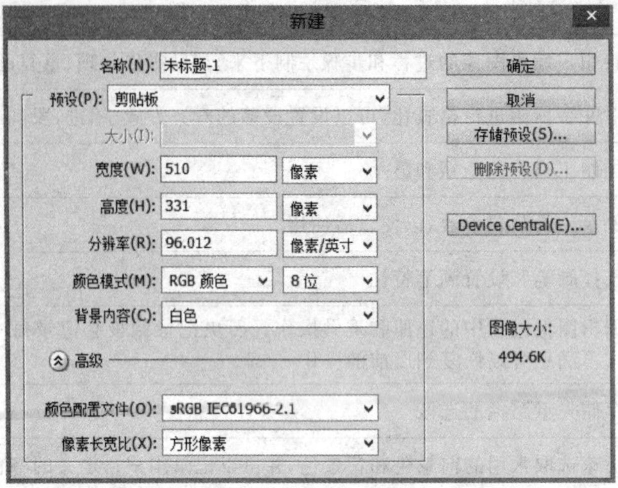

图 7-4 "新建"对话框

在"新建"对话框中,可设置图像的各种基本属性,如表 7-2 所示。

表 7-2 "新建"对话框的属性及作用

属性名	作　　用
名称	创建图像文档的预设名称
预设	图像的属性方案,包括官方设置的 9 种及用户自定义的图像属性方案
大小	如选择的预设方案是官方的方案,则这里会显示图像的像素大小
宽度	设置创建图像的宽度,同时选择不同的单位,例如像素、英寸、厘米、毫米、点、派卡及列等
高度	设置创建图像的高度,同时选择不同的单位
分辨率	设置创建图像的分辨率,单位可以为像素/英寸或像素/厘米
颜色模式	设置创建图像的颜色模式,包括位图(黑白双色)、灰度(自 8 位到 32 位)、RGB 颜色(自 8 位到 32 位,主要用于屏幕显示)、CMYK 颜色(8 位和 16 位,主要用于印刷)以及色彩最丰富的 Lab 颜色(8 位和 16 位,主要用于数码摄影与相片处理)等
背景内容	设置创建的图像背景颜色,可选择白色、背景色及透明
颜色配置文件	设置 Photoshop 管理颜色的规则,不同的颜色模式需要使用不同的颜色配置文件,例如 RGB 颜色可使用 Adobe RGB 或 sRGB IEC 61966—2.1 等
像素长宽比	设置每个像素点的具体形状,包括普通正方形及各种长宽比的矩形(主要用于输出宽频显示器等)
存储预设	将目前设置的属性存储起来,并设置一个名称,在下次创建图像时可通过【预设】属性调用
删除预设	删除"预设"属性中选择的属性

(2)在"新建"对话框中设置好各选项参数后,单击"确定"按钮,即可新建一个文件。

网页设计与制作教程(第 3 版)

7.2.2　打开文件

打开文件可对已经存在或编辑好的图像重新进行编辑。打开文件的具体操作步骤如下。

（1）在菜单栏中选择"文件"|"打开"命令或按 Ctrl＋O 组合键，或在窗口空白位置双击鼠标左键，出现"打开"对话框。

（2）查找所需要的图像存放的路径，单击"打开"按钮，即可打开所选择的图像文件，也可以在选中的图像上双击鼠标左键打开，或者结合"Ctrl"或"Shift"一次打开多张图片。

7.2.3　置入文件

置入命令可以将照片、图片或任何 Photoshop 支持的文件（如 AI、EPS 或 PDF 等格式）作为智能对象添加到新建或打开的图像文件中。置入文件的具体操作步骤如下。

（1）在新建的窗口下，选择"文件"|"置入"命令，弹出"置入"对话框。

（2）选定对象，单击"置入"按钮，该文件将以一个带控制框的形式显示在当前图像窗口中，如图 7-5 所示。拖动控制框四周的控制点，调整置入图像的大小，然后在控制框内双击鼠标左键或按下"Enter"键，确认置入操作。此时，置入的文件将自动转换为智能对象。

图 7-5　置入文件的效果

7.2.4　保存文件

在处理文件的过程中，要养成随时保存文件的习惯，以免发生意外而丢失图像文件。另外，在对文件进行后期输出之前，还需要将文件以恰当的格式保存，以符合制作的需要。

1. 直接保存图像文件

在当前操作窗口,选择"文件"|"存储"命令或按下 Ctrl+S 组合键,弹出"存储为"对话框。在"文件名"文本框中输入保存文件的名称,在"格式"下拉列表框中选择保存文件的格式,单击"保存"按钮,即可按照设置将文件保存到指定的目录中去。

2. 另存图像文件

对于一个已经保存过的图像文件,需要对该文件的文件格式、文件名或保存位置进行修改时,可以选择"文件"|"存储为"命令或按下 Ctrl+Shift+S 组合键,在弹出的"存储为"对话框中,可重新输入文件名和选择文件格式,将图像文件保存到指定的目录中。

3. 存储为 Web 和设备所用格式

在"文件"下拉菜单中还有一个菜单选项是"存储为 Web 和设备所用格式",它没有像"存储为"那样提供很多种保存图像文件的格式选择,但是它为每种支持的格式提供了更灵活的设置。"存储为 Web 和设备所用格式"的主要特色是可以自动选择文件格式(jpeg 或 gif)和选择 jpeg 的压缩率,以实现选定的文件大小。

7.2.5　使用标尺、网格等辅助工具

辅助工具的主要作用是辅助图像编辑处理操作。利用辅助工具可以提高操作的精确程度,提高工作效率。在 Photoshop CS5 中可以利用标尺、参考线和网格等工具来完成辅助操作。选择"视图"|"标尺"命令,可以显示标尺;选择"视图"|"显示"|"网格"命令,可以显示网格;或者单击应用程序栏的"查看额外内容"按钮也可以显示或隐藏标尺、网格和参考线,如图 7-6 所示为使用了标尺和网格的效果。

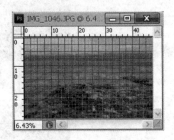

图 7-6　显示标尺和网格

7.3　图像的基本操作

7.3.1　剪切、复制和粘贴

Photoshop CS5 与其他应用程序一样提供了剪切、复制与粘贴等命令,这些命令大都集中在"编辑"菜单中。

【例 7-1】　对图像进行剪切、复制和粘贴操作。

(1) 在 Photoshop CS5 中打开两幅图片,如图 7-7 和图 7-8 所示。

图 7-7　素材 1

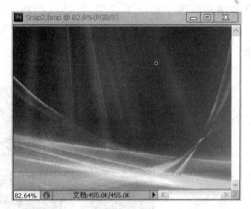

图 7-8　素材 2

（2）使用魔棒工具将素材 1 的图像选中，选择"编辑"|"拷贝"命令或者按下 Ctrl＋C 组合键复制区域中的图像，如图 7-9 所示（或选择"编辑"|"剪切"命令或者按下 Ctrl＋X 组合键剪切区域中选中的图像）。

（3）选定素材 2 图像窗口，选择"编辑"|"粘贴"命令或按下 Ctrl＋V 组合键粘贴剪贴板中的图像内容，或者按下 F4 键也可以进行粘贴的操作，粘贴后效果如图 7-10 所示。

图 7-9　复制选中的图像

图 7-10　粘贴图像后的效果

粘贴好图像以后，在图层面板中会自动出现一个新层，其名称会自动命名，并且粘贴后的图层会成为当前作用的层。

7.3.2　图像的旋转和变形

1. 旋转和翻转整幅图像

对整个图像进行旋转和翻转的方法：选择"图像"|"图像旋转"菜单命令，弹出如图 7-11 所示的旋转子菜单，再根据需要选择相应的选项。选择旋转命令之前，用户不需要选取范围，直接就可以使用，因为这些命令是针对整个图像的，

图 7-11　"图像旋转"子菜单

所以即使在图像中选取了范围,旋转或翻转仍然是对整个图像进行。

图 7-12 和图 7-13 为选择"图像"|"图像旋转"|"水平翻转画布"菜单命令前、后的效果。

图 7-12 水平翻转前的图像

图 7-13 水平翻转后的图像

2. 旋转和翻转局部图像

要对局部的图像进行旋转和翻转,首先要选取一个操作范围,然后选择"编辑"|"变换"菜单命令,弹出如图 7-14 所示的旋转和翻转子菜单,再根据需要选择相应的选项。当操作对象有若干图层时,局部旋转和翻转图像与旋转和翻转整个图像不同,它只对当前作用层有效;若对一个单独的层(除背景层以外)进行旋转与翻转,只需在"图层"浮动面板中选中该层即可执行旋转和翻转的命令;若对某一层中的某一选取范围进行旋转和翻转,则可按上面的方法进行。

图 7-14 图像变换子菜单

使用"矩形选框工具"选中图7-15的"福娃"部分,选择"编辑"|"变换"|"水平翻转"菜单命令,翻转后效果如图7-16所示。

图 7-15　部分水平翻转前的图像

图 7-16　部分水平翻转后的图像

注：若图像只有一个图层,不绘制选区,执行该命令便会对整幅图像进行水平翻转。

3. 自由变换

选择"编辑"|"自由变换"菜单命令,进入自由变换状态后,就可以进行移动、改变大小、自由旋转和变换等操作,用户也可以在工具选项栏用准确的数字来控制图像旋转、翻转的角度以及尺寸和比例。

【例7-2】　利用"自由变换"功能对图像进行等比例缩小。

(1) 在例7-1中,选择粘贴进去的图层1,选择"编辑"|"自由变换"菜单命令,此时该图层图像周围出现变换控制框,如图7-17所示。

(2) 将鼠标放置在控制框的右上角,当鼠标变成▧形状时,按住 Shift 键,同时按住鼠标左键拖动鼠标可以等比例地缩放图像。

（3）调整好图像后，在控制框区域内双击鼠标左键或者敲击回车键，可取消编辑状态，调整后的效果如图 7-18 所示。

图 7-17　调整前图像

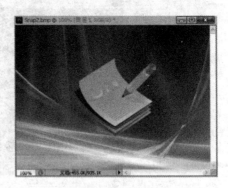
图 7-18　调整后图像

注：进入自由变换状态后，按住 Ctrl 键，鼠标拉动四个对角中的任何一个可产生扭曲的效果；按住 Shift 键 拉动四个对角中的任何一个可等比例缩放。

7.3.3　移动图像

在"图层"面板中选择要移动的对象所在的图层，在工具箱中选中"移动工具"在画面中单击并拖动鼠标即可移动对象。若移动的对象是图像中某一块区域，那么，必须在移动前先选取范围，然后再使用移动工具进行移动。

如果在使用"移动工具"时，按住 Ctrl＋Alt 键，可以移动并复制选区内图像。除此之外，也可以通过键盘上的方向键，将对象以一个像素的距离移动；如果按住 Shift 键，再按方向键，则每次可以移动 10 个像素的距离。

7.3.4　清除图像

要清除图像，必须先选取范围指定清除的图像内容，然后选择"编辑"｜"清除"菜单命令即可，删除后的图像会填入背景色颜色。该命令与剪切命令类似，但并不相同，剪切是将图像剪切后放入剪贴板，而清除则是删除但不放入剪贴板。

不管是剪切、复制，还是删除，用户都可以配合使用羽化的功能，先对选取范围进行羽化操作，然后进行剪切、复制或清除。

7.3.5　还原、重做与恢复操作

和其他应用软件一样，Photoshop CS 也提供了"撤销"与"恢复"命令。Photoshop 能够在没有保存并关闭图像之前，恢复所有的编辑操作，还可以很轻松地指定删除没有用的某几步操作。因此，熟练地运用这些功能将带来极大的便利。

1．还原和重做

在进行图像处理时，最近一次所执行的操作步骤在"编辑"菜单的顶部显示为"还原 操作步骤名称"。选择"编辑"|"还原"菜单命令，或按下 Ctrl＋Z 快捷键，可以立即撤销该操作步骤，此时菜单命令会转换成"重做 操作步骤名称"。选择该命令也可以再次执行该操作。

"还原"命令只能还原一步操作，如果要连续还原，可选择"编辑"|"后退一步"菜单命令，或连续按 Alt＋Ctrl＋Z 快捷键。如果要取消还原，可以连续选择"编辑"|"前进一步"菜单命令，或连续按 Shift＋Ctrl＋Z 键逐步恢复被撤销的操作。

2．"历史记录"面板

"历史记录"面板的出现使 Photoshop 更为出色，操作更加便捷。选择"窗口"|"历史记录"菜单命令可显示"历史记录"面板，在编辑图像时，用户的每一步操作，都会被 Photoshop 记录在"历史记录"面板中。通过该面板可以将图像恢复到操作过程中的某一步状态，也可以再次回到当前的操作状态，还可以将处理结果创建为快照或新的文件。

3．恢复图像

在编辑图像的过程中，只要用户没有保存过图像，都可以将图像恢复至打开时的状态。方法为：选择"文件"|"恢复"菜单命令或按 F12 键。若在编辑过程中进行了图像保存，则执行恢复命令后，图像恢复至上一次保存的画面，并将未经保存的编辑数据丢弃。

7.4　色彩和色调的调整

色彩校正是图像修饰和设计的一项十分重要的内容。Photoshop CS5 提供了较为完美的色彩和色调调整的功能，使用这些功能可以校正图像色彩的色相、饱和度和明度，处理曝光照片等。

7.4.1　颜色的基本属性

颜色可以产生对比效果，使图像显得更加绚丽，同时还能激发人的感情和想象。正确地运用色彩能使黯淡的图像明亮绚丽，使毫无生气的图像充满活力。

1．色相

每种颜色的固有颜色叫作色相，这是一种颜色区别于另一种颜色的最明显的特征。颜色的名称就是根据其色相来决定的，例如，红色、蓝色、黄色等。颜色体系中最基本的色相为红、橙、黄、绿、青、蓝和紫。将这些颜色相互混合，可以产生许多色相的颜色。色相就像色彩外表的华美肌肤。色相体现着色彩向外的性格，是色彩的灵魂。

2．饱和度

饱和度是指色彩的鲜艳、饱和、纯净的程度。它取决于一种颜色的波长单一程度，表示颜色中含有纯色成分的比例,比例越大,纯度越高;反之颜色的纯度则越低。在所有色彩中,红色的纯度最高。

将任何一种纯色加入白色,明度虽然提高,但纯度降低;加入黑色,不但明度降低,纯度也降低;若加入与其同明度的灰色,则明度不变,但纯度降低;两种或两种以上的纯色相混合,其纯度也会降低。在现实中,尤其是彩色印刷中,由于工艺条件的限制,不可能得到纯度为100%的颜料,颜色的饱和度也就无法达到100%。因此,在设置颜色时,不应该选择过度饱和的颜色。

3. 明度

明度是指色彩的明暗程度,即色彩明度间的差别和深浅的区别。明度具有相对的独立性,其中白色明度最高,黑色明度最低。一种颜色若加入了比它明度高的其他色,明度就会提高,反之明度就会降低。

7.4.2 调整图像色调

对图像的色调进行调整,主要是调整图像的明暗程度,例如,将一幅图像调亮或调暗。在 Photoshop CS5 中,调整图像色调的方法很多,如通过色阶、自动色阶、自动对比度、自动颜色、曲线、色彩平衡、亮度/对比度和曝光度等调整。下面通过实例介绍通过色阶调整图像色调的方法。

【例 7-3】 通过色阶调整图像的色调。

(1) 在 Photoshop CS5 中打开一幅图片,如图 7-19 所示。可以看出这幅图片的整体色调偏灰暗,现在要将这幅图片的色调调整为清晰的阳光艳丽的效果。

(2) 打开"图层"面板,双击 进行解锁,将背景图层转化为普通图层,再选择"图像"|"调整"|"色阶"菜单命令,弹出"色阶"对话框,如图 7-20 所示。

图 7-19　原图

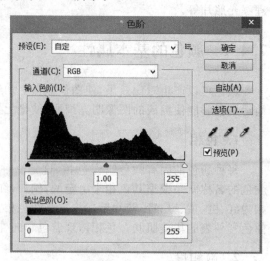

图 7-20　"色阶"对话框

"色阶"对话框中主要选项的含义如表 7-3 所示。

表 7-3 "色阶"对话框属性及作用

属性名	作　用
通道	选择需要进行色调调整的颜色通道,可以对 RGB 或 CMYK 的主通道或单一通道分别进行调整
输入色阶	拖动输入色阶下方的 3 个滑块,或直接在其下方的文本框中输入数值,通过图像暗调、中间调和高光色阶值来调整图像的色阶
直方图	显示图像的色调范围和各色阶的像素数量
输出色阶	调整图像的最高色阶和最低色阶
设置黑场	使图像变暗。单击该按钮,在图像窗单击鼠标左键,图像中所有像素的亮度值将被减去吸管单击处像素的亮度值,从而使图像变暗
设置灰点	单击该按钮,在图像中单击鼠标左键,此时将用鼠标单击处的像素的亮度来调整图像中其他像素的亮度
设置白场	与"设置黑场"相反。单击该按钮,在图像中单击鼠标左键,图像中所有像素的亮度值将被加上吸管单击处像素的亮度值从而使图像变亮

(3) 在"色阶"对话框中设置好各项参数,单击"好"按钮,图片效果如图 7-21 所示。

图 7-21　效果图

7.4.3　调整图像色彩

图像色彩的调整包括调整图像的色相、饱和度和明度等。在 Photoshop CS5 中,调整图像色彩的方法很多,如通过色相/饱和度、匹配颜色、替换颜色、可选颜色、通道混合器、照片滤镜、阴影/高光和色彩变化等调整。下面通过实例介绍通过"色彩平衡"调整图像色彩方法。

【例 7-4】　利用"色彩平衡"功能来调整图片的色彩。

(1) 在 Photoshop CS5 中打开一幅图片,如图 7-22 所示。可以看出图片的色彩偏红色,现在利用 Photoshop 来将图片调整为绿色色调。

图 7-22　原图

（2）打开"图层"面板，双击 🔒 进行解锁，将背景图层转化为普通图层，然后选择"图像"|"调整"|"色彩平衡"菜单命令，弹出"色彩平衡"对话框。

（3）在"色彩平衡"对话框中，拖动一个滑块即可看到图片的色彩发生了变化，现将滑块设置如图 7-23 所示，然后单击"确定"按钮，完成调色，图片呈现出绿色色调，效果如图 7-24 所示。

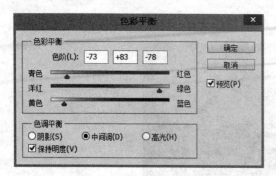

图 7-23　设置色彩平衡参数

图 7-24　效果图

7.5　Photoshop CS5 的文字操作

文字是平面设计中很重要的设计元素，在 Photoshop CS5 中，可以方便地对文字进行输入、编辑和转换等操作，可以对文本设置各种格式，如斜体、上标、下标、下划线和删除线等，也可以对文字进行变形，还能将文字转换为矢量路径或者普通图层。

7.5.1　文字的输入

在 Photoshop CS5 中输入的文本分为两种形式：点文本和段落文本。

- 点文本：使用文字工具直接在图像窗口中单击后输入的文本，称之为点文本。在输入点文本时，文字不会自动换行，如果需要换行，必须按下 Enter 键。点文本一般用于输入少量的文字。

- 段落文本：使用文字工具在图像窗口中拖出段落文本框，在文本框中输入的文字称为段落文本。段落文本会根据文本框的大小自动换行，这种方式用于输入大量的文字。

在工具箱中选择"文本工具"可以输入横排文字、竖排文字、横排文字型选区和竖排文字型选区，"文本工具"如图 7-25 所示。

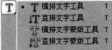

图 7-25　文本工具

1. 输入横排文字

输入横排点文字的操作很简单，可以选择工具箱中的"横排文字工具"选项，在需要输入文字的图像位置处单击鼠标左键，此时在鼠标单击处将会显示闪烁的光标，即可输入文字，然后单击工具选项栏中的"提交所有当前编辑"按钮 ✔，或单击工具箱中的选择工具按钮 ▸✛，确认输入的文字。若单击工具选项栏中的"取消所有当前编辑"按钮 ⊘，则可清除输入的文字。

【例 7-5】　给图片添加横排文字。

（1）选择"文件"|"打开"菜单命令，打开一幅图像，如图 7-26 所示。

图 7-26　打开一幅图像

（2）选取工具箱中的"T 横排文字工具"选项，移动光标至图片窗口中，此时鼠标指针将呈 I 形状。若输入点文本，则在图像窗口中需要输入文字的位置处单击鼠标左键，确定插入点输入文字，如图 7-27 所示；若输入段落文本，则在图像窗口中需要输入文字的位置拖出段落文本框后输入文字，如图 7-28 所示。

（3）文字输入完成后，选取工具箱中的选择工具，或按 Ctrl＋Enter 组合键，确认输入，效果如图 7-29 和图 7-30 所示。

2. 输入文字型选区

创建文字型选区与输入文字操作基本一致，只是选择工具箱中的"横排文字蒙版工具"选项，输入文字型选区后的效果如图 7-31 所示。

图 7-27　输入点文本

图 7-28　输入段落文本

图 7-29　输入点文本后的效果

图 7-30　输入段落文本后的效果

图 7-31　输入文字型选区效果

3. 创建路径文字效果

要创建路径文字效果,首先要在图像窗口中使用路径工具创建路径,然后再使用文字工具输入文字。下面举例说明。

【例 7-6】　创建路径文字效果。

(1) 选择"文件"|"打开"菜单命令,打开一幅图像,如图 7-32 所示。

(2) 选取工具箱中的"钢笔工具" ,单击工具选项栏中的"路径"按钮 ,然后在图像窗口中绘制一条开放路径,如图 7-33 所示。

(3) 选取工具箱中的"横排文字工具",在路径的起始点单击鼠标左键,确认插入点,即可开始输入文字,如图 7-34 所示。

(4) 输入完成,按 Ctrl＋Enter 组合键确认输入的文字。在"路径"面板中的灰色空白处单击鼠标左键,隐藏绘制的路径,输入的路径文字效果如图 7-35 所示。

图 7-32　打开一幅图像

图 7-33　绘制路径

图 7-34　输入路径文字

图 7-35　输入的路径文字效果

7.5.2　文字的编辑

在 Photoshop CS5 中,可以通过以下 3 种方式来对文本进行编辑。

1. 通过工具选项栏编辑文字

在图像窗口中,运用光标选中输入的文字后,此时文字工具选项栏如图 7-36 所示。通过它可以设置文本方向、字体类型、字体大小、消除锯齿、文本对齐方式、文本颜色和字体变形等属性。

图 7-36　文字工具选项栏

2. 通过"字符"面板编辑文字

选择"窗口"|"字符"菜单命令,或选取工具箱的文字工具,单击工具选项栏中的"切换字符和段落调板"按钮▤,弹出"字符"面板,如图 7-37 所示。通过它可以设置字体、字体大小、纵向横向拉伸、行距、字距和颜色等属性。

3. 通过"段落"面板编辑文字

"段落"面板用于设置整段文字的文本格式。在工具箱中选择相应的文字工具,在图像窗口中选中需要设置格式的段落文字,单击该工具选项栏中的"切换字符和段落调板"按钮,或选择"窗口"|"段落"菜单命令,弹出"段落"面板,如图 7-38 所示。在面板中设置相应的选项,按 Enter 键,或单击工具选项栏中的"提交所有当前编辑"按钮,即可改变所选段落文字的格式。

图 7-37 "字符"面板

图 7-38 "段落"面板

7.5.3 文字的转换

在 Photoshop CS5 中,输入的文字可以进行不同的转换,如将文字转换为路径,将文字图层转换为普通图层等。

1. 将文字转换为路径

将文字转换为路径后,可以像编辑普通路径一样编辑转换后的文字。将文字转换为路径的操作方法有 4 种,分别如下。

(1) 选择"图层"|"文字"|"创建工作路径"菜单命令,即可将文字转换为路径。

(2) 在"图层"面板中,按住 Ctrl 键的同时,单击该文字图层名称前面的缩览图 T,将其载入选区,然后在"路径"面板中,单击其底部的"从选区生成工作路径"按钮 ,即可将文字转换为路径。

(3) 在该文字图层的名称处单击鼠标右键,在弹出的快捷菜单中选择"创建工具路径"命令,即可快速地将文字转换为路径。

(4) 在"图层"面板中,按住 Ctrl 键的同时,单击该文字图层名称前面的缩览图 T,将其载入选区,然后在"路径"面板中,单击其右侧的三角形按钮 ,在弹出的下拉面板菜单中选择"建立工作路径"命令,弹出"建立工作路径"对话框,如图 7-39 所示。设置好"容差"参数值后,单击"确定"按钮,即可将文字转换为路径。

图 7-39 "建立工作路径"对话框

2. 将文字图层转换为普通图层

在 Photoshop CS5 中,很多工具和命令不能应用于文字图层,这时,可以将文字图层转换为普通图层,即栅格化文字。在"图层"面板中选择需要转换的文字图层,然后选择"图层"|"栅格化"|"文字"菜单命令或在"图层"面板中选择需要转换的文字图层后,右键单击,选择"栅格化文字"命令,即可将所选择的文字图层转换为普通图层。

3. 将文字图层转换为形状

在 Photoshop CS5 中,将文字转换为形状后,就可以使用编辑路径的方法对文字形状进行各种富有创意的编辑,使文字产生特殊的效果。

【例 7-7】 利用"转换为形状"命令及路径选择工具编辑文字。

(1) 新建一幅图像,设置好前景色和后景色,在工具箱中选取"渐变工具" ,单击工具选项栏中的径向渐变模式按钮 ,填充图像,如图 7-40 所示。

(2) 选取工具箱中的"文字工具",设置字体为"长城大黑体"(不同的字体转换后得到的转换结果不一样,没有的字体可下载安装),输入文字,如图 7-41 所示。

图 7-40 填充后的图像 图 7-41 输入文字效果

(3) 选择"图层"|"文字"|"转换为形状"菜单命令,此时的图像窗口和"图层"面板分别如图 7-42 和图 7-43 所示。

图 7-42 转换为形状效果 图 7-43 转换为形状后的图层面板

（4）利用路径选择工具和钢笔工具对文字路径进行调整，如图 7-44 所示，最终效果如图 7-45 所示。

图 7-44　路径调整后效果

图 7-45　最终文字效果

7.6　Photoshop CS5 的选区操作

在 Photoshop CS5 的图像文件的编辑处理过程中，选区是一个非常重要的概念，因为对图像进行编辑时，大部分操作只对当前选区内的图像区域有效，而对选区外的图像无任何影响。因此，掌握好各种选区的创建方法尤为重要。

7.6.1　创建选区

选区显示时，表现为有浮动虚线组成的封闭区域。在 Photoshop CS5 中，创建选区的方法很多，下面介绍一些常用的创建选区的技术。

1. 创建规则选区

要在图像中创建规则形状的选区，如矩形、椭圆形等，使用 Photoshop CS5 工具箱中提供的选框工具组是最直接、方便的方法。按住工具箱中的"矩形选框工具" ，在弹出的工具组中包括了创建规则选区的各种选框工具。其中"矩形选框工具"与"椭圆选框工具"最为常用，用于选取较为规则的选区；"单行选框工具"与"单列选框工具"用于创建直线选区。

运用选框工具创建选区时，若需要得到精确的选区或控制创建选区的操作，可进一步在工具选项栏中进行相应参数的设置，例如选定"矩形选框工具"后，它对应的工具选项栏如图 7-46 所示。

图 7-46　矩形选框工具的工具选项栏

运用选框工具创建选区的方法为：选定工具箱中的选框工具，移动光标至图像窗口，单击鼠标左键并拖曳，即可创建一个相应形状的选区。图 7-47 为运用"矩形选框工具"创建的选区。

2. 创建不规则选区

在多数情况下，要选取的范围并不是规则的区域范围，这时就需要使用创建不规则区域的套索工具组。按住工具箱中的"套索工具"，在弹出的工具组中包括创建不规则选区的各种选框工具。其中"套索工具"主要用于创建随意性的边缘光滑的选区，可以按照拖动的轨迹创建选区，一般不适于创建精确的选区；"多边形套索工具"主要用于创建由直线段构成

图 7-47　运用"矩形选框工具"创建选区

的多边形选区，通过依次单击所创建的轨迹来指定选区；"磁性套索工具"主要用于在色差比较明显，背景颜色单一的图像中创建选区，它就像具有磁性般附着在图像边缘，拖动鼠标时套索就沿着图像边缘自动绘制出选区。同样它们也可以结合工具选项栏来完成精确的选区创建过程。图 7-48 为运用"磁性套索工具"创建的选区。

图 7-48　运用"磁性套索工具"创建选区

3. 创建颜色选区

Photoshop 工具箱中提供了两种利用颜色创建选区的工具："快速选择工具"和"魔棒工具"，它们可以快速选择色彩变化不大且色调相近的区域。

"快速选择工具"则结合了魔棒工具和画笔工具的特点，以画笔绘制的方式在图像中拖动创建选区，"快速选择工具"会自动调整所绘制的选区大小，并寻找到边缘使其与选区分离，结合 Photoshop 中的调整边缘功能可获得更加准确的选区。

"魔棒工具"用来选择相近色的所有对象，只需通过在图像中单击或连续单击即可创

建选区。"魔棒工具"是根据图像的饱和度、色度或亮度等信息来选择对象的范围,可以通过调整工具选项栏中的"容差"值来控制选区的精确度。另外,工具选项栏还提供其他一些参数设置,方便用户灵活地创建自定义选区。图 7-49 为运用"魔棒工具"创建的选区。

图 7-49　运用"魔棒工具"创建选区

4. 运用命令创建选区

创建选区除了使用选取工具外,还可以使用命令来创建。下面介绍两种运用命令创建选区的方法。

(1) 运用"色彩范围"命令创建选区

Photoshop 在"选择"菜单中设置了"色彩范围"命令用来创建选区,该命令与"魔棒工具"类似,都是根据颜色范围创建选区,但比"魔棒工具"更加准确,并且可以按照通道选择选区。使用"色彩范围"命令可以选定一个标准色彩或用吸管吸取一种颜色,然后在容差设定允许的范围内,图像中所有在这个范围内的色彩区域都将成为选区。"色彩范围"命令适合于在颜色对比度大的图像上创建选区。

(2) 运用"反向"命令创建选区

需要选择当前选区外部的图像时,可以使用反向功能,其操作方法有 3 种,分别如下。

- 选择"选择"|"反向"菜单命令。
- 按 Ctrl+Shift+I 组合键。
- 在图像窗口中的任意位置处单击鼠标右键,在弹出的快捷菜单中选择"选择反向"命令。

创建的选区反向前和反向后的效果如图 7-50 所示。注意,主要区别在边框。

图 7-50　运用"反向"命令前后的效果

7.6.2 编辑选区

创建选区后,为了达到一定的效果还需要对创建的选区进行相应的编辑和处理,下面主要介绍如何实现变换选区和羽化选区的功能。

1. 变换选区

在对选区进行变换时,仅仅是对创建的选区进行变换,不会影响选区中的图像。在Photoshop CS5 中,可对创建的选区进行放大、缩小、旋转和倾斜等变换操作。

【例 7-8】 利用变换选区功能对选区进行放大和旋转操作。

(1) 在 Photoshop CS5 中打开一幅图片并创建选区,如图 7-51 所示。

(2) 选择"选择"|"变换选区"菜单命令,在选的四周出现了控制手柄,如图 7-52 所示,调整这些手柄可以改变选区的大小(若想成比例缩小或扩大图片,则在拖动手柄的同时按住 Alt+Shift 键),将光标移到控制框外。当光标变为带有弧度的双箭头形状时,拖动鼠标,即可对选区进行旋转操作,如图 7-53 所示。

图 7-51　创建选区

图 7-52　变换选区

(3) 将选区调整合适后,单击 Enter 键确定变换,然后单击图像任意位置或者按Ctrl+D 组合键取消选区,最终效果如图 7-54 所示。

图 7-53　调整选区大小并旋转

图 7-54　最终效果

2. 羽化选区

在 Photoshop 中，可以在选区激活的状态下对选区进行不同的修改编辑。选择"选择"|"修改"菜单命令，在弹出的子菜单中包含边界、平滑、扩展、收缩和羽化 5 种操作。这里着重介绍羽化功能。对选区进行羽化处理，可以柔化选区边缘，产生渐变过渡的效果。

【例 7-9】 使用 Photoshop CS5 的羽化功能处理图片。

（1）在 Photoshop CS5 中打开一幅图片，双击该图片图层进行解锁，利用"椭圆选框工具"选取所需要羽化的选区，再选择"选择"|"反向"菜单命令，按 Delete 键可以删除选区外面的图像，得到未经过羽化前的效果，如图 7-55 所示。

图 7-55　羽化前的效果

（2）打开同一幅图片，利用"椭圆选框工具"选取所需要羽化的选区，选择"选择"|"修改"|"羽化"菜单命令，弹出"羽化选区"对话框，在对话框中输入需要羽化的半径（羽化半径值越大，边界柔和的范围越大，反之则小），如图 7-56 所示，单击"确定"按钮，或者在工具选项栏输入羽化值；再选择"选择"|"反向"菜单命令，按 Delete 键删除选区外的图像，即可看到羽化后的图像效果，如图 7-57 所示。

图 7-56　"羽化选区"对话框

图 7-57　羽化后的效果

7.7　Photoshop CS5 的图层操作

7.7.1　认识图层和图层面板

图层是 Photoshop 中最基本、最重要的功能之一，通过使用图层可以非常方便、快捷地处理图像，从而制作出各种各样的图像特效。在 Photoshop CS5 中，图层就如同一叠透明的纸张，每张纸上都可以保存不同的图像信息，将这些图像组合在一起可以组成一幅完整的图像，透过每一张纸都会看到下方的图像，如图 7-58 所示。可以对每一个图层中的对象进行单独处理，这样可以避免对其他图层中的图像进行误操作，同时图层是可以被移动、复制和粘贴的,还可以根据需要,对图层的叠放顺序进行调整。

图 7-58　图层的示意图

在 Photoshop CS5 中,图层的大部分操作都是在"图层"面板中实现的,"图层"面板用于创建、编辑和管理图层,以及为图层添加样式等操作。在 Photoshop 中,任意打开一幅图像,选择"窗口"|"图层"菜单命令,打开"图层"面板,如图 7-59 所示;单击"图层"面板右上角的扩展菜单按钮,可以打开"图层"面板扩展菜单。

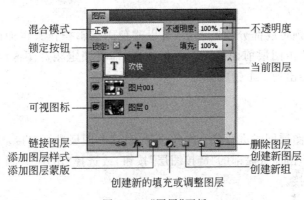

图 7-59　"图层"面板

7.7.2　编辑和管理图层

在 Photoshop 中,编辑操作都是基于图层进行的,了解图层的基本操作后,才可以更加自如地编辑图像。

1. 新建图层

选择"图层"|"新建"|"图层"菜单命令,或者单击"图层"面板中右下角的"创建新图层"按钮,即可在当前图层上新建一个图层,新建的图层会自动成为当前图层。如果要在当前图层的下方新建图层,可以按住 Ctrl 键单击"创建新图层"按钮,但"背景"图层下面不能创建图层。

2. 复制图层

需要制作同样效果的图层,可以选中该图层选择"图层"|"复制图层"菜单命令,或者

单击鼠标右键选择"复制图层"选项。

3. 删除图层

要删除图层,可选择需要删除的图层,将其拖动至"图层"面板中右下角的"删除图层"按钮上释放,即可删除所选择的图层;或在要删除的图层上单击鼠标右键,在弹出的菜单中选择"删除图层"命令。

4. 调整图层顺序

在"图层"面板中,图层的排列顺序决定了图层中图像内容是显示在其他图像内容的上方还是下方,可以通过移动图层的排列顺序来更改各图像的叠放位置。在"图层"面板中单击需要移动的图层,按住鼠标左键不放,将其拖动到需要调整的位置,当出现一条双线时释放鼠标,即可将图层移动到需要的位置。

5. 锁定图层

根据需要完全锁定或部分锁定图层,可以避免因编辑操作失误而改变图层的内容。在"图层"面板中,单击图层前面的锁定图标按钮,即可锁定相对图像内容。图层被锁定后,图层名称右侧会出现一个锁状图标。

6. 链接图层

如果要对多个图层同时进行某个操作,可以将这些图层进行链接。在"图层"面板中,选择多个图层后,单击面板底部的"链接图层"按钮,或选择"图层"|"链接图层"菜单命令即可将图层进行链接。

7. 设置图层透明度

图层的不透明度可用来确定遮蔽选定的图层或显示其下方图层的程度。可以使用"图层"面板中的"不透明度"文本框设置控制当前图层的不透明度。

8. 合并图层

在 Photoshop 中可以将相同属性的图层合并,以减小文件的大小。选择需要合并的图层后,右击鼠标在弹出的菜单中选择"合并图层"命令,或在面板菜单中选择"合并图层"命令;选择"图层"|"合并可见图层"菜单命令可以合并面板中所有可见的图层;选择"图层"|"拼合图像"菜单命令可以将当前所有可见图层合并到"背景"图层中去。

9. 盖印图层

盖印图层是一种特殊的合并图层的方法,该操作可以将多个图层的内容合并为一个目标图层,并且同时保持合并的原图层的独立、完整。按 Ctrl+Alt+E 组合键可以将选定的图层内容合并,并创建一个新图层;按 Shift+Ctrl+Alt+E 组合键可以将"图层"面板中所有可见图层的内容合并到新建图层中。

10. 栅格化图层

在 Photoshop 中,如果要在文字图层、形状图层、矢量蒙版或智能对象等包含矢量数据的图层,以及填充图层上使用绘画工具或滤镜,需要先选择图层将其栅格化,使图层中的图像内容转换为光栅图像,才能进行相应的编辑操作。选择"图层"|"栅格化"命令子菜单中的命令,可以栅格化图层中的内容。

7.7.3 图层混合模式的应用

图层混合模式是指当图像叠加时,将上方图层和下方图层的像素进行混合,从而得到另外一种图像效果。在 Photoshop 中依据各混合模式的基本功能可将图层混合模式分为 6 个类别共 27 种。

(1) 基础型混合模式:此类混合模式包括"正常"和"溶解"2 种,其共同点在于都是利用图层的不透明度及填充不透明度来控制与下面的图像进行混合,这两种不透明度的数值越低,就越能看到更多下面的图像。

(2) 变暗图像型混合模式(减色模式):此类混合模式包括"变暗"、"正片叠底"、"颜色加深"、"线性加深"和"深色"5 种,主要用于滤除图像中的亮调图像,从而达到使图像变暗的目的。

(3) 提亮图像型混合模式(加色模式):此类混合模式包括"变亮"、"滤色"、"颜色减淡"、"线性减淡"和"浅色"5 种混合模式,与上面的变暗型混合模式刚好相反,此类混合模式主要用于滤除图像中的暗调图像,从而达到使图像变亮的目的。

(4) 融合图像型混合模式:此类混合模式包括"叠加"、"柔光"、"强光"、"亮光"、"线性光"、"点光"和"实色混合"7 种,主要用于不同程度的对上、下两图层中的图像进行融合。另外,此类混合模式还可以在一定程度上提高图像的对比度。

(5) 变异图像型混合模式:此类混合模式包括"差值"、"排除"、"减去"和"划分"4 种,主要用于制作各种变异图像效果。

(6) 色彩叠加型混合模式:此类混合模式包括"色相"、"饱和度"、"颜色"和"明度"4 种,主要依据图像的色相、饱和度等基本属性,完成与下面图像的混合。

【例 7-10】 利用"正片叠底"和"亮光"图层混合模式给时钟换背景。

"正片叠底"图层混合模式介绍:整体效果显示由上方图层和下方图层的像素值中较暗的像素合成的图像效果。与变暗混合模式不同,这种混合模式在变暗图像时图像暗部区域过渡很平缓,有利于保持原始图像的轮廓与图像中的阴影部分。任意颜色与黑色重叠时将产生黑色,任意颜色和白色重叠时颜色则保持不变。"亮光"图层混合模式介绍:混合色比 50%灰度亮,图像通过降低对比度来加亮图像,反之通过提高对比度来使图像变暗。

(1) 在 Photoshop CS5 中打开时钟图片、背景图片 1,如图 7-60 和图 7-61 所示。

(2) 利用"移动工具"将"背景图片 1"移动至时钟图片内,调整大小覆盖时钟,如图 7-62 所示。

图 7-60　时钟图片

图 7-61　背景图片 1

（3）用鼠标左键单击时钟图层的缩略图，出现时钟圆形选区，如图 7-63 所示。

图 7-62　移动后覆盖时钟图片的效果

图 7-63　载入圆形选区

（4）选中"图层 1"，单击"图层"面板底部的"添加图层蒙版"按钮，为图层 1 添加蒙版，选择图层混合模式为"正片叠底"，调整图层 1 的透明度为 50%，此时的"图层"面板如图 7-64 所示，最终效果如图 7-65 所示。

（5）若再选择图层混合模式为"亮光"，则效果如图 7-66 所示。

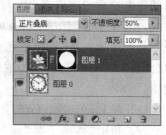

图 7-64　"图层"面板的设置

图 7-65　"正片叠底"效果　　　　　　　　　　图 7-66　"亮光"效果

【例 7-11】　利用"叠加"图层混合模式合成图像。

"叠加"图层混合模式介绍：该操作后图像的最终效果取决于下方图层，上方图层的高光区域和暗调不变，只是混合了中间调。

（1）在 Photoshop CS5 中打开两张素材图片，如图 7-67 和图 7-68 所示。

图 7-67　素材图片 1　　　　　　　　　　图 7-68　素材图片 2

（2）利用"移动工具"把素材 2 移动到素材 1 上，并且调整素材 2 大小，使其刚好覆盖素材 1，设置素材 2 的图层混合模式为"叠加"，调整不透明度为 60％，"图层"面板的设置如图 7-69 所示，最终效果如图 7-70 所示。

7.7.4　图层样式的应用

图层样式用于创建图像特效，是 Photoshop 中最具魅力的功能之一。使用图层样式可以快速更改图层内容的外观，制作出如投影、外发光、叠加、描边等图像效果。在"图层"

图 7-69 "图层"面板的设置

图 7-70 "叠加"效果

面板中,选择要应用图层样式的图层,然后单击面板下方的"添加图层样式"按钮,在打开的下拉列表选择"混合选项"选项后,打开"图层样式"对话框,如图 7-71 所示。在对话框的左侧列表中包含了可以选择的图层样式,单击选择样式选项,即可切换到"样式"选项面板中,设置好样式参数后,单击"确定"按钮即可添加图层样式。

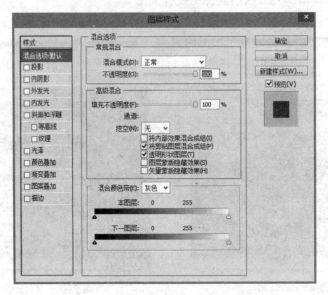

图 7-71 "图层样式"对话框

图层样式大概有以下几种。

- 投影:为图层上的对象、文本或形状后面添加阴影效果。
- 内阴影:在对象、文本或形状的内边缘添加阴影,让图层产生一种凹陷外观,内阴影效果对文本对象效果更佳。
- 外发光:从图层对象、文本或形状的边缘向外添加发光效果。
- 内发光:从图层对象、文本或形状的边缘向内添加发光效果。
- 斜面和浮雕:"样式"下拉菜单将为图层添加高亮显示和阴影的各种组合效果。

网页设计与制作教程(第 3 版)

"斜面和浮雕"对话框样式参数解释如下。

① 外斜面：沿对象、文本或形状的外边缘创建三维斜面。

② 内斜面：沿对象、文本或形状的内边缘创建三维斜面。

③ 浮雕效果：创建外斜面和内斜面的组合效果。

④ 枕状浮雕：创建内斜面的反相效果，其中对象、文本或形状看起来下沉。

⑤ 描边浮雕：只适用于描边对象，即在应用描边浮雕效果时才打开描边效果。

- 光泽：对图层对象内部应用阴影，与对象的形状互相作用，通常创建规则波浪形状，产生光滑的磨光及金属效果。

- 颜色叠加：在图层对象上叠加一种颜色，即用一层纯色填充到应用样式的对象上。从"设置叠加颜色"选项可以通过"选取叠加颜色"对话框选择任意颜色。

- 渐变叠加：在图层对象上叠加一种渐变颜色，即用一层渐变颜色填充到应用样式的对象上。通过"渐变编辑器"还可以选择使用其他渐变颜色。

- 图案叠加：在图层对象上叠加图案，即用一致的重复图案填充对象。从"图案拾色器"还可以选择其他图案。

- 描边：使用颜色、渐变颜色或图案描绘当前图层上的对象、文本或形状的轮廓，对于边缘清晰的形状（如文本），这种效果尤其有用。

【例 7-12】 利用图层样式设置图像效果。

（1）在 Photoshop CS5 中新建一个图像文件；设置一种前景色，然后利用"多边形工具"绘制一个六边形，如图 7-72 所示。

图 7-72　绘制一个六边形图形

（2）选中图层"形状 1"，单击鼠标右键，在弹出的菜单中选择"栅格化图层"选项，此时的"图层"面板如图 7-73 所示。

（3）选择"图层"|"图层样式"|"斜面和浮雕"菜单命令，弹出"图层样式"对话框，参数设置如图 7-74 所示，然后单击"确定"按钮，最终效果如图 7-75 所示。

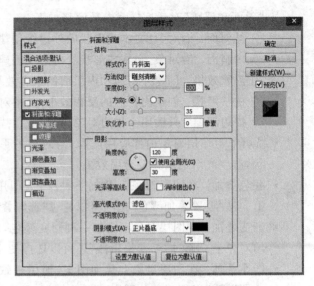

图 7-73 栅格化图层之后的"图层"面板　　　图 7-74 "斜面和浮雕"设置对话框

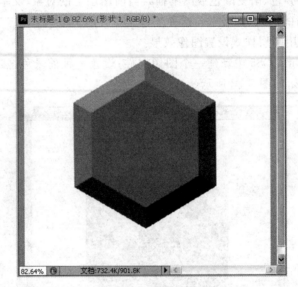

图 7-75 最终效果

7.8 Photoshop CS5 中通道和蒙版的应用

使用 Photoshop CS5 处理图像时,通道和蒙版是两个不可缺少的利器。熟悉蒙版与通道的应用有助于在图像编辑时,进行更加复杂、细致的操作和控制,从而创作出更为理想的图像效果。

7.8.1　认识通道

1. 通道的含义

在 Photoshop 中,通道是图像文件的一种颜色数据信息存储形式,它与图像文件的颜色模式密切关联,多个分色通道叠加在一起可以组成一幅具有颜色层次的图像。通道还可以用来存放选区和蒙版,让用户可以完成更复杂的操作和控制图像的特定部分。

2. 通道的类型

在 Photoshop 中,通道分为颜色通道、Alpha 通道和专色通道 3 类,每一类通道都有其不同的功能与操作方法。

（1）颜色通道

在一幅图像中,像素点的颜色是由这些颜色模式中的原色信息来进行描述的,那么所有像素点所包含的某一种原色信息,便构成一个颜色通道。例如一幅 RGB 图像的红色通道便是由图像中所有像素点的红色信息组成的。同样,绿色通道和蓝色通道也是如此。它们都是颜色通道,这些颜色通道的不同信息配比便构成了图像中的不同颜色的变化;每个颜色通道都是一幅灰度图像,它只代表一种颜色的明暗的变化,所有的颜色通道混合在一起时,便可形成图像的彩色效果,也就是构成了彩色的复合通道。

可见颜色通道的功能是存储图像中的色彩元素,在 Photoshop 中打开一幅图像时会自动产生默认的颜色通道,在"通道"面板中可以直观地看到。图像的默认颜色通道数取决于该图像的色彩模式,例如 RGB 色彩模式的图像有三个单色颜色通道,分别存储图像中的 R(红)、G(绿)、B(蓝)色彩信息,另有一个复合颜色通道用于图像的编辑。同理,对于一个 CMYK 图像,有 CMYK、C、M、Y、K 五个通道;对于一个 Lab 模式的图像,有Lab、L、a、b 四个通道。

对于 RGB 模式的图像,颜色通道中较亮的部分表示这种颜色用量大,较暗的部分表示该颜色用量少,所以当图像中存在整体的颜色偏差时,可以方便地选择图像中的一个颜色通道,并对其进行相应的校正。如果某个 RGB 原稿色调中红色不够,对其进行校正时,就可以单独选择其中的红色通道来对图像进行调整,红色通道是由图像中所有像素点为红色的信息组成的,可以选择红色通道,提高整个通道的亮度,或使用填充命令在红色通道内填入具有一定透明度的白色,便可增加图像中红色的用量,达到调节图像的目的。

（2）Alpha 通道

除了默认的基本颜色通道以外,在图像中还可以创建另一类通道,称为 Alpha 通道。Alpha 通道是计算机图形学中的术语,指的是特别的通道。有时,它特指透明信息,但通常的意思是"非彩色"通道。Alpha 通道用于保存选区,可以将选区存储为灰色图像,但不直接影响图像的颜色。在 Alpha 通道中,黑色表示未选择区域,白色表示选中的区域,灰色表示为部分选中的区域,也被称为"羽化区域",如图 7-76 所示。通过对 Alpha 通道的编辑,能够得到各种效果的选区。

图 7-76 Alpha 通道

（3）专色通道

专色通道是一种特殊的通道，用于存储专色的通道，专色用于替代或补充印刷色的特殊预混油墨，如荧光油墨和金属质感的油墨。在 Photoshop CS5 中，专色通道是以专色的名称来命名的。专色通道一般用得较少且多与打印相关。

3. "通道"面板

在 Photoshop 中，要对通道进行操作，必须使用"通道"面板，选择"窗口"|"通道"菜单命令，可打开"通道"面板，如图 7-77 所示。在面板中，将根据图像文件的色彩模式显示颜色通道数量。在"通道"面板中可以通过直接单击通道选择所需通道，也可以按住 Shift 键单击选中多个通道，所选择的通道会以高亮的方式显示，当用户选择复合通道时，所有分色通道都以高亮方式显示。

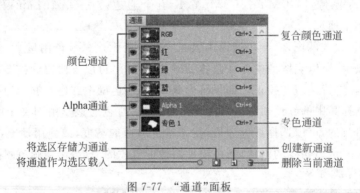

图 7-77 "通道"面板

7.8.2 通道的应用

在使用 Photoshop CS5 编辑或处理图像时，经常需要将一些比较复杂的图像从背景中分离出来，此时使用通道是最理想的方法。

【例 7-13】 通道应用实例。

（1）在 Photoshop CS5 中打开一幅图像，如图 7-78 所示；选择"窗口"|"通道"菜单命令，打开"通道"面板，选择对比最强烈的通道作为作业通道，这里选择蓝色通道，单击鼠标右键复制一个蓝色通道副本，如图 7-79 所示。

图 7-78 打开一幅图像   图 7-79 "通道"面板

（2）选中"蓝 副本"通道，选择"图像"|"调整"|"亮度/对比度"菜单命令，弹出"亮度/对比度"对话框，勾选"使用旧版"复选框，调整亮度与对比度，如图 7-80 所示，然后单击"确定"按钮，此时图像如图 7-81 所示。

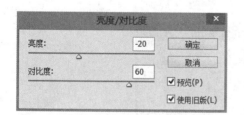

图 7-80 "亮度/对比度"对话框   图 7-81 调整亮度和对比度后的图像

（3）将改变后的通道再复制一遍得到"蓝 副本 2"，选中"蓝 副本 2"通道，选择"图像"|"调整"|"反相"菜单命令进行反相处理，并再次进行第 2 步中的操作，调整"亮度/对比度"参数以达到最佳效果，如图 7-82 所示。

（4）选择"画笔工具"，用白色将需要抠出的部分填充，切换前景色和背景色，用黑色将不需要的部分填充，如图 7-83 所示。

（5）选中 RGB 通道，选择"选择"|"载入选区"菜单命令，在弹出的"载入选区"对话框的"通道"中选择"蓝 副本 2"，如图 7-84 所示。

图 7-82　反相并进一步调整后的图像

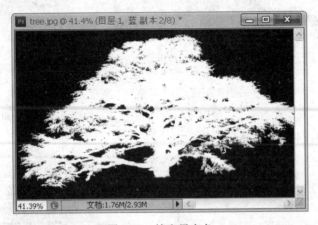

图 7-83　填充黑白色

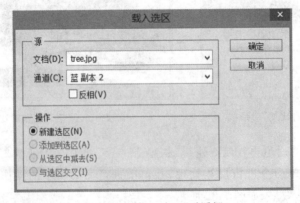

图 7-84　"载入选区"对话框

(6) 打开一张需要合成的背景图片,如图 7-85 所示,将已经选定的选区拷贝并粘贴到背景图片上,调整好摆放位置,合成效果完成了,如图 7-86 所示。还可以再根据光源来调整色调、添加影子以使画面看起来更加自然。

图 7-85　背景图片

图 7-86　换了背景的效果图

7.8.3　创建和编辑蒙版

蒙版就像是浮在图层之上的一块挡板,它本身不包含图像数据,只是对图层的部分数据起遮挡作用。蒙版的本质是一种特殊的,类似一个 8 位灰度等级的图层,将不同灰度色值转化为不同的透明度,并作用到它所在的图层,使图层不同部位透明度产生相应的变化,黑色为完全透明,白色为完全不透明。

1. 创建图层蒙版

图层蒙版是图像处理中最为常用的蒙版,主要用来显示或隐藏图层的部分内容,在编辑的同时保留原图像不因编辑而被破坏。图层蒙版中的白色区域可以遮盖下面图层中的内容,只显示当前图层中的图像;黑色区域可以遮盖当前图层中的图像,显示出下面图层中的内容;蒙版中的灰色区域会根据其灰度值使当前图层中的图像呈现出不同层次的透明效果。

在 Photoshop CS5 中,创建图层蒙版的操作方法为:在"图层"面板中,选择需要创建蒙版的图层为当前工作图层,单击面板底部的"添加图层蒙版"按钮,此时系统自动在当前图层旁边创建一个空白蒙版;或单击"图层"|"图层蒙版"|"显示全部"命令,可为当前图层添加蒙版。

2.创建通道蒙版

当图像窗口中存在选区时,单击"通道"面板底部的"将选区存储为通道"按钮,可以在通道中添加一个蒙版。如果图像文件中没有选区,单击"将选区存储为通道"按钮,将新建一个 Alpha 通道,然后使用工具在新建的 Alpha 通道中绘制白色时,也会在通道中添加一个蒙版。

3.创建快速蒙版

快速蒙版模式可以在不使用通道的情况下,直接在图像窗口中完成蒙版编辑工作,因此非常简便、快捷。使用工具箱中的"以快速蒙版模式编辑"按钮[○]或者按 Q 键可以创建快速蒙版。

在快速蒙版状态下,工具箱的前景色和背景色会自动变成黑色和白色,图像上覆盖的红色将保护选区以外的区域,选中的区域则不受蒙版保护,当使用白色绘制时,可以擦除蒙版,使红色区域变小,这样可以增加选择的区域;使用黑色绘制时,可以增加蒙版的区域,使红色覆盖的区域变大,这样可以减少选择的区域。

4."蒙版"面板

在 Photoshop CS5 中,选择"窗口"|"蒙版"菜单命令,可打开"蒙版"面板,如图 7-87 所示。"蒙版"面板可以调整不透明度和羽化范围等,同时也可以对滤镜蒙版、图层蒙版和矢量蒙版进行调整。

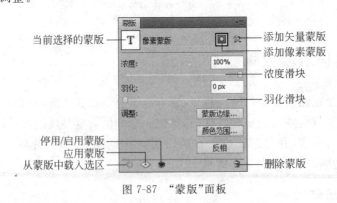

图 7-87   "蒙版"面板

7.8.4   蒙版的应用

利用蒙版功能可以在不毁坏原图的基础上对原图进行处理,为图像增添很多效果。

例如遮挡不希望显现的部分,制造自然的过渡效果,使原图和背景图能够很好地融合起来。

【例 7-14】 利用图层蒙版快速合成图像。

（1）在 Photoshop CS5 中选择"文件"|"新建"菜单命令,新建 1024×420 像素大小的白色画,如图 7-88 所示。选择"文件"|"置入"菜单命令,将图片素材置入新建的画布中,在图片上双击鼠标左键或者按 Enter 键,使其处于未编辑状态,如图 7-89 所示。

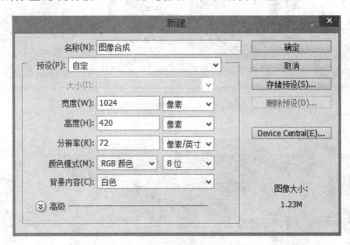

图 7-88 "新建"对话框

图 7-89 素材图片

（2）在"图层"面板中选中"汽车"图层,单击鼠标右键选择"复制图层"得到"汽车 副本"图层;选择"移动工具",将"汽车"图层移到画布左侧,将"汽车 副本"图层移到画布右侧,并调整其大小,如图 7-90 所示。

（3）选中"汽车 副本"图层,选择"编辑"|"变换"|"水平翻转"菜单命令,得到如图 7-91 所示效果。

（4）在"图层"面板中选中"汽车 副本"图层,单击下方的"添加图层蒙版"按钮,为其添加图层蒙版,如图 7-92 所示。

（5）选择"渐变工具",在工具选项栏选择黑白线性渐变效果,选项栏设置如图 7-93

图 7-90　移动调整后的图像

图 7-91　水平翻转后的图像

图 7-92　添加图层蒙版

所示;然后在"汽车 副本"图层上按住鼠标左键从左向右拉动,如图 7-94 所示,松开左键,得到合成的图像,如图 7-95 所示。

图 7-93　"渐变工具"选项栏设置

图 7-94　使用渐变工具

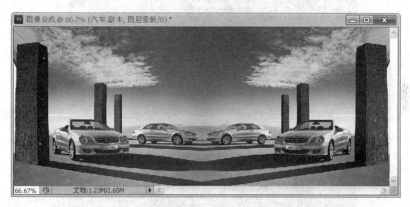

图 7-95　合成的最终效果

【例 7-15】　利用快速蒙版功能制作喷色描边边框。

（1）在 Photoshop CS5 中打开一幅图像，如图 7-96 所示；选取工具箱中的"矩形选框工具"，在图像窗口创建一个矩形选区，矩形选区的大小将决定相框的大小，如图 7-97 所示。

图 7-96　打开一幅图像

图 7-97　绘制矩形选区

（2）单击工具箱中的"以快速蒙版模式编辑"按钮 ▣ ，创建快速蒙版，如图 7-98 所示。

图 7-98　创建快速蒙版

（3）选择"滤镜"|"画笔描边"|"喷色描边"菜单命令，弹出"喷色描边"对话框，设置各选项参数，如图 7-99 所示。单击"确定"按钮，得到的效果如图 7-100 所示。

（4）单击工具箱中的"以快速蒙版模式编辑"按钮 ▣ ，取消快速蒙版，然后选择"选择"|"反向"菜单命令，得到的选区如图 7-101 所示。

（5）设置前景色为白色，选择"编辑"|"填充"菜单命令，弹出"填充"对话框，在"使用"下拉框中选择"前景色"，如图 7-102 所示，删除选区内的图像。选择"选择"|"取消选择"菜单命令，最终的图像效果如图 7-103 所示。

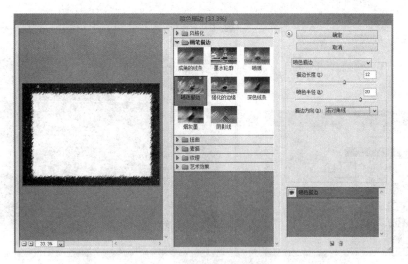

图 7-99　"喷色描边"对话框

图 7-100　喷色描边效果

图 7-101　反向操作后得到的选区效果

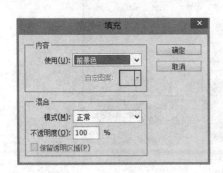

图 7-102　"填充"对话框

图 7-103　图像的最终效果

7.9　Photoshop CS5 中滤镜的应用

　　滤镜是从摄影行业借用过来的一个词。在摄影领域中,滤镜是指安装在照相机镜头前面的一种特殊的镜头,应用它可以调节聚焦和光照的效果。在 Photoshop CS5 中,滤镜是指一种特殊的图像效果处理技术,它主要有以下一些作用:优化印刷图像,优化 Web图像,提高工作效率,增强创意效果和创建三维效果。在创作图像时,根据主题内容的需要使用相应的滤镜,就能轻松实现创作的意图。

7.9.1　滤镜基础知识

1. 滤镜基本原理

　　当选择一种滤镜,并将其应用到图像中时,滤镜就会遵循一定的程序算法,对图像中像素的颜色、亮度、饱和度、对比度、色调、分布和排列等属性进行计算和变换处理,使图像产生特殊效果。滤镜主要分为两部分,一部分是 Photoshop 程序内部自带的滤镜;另一部分是外挂滤镜,也就是由第三方厂商为 Photoshop 生产的滤镜。

2. 滤镜菜单命令

　　Photoshop CS5 的各种滤镜经过归类后,都存放在"滤镜"菜单中,如图 7-104 所示。

图 7-104　"滤镜"菜单

网页设计与制作教程(第 3 版)

"滤镜"菜单的第 1 项为上一次刚使用过的滤镜效果命令,可以单击该命令,再次使用该效果。"滤镜库"、"镜头校正"、"液化"、"消失点"命令是滤镜功能的扩展应用效果,其下方是 Photoshop CS5 归纳的滤镜组。如果在 Photoshop CS5 中安装了外挂滤镜,它们将会显示在该栏的下方。

"滤镜"菜单中各选项的基本功能如表 7-4 所示。

表 7-4 "滤镜"菜单中各选项的基本功能

滤镜项	功　　能
滤镜库	使用"滤镜库",可以累积应用滤镜,并应用单个滤镜多次;可以查看每个滤镜效果的缩览图示例;还可以重新排列滤镜并更改已应用的每个滤镜的设置,以便实现所需的效果
镜头校正	根据 Photoshop 对各种相机与镜头的测量自动校正,可轻易消除桶状和枕状变型、相片周边暗角,以及使边缘出现彩色光晕的色像差
液化	使用该命令,可以使图像产生各种各样的扭曲变形效果
消失点	对图片进行透视克隆的作用,也可以去掉照片上多余的东西
风格化	使图像产生各种印象派及其他风格的画面效果
画笔描边	在图像中增加颗粒、杂色或纹理,从而使图像产生多样的艺术画笔绘画效果
模糊	使图像产生各种模糊效果
扭曲	使图像产生多种样式的扭曲变形效果
锐化	将图像中相邻像素点之间的对比值增加,使图像更加清晰
视频	该命令是 Photoshop CS5 的外部接口命令,用来从摄像机输入图像或将图像输出
素描	将纹理添加至图像中,常用于制作 3D 效果。这些滤镜还适用于美术或手绘外观
纹理	使图像产生各种各样的特殊纹理及材质效果
像素化	使图像产生分块,呈现出一种由单元格组成的效果
渲染	在图像中创建 3D 形状、云彩图案、折射图案和模拟光反射,并从灰度文件中创建纹理填充,以产生类似 3D 光照效果
艺术效果	在美术或商业项目中制作绘画效果或特殊效果,大部分艺术效果滤镜都可以模拟传统绘画的效果
杂色	使图像按照一定的方式添加杂点,制作着色像素图像的纹理
其他	允许用户创建自己的滤镜,使用滤镜修改蒙版,使选区在图像中发生位移,以及快速调整颜色
Digimarc	将数字水印嵌入图像以存储版权信息,对作品进行保护

3. 使用滤镜应注意的事项

- 滤镜效果作用于当前图层或当前选区。
- 滤镜效果不能应用于位图模式、索引颜色及 16 位/通道图像,某些滤镜功能只能用于 RGB 颜色模式,而不能用于 CMYK 颜色模式。
- 文字/形状图层必须栅格化后才能应用滤镜。

- 滤镜是以像素为单位对图像进行处理的,因此对不同像素的图像应用相同参数的滤镜时,所产生的效果可能会有些差距。

7.9.2 滤镜的应用

滤镜的功能很多,下面介绍运用"扭曲"滤镜制作烟花效果的例子。

【例7-16】 利用滤镜功能制作烟花效果。

(1) 在 Photoshop CS5 中新建 400×400 像素的画布,如图 7-105 所示;设置前景色为黑色,利用"油漆桶工具" 将画布填充为黑色,如图 7-106 所示。

图 7-105 "新建"对话框

图 7-106 填充为黑色的画布

（2）设置前景色为白色，选取"画笔工具" 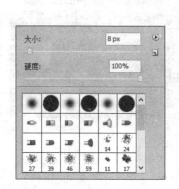，在工具选项栏设置画笔选项，如图 7-107 所示。然后在背景图层中用画笔画出烟花形状，如图 7-108 所示。

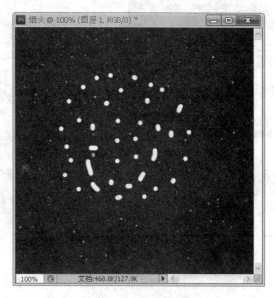

图 7-107　工具选项栏画笔的设置　　　　　图 7-108　绘制烟花形状

（3）选择"滤镜"|"扭曲"|"极坐标"菜单命令，在弹出的"极坐标"对话框中勾选"极坐标到平面坐标"选项，设置如图 7-109 所示，效果如图 7-110 所示。

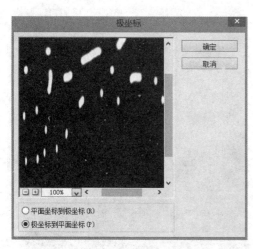

图 7-109　极坐标的设置　　　　　　　　图 7-110　极坐标滤镜效果

（4）选择"图像"|"图像旋转"|"90°（顺时针）"菜单命令，再选择"滤镜"|"风格化"|"风"菜单命令，在弹出的对话框中勾选"从左"选项，设置如图 7-111 所示。按 Ctrl＋F 组合键重复该滤镜两次，得到如图 7-112 的效果。

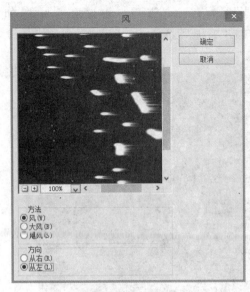

图 7-111　风滤镜设置　　　　　　　　　图 7-112　风滤镜效果

（5）选择"图像"|"图像旋转"|"90°（逆时针）"菜单命令，再选择"滤镜"|"扭曲"|"极坐标"菜单命令，在弹出的对话框中勾选"平面坐标到极坐标"选项，得到如图 7-113 的效果。

（6）在"图层"面板中单击其底部的"创建新图层"按钮 ，新建"图层 1"；选取"渐变工具" ，在工具选项栏选择渐变颜色为"色谱"，然后在画布中按下鼠标左键拖动鼠标，进行渐变填充，如图 7-114 所示；设置图层 1 的图层模式为"颜色"，如图 7-115 所示，得到的最终效果如图 7-116 所示。

图 7-113　旋转扭曲后效果

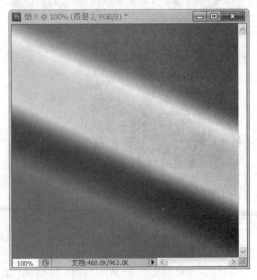

图 7-114　七彩渐变填充效果

图 7-115 设置图层 1 为颜色模式　　　　　　　图 7-116　最终的烟花效果

7.10　Photoshop CS5 网页设计应用实例

7.10.1　设计 Logo

利用 Photoshop CS5 做一个简单的 Logo，主要涉及"钢笔工具"、"路径选择工具"、"油漆桶工具"以及参考线的运用。具体步骤如下。

(1) 在 Photoshop CS5 中新建 500×500 像素的画布，分辨率设为"72"，颜色模式设为"RGB 颜色"，背景内容设为"白色"，单击"确定"按钮，完成新建；单击应用程序栏的功能按钮![icon]▼，显示参考线及标尺；按照新建画布的尺寸及 Logo 的形状画好参考线（移动鼠标箭头到边缘的标尺内，再按住鼠标左键不放，拖出来就会有参考线），如图 7-117 所示。

(2) 单击"图层"面板中的"创建新图层"按钮![icon]，新建"图层 1"；选择"钢笔工具"，在画布中绘制闭合路径，如图 7-118 和图 7-119 所示。

(3) 选择"路径选择工具"，选取 Logo 图形的屋顶部分，对锚点进行调整，配合"钢笔工具"添加四个锚点，并适当变形，如

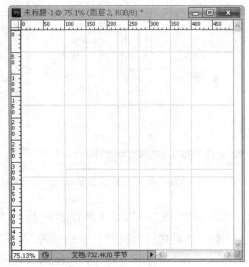

图 7-117　绘制参考线

图 7-120 所示。

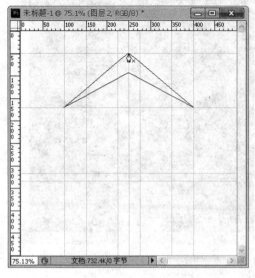

图 7-118　钢笔工具绘制路径 1

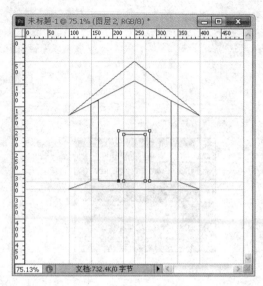

图 7-119　钢笔工具绘制路径 2

（4）选择"路径选择工具"，在画布上任意处单击，取消路径的选中状态；然后在绘制的闭合路径中单击鼠标右键，在弹出的菜单中选择"建立选区"命令，弹出"建立选区"对话框，单击"确定"按钮，建立的选区效果如图 7-121 所示。

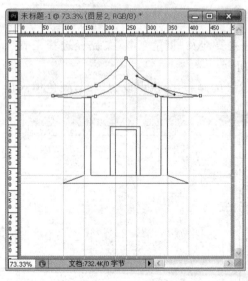

图 7-120　变形调整后的路径

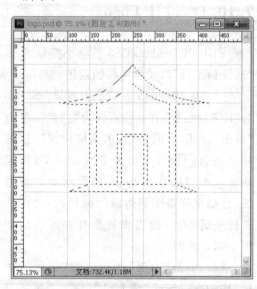

图 7-121　建立选区效果

（5）选中"图层 1"，单击■设置前景色，如图 7-122 所示；选择"油漆桶工具"，对选区进行填充，然后选择"选择"|"取消选择"菜单命令取消选区，效果如图 7-123 所示。

（6）选择"多边形套索工具"，在画布中绘制闭合多边形，如图 7-124 所示，利用"油漆桶工具"对其填充前景色；单击"图层 0"前面的眼睛图标，隐藏"图层 0"的白色背景，完成

　　　　　　　　　　网页设计与制作教程（第 3 版）

Logo 的制作,最终效果如图 7-125 所示。最后将 Logo 保存为 psd 格式和 png 格式,以方便后续修改和使用。

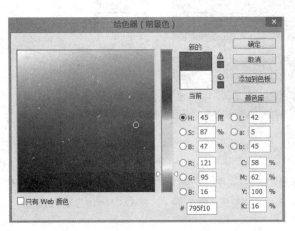

图 7-122 设置前景色

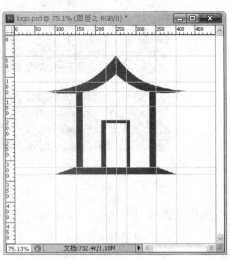

图 7-123 填充后效果图

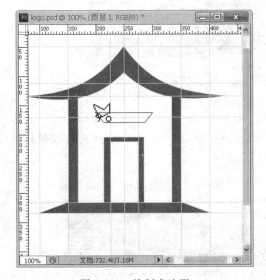

图 7-124 绘制多边形

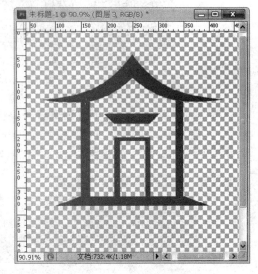

图 7-125 Logo 的最终效果

7.10.2 设计 Banner

利用 Photoshop CS5 制作一个 Banner,主要涉及"移动工具"、"渐变工具"、"油漆桶工具"以及参考线的运用。具体步骤如下。

(1) 根据构思,准备好素材图片:山水、飞鸟、笔架、竹简,如图 7-126 所示。

(2) 选择"文件"|"新建"菜单命令,新建 1003×150 像素的画布,设置分辨率为"72",

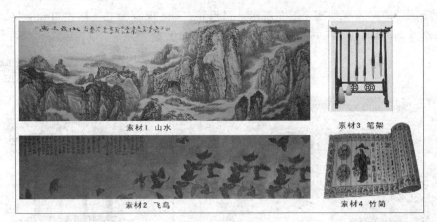

图 7-126　素材图片

颜色模式设为"RGB 颜色",背景内容设为"白色",单击"确定"按钮,完成新建;选择"文件"|"置入"菜单命令,将素材 1"山水"和素材 2"飞鸟"置入画布,选择"移动工具",调整它们的大小及位置,如图 7-127 所示。

图 7-127　置入素材图片并调整大小及位置

(3) 在"图层"面板中,用鼠标拖动图层,将"山水"图层上移至"飞鸟"图层上方,选中"山水"图层,选择"编辑"|"自由变换"菜单命令,出现调整把柄,将"山水"图片向左拉长一些,使两张图片有部分重叠在一起,如图 7-128 所示。

图 7-128　调整图片大小使之相互重叠

(4) 在"图层"面板中,将"飞鸟"图层上移至"山水"图层上方,调整前后的"图层"面板如图 7-129 和图 7-130 所示,调整后的图像如图 7-131 所示。

(5) 选择"飞鸟"图层,单击"添加图层蒙版"按钮 ,给该图层添加蒙版,如图 7-132 所示;然后选择"渐变工具",在工具选项栏选择"线性渐变",并单击 ,在弹出的"渐变编辑器"中选择"黑,白渐变"颜色。

(6) 在画布中按住鼠标左键,在"飞鸟"图片上从右上角向左下角拖动鼠标,如图 7-133 所示,松开鼠标后效果如图 7-134 所示。

网页设计与制作教程(第 3 版)

图 7-129　调整前图层顺序

图 7-130　调整后图层顺序

图 7-131　调整后图像效果

图 7-132　给图层添加蒙版

图 7-133　拖动鼠标

图 7-134　松开鼠标后效果

（7）将素材 4"竹简"置入画布，用鼠标左键拖曳或按住 Ctrl 键的同时用鼠标左键拖曳图片黑点，可以调整图片大小；用鼠标拖动图片至相应的位置，调整后的图像如图 7-135 所示。

（8）用鼠标双击"竹简"图片取消图片编辑状态，选择"魔棒工具" ，在"竹简"图像白色空白处单击，绘制的选区如图 7-136 所示；然后选择"选择"|"反向"菜单命令进行反选（注意边框的变化），如图 7-137 所示。

（9）在"图层"面板中选择"竹简"图层，单击"添加图层蒙版"按钮 ，给"竹简"图层添加蒙版，因为当前选区选中的是"竹简"，其他选区外的图像便被遮挡了起来，效果如图 7-138 所示。

图 7-135　置入并调整素材 4"竹简"的效果

图 7-136　用"魔棒工具"绘制选区

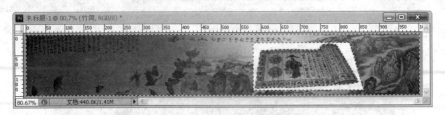

图 7-137　反向操作后选区的效果

图 7-138　给"竹简"添加蒙版后的效果

（10）采用与步骤（7）、（8）和（9）同样的方式，将素材 3"笔架"也合成到画布中来，最终的"图层"面板如图 7-139 所示，Banner 的最终效果如图 7-140 所示。

图 7-139　最终的"图层"面板

网页设计与制作教程（第 3 版）

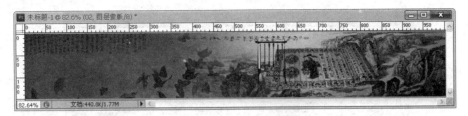

图 7-140　Banner 的最终效果

7.10.3　设计字体

　　利用 Photoshop CS5 设计字体效果，主要涉及"文字工具"及图层样式的应用。具体步骤如下。

　　(1) 选择"文件"|"新建"菜单命令，新建 350×120 像素的画布，分辨率设为"72"，颜色模式设为"RGB 颜色"，背景内容设为"白色"，单击"确定"按钮，完成新建。

　　(2) 双击图层"背景"解锁得到"图层 0"，选择"油漆桶工具"，设置前景色为"♯894b06"，然后在画布中单击鼠标左键，将"图层 0"的颜色填充为前景色，如图 7-141 所示。

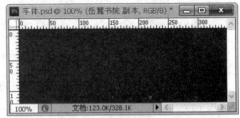

图 7-141　更改"图层 0"的颜色

　　(3) 选择"文字工具"，设置文字工具选项栏：选择"书体坊米芾体"字体(没有可去网络下载，或选择任意一种字体)，字体大小设为"85 点"，消除锯齿方法设为"浑厚"，选择"左对齐"，字体颜色设为"黑色"，如图 7-142 所示；然后在画布中单击鼠标左键设置输入点，输入文字"岳麓书院"，如图 7-143 所示。

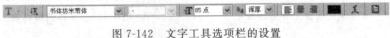

图 7-142　文字工具选项栏的设置

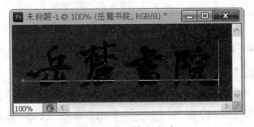

图 7-143　输入文字

　　(4) 在"文字"图层上双击鼠标左键或者单击"添加图层样式"按钮 *fx.*，添加投影、斜面和浮雕及描边图层样式，其中投影、斜面和浮雕采用默认值，将描边样式的颜色改为"白色"，大小设为"3"，如图 7-144 所示；然后单击"确定"按钮，效果如图 7-145 所示。

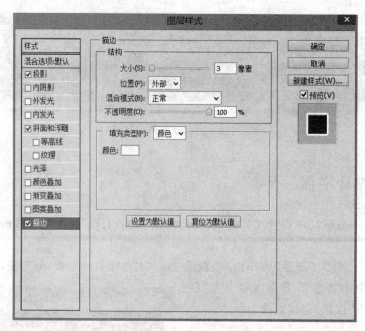

图 7-144　设置图层样式

（5）隐藏"图层 0"，使背景透明，然后存储为 psd 格式和 png 格式，最终的效果如图 7-146 所示。

图 7-145　图层样式设置完成后的效果

图 7-146　字体的最终效果

7.10.4　设计导航

利用 Photoshop CS5 设计导航栏，主要涉及"矩形选框工具"、"油漆桶工具"和"魔棒工具"的运用。具体步骤如下。

（1）选择"文件"|"新建"菜单命令，新建 72×18 像素的画布，分辨率设为"72"，颜色模式设为"RGB 颜色"，背景内容设为"白色"，单击"确定"按钮，完成新建。（由于尺寸较小，因此可以在左下角将画布的视图尺寸放大至 800% 进行操作。）

（2）双击图层"背景"解锁得到"图层 0"；设置前景色为"#55140e"；选择"矩形选框工具"，在画布左上角绘制选区，先绘制外面的大方框选区，然后按住 Alt 键的同时在选区里绘制小方框选区，如图 7-147 所示。

（3）在"图层"面板新建"图层 1"，选择"油漆桶工具"，在矩形选区内填充前景色，按

图 7-147　绘制矩形选区

Ctrl＋D 组合键取消选区，效果如图 7-148 所示；然后按 Ctrl＋J 组合键将"图层 1"复制 3 次，然后选择"移动工具"将复制的 3 个方块移动到另外三个角上，如图 7-149 所示。

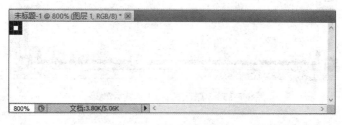

图 7-148　填充矩形选区

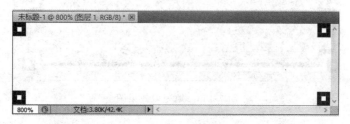

图 7-149　移动图层

　　（4）新建"图层 2"，填充前景色，然后选择"矩形选框工具"，配合 Ctrl 键和 Alt 键在画布上绘制选区，先绘制最外圈的矩形，再逐步绘制中间的两个图形，如图 7-150 和图 7-151 所示；然后按 Delete 键，删除选区内的区域，得到如图 7-152 的效果，然后按 Ctrl＋D 组合键取消选区。

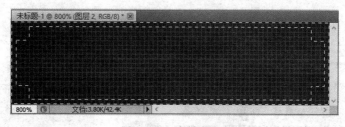

图 7-150　绘制选区 1

　　（5）设置前景色为"♯eedcc8"，选择"魔棒工具"在"图层 2"中央空白处单击，绘制选区，然后选择"油漆桶工具"对选区进行填充，按 Ctrl＋D 组合键取消选区，效果如图 7-153 所示。

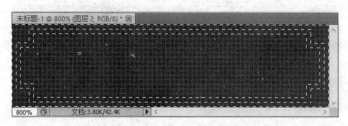

图 7-151　绘制选区 2

图 7-152　删除选区内区域后效果

图 7-153　填充后效果图

（6）选择"文字工具"，设置文字工具选项栏：选择"华文行楷"字体（没有可去网络下载，或选择其他字体），字体大小设为"14 点"，消除锯齿方法设为"浑厚"，选择"左对齐"，字体颜色设为"黑色"，如图 7-154 所示。输入文字"书院首页"，最终效果如图 7-155 所示，更改画布视图尺寸为 100％后的效果如图 7-156 所示。

图 7-154　文字工具选项栏的设置

图 7-155　单个导航的最终效果

图 7-156　100％的视图尺寸的效果

7.10.5 设计主页面

利用 Photoshop CS5 设计主页面,主要涉及"移动工具"、"文字工具"及图层样式的应用。具体步骤如下。

(1) 准备好素材 1-8,如图 7-157 所示。

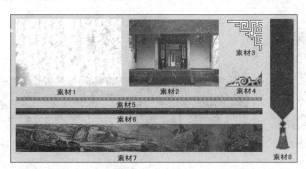

图 7-157　素材 1-8

(2) 新建 1003×530 像素的画布,分辨率设为"72",颜色模式设为"RGB 颜色",背景内容设为"白色",单击"确定"按钮,完成新建。

(3) 选择"文件"|"置入"菜单命令,将素材 3-8 置入到画布中,使用"移动工具"和"自由变换"功能调整各素材的大小及位置,复制素材 3 和素材 4,然后将素材 3 和 4 移动到左侧,各素材摆放情况如图 7-158 所示。

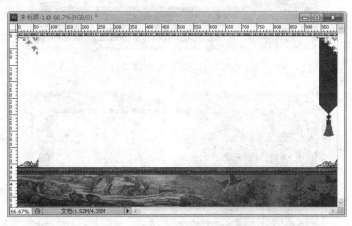

图 7-158　素材 3-8 在画布上的摆放

(4) 在"图层"面板按住 Ctrl 键选中复制的"花角 副本"和"花角 2 副本"图层,如图 7-159 所示;选择"编辑"|"变形"|"水平翻转"菜单命令,将两个花角水平翻转后的效果如图 7-160 所示。

(5) 将素材 1 和素材 2 置入到画布,调整大小和位置(调整图层顺序可以调整图像之间的遮挡),如图 7-161 所示;然后选中素材 1,在"图层"面板单击"添加图层蒙版"按钮 ⬛,对素材 1 图层添加蒙版,然后选择"渐变工具",设置"黑,白渐变",在素材 1 图像上从左下角向右上角拉动鼠标,松开鼠标后效果如图 7-162 所示。

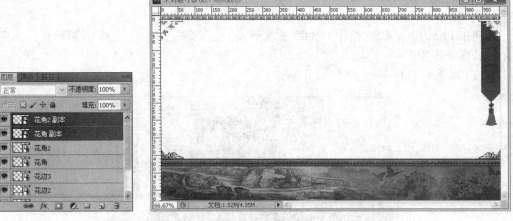

图 7-159 选中两个图层   图 7-160 水平翻转左侧的花角

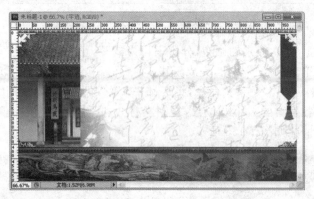

图 7-161 调整素材 1 和素材 2

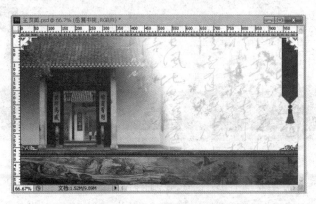

图 7-162 添加渐变蒙版后的效果

(6) 选择"直排文字工具" ，设置文字工具选项栏：选择"华文隶书"字体(没有可去网络下载,或选择其他字体),字体大小设为"46 点",消除锯齿方法设为"浑厚",选择"左对齐",字体颜色设为"黑色",如图 7-163 所示。在素材 8 位置处输入文字"岳麓书院",然后打开该文字图层的"添加图层样式"对话框,设置"投影"和"描边"效果,其中"投影"用默认值,"描边"的颜色选择"白色",如图 7-164 所示。

图 7-163　设置文字工具选项栏

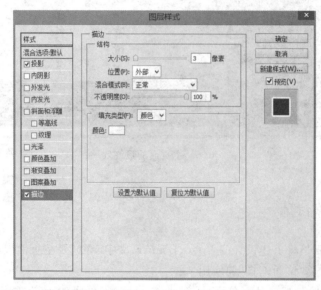

图 7-164　设置图层样式

(7) 选择"直排文字工具"IT,设置文字工具选项栏:选择"书体坊米蒂体"字体(没有可去网络下载,或任选一种字体),字体大小设为"50 点",消除锯齿方法设为"浑厚",选择"左对齐",字体颜色设为"黑色",在素材 1 的位置处输入文字"地接衡湘,大泽深山龙虎气;学宗邹鲁,礼门义路圣贤心",如图 7-165 所示;然后单击工具选项栏中的"提交所有当前编辑"按钮✔,确认输入的文字,最终效果如图 7-166 所示。

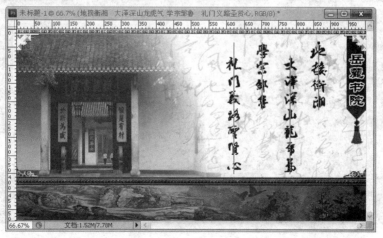

图 7-165　输入直排文字

图 7-166 主页面的最终效果

7.10.6 图像合成

图像合成主要是将上述设计的 Logo、Banner、文字、导航及主页面以有序美观的方式拼合起来,主要涉及"移动工具"的使用。

(1) 选择"文件"|"新建"菜单命令,新建 1003×680 像素的画布,分辨率设为"72",颜色模式设为"RGB 颜色",背景内容设为"白色",单击"确定"按钮,完成新建。

(2) 将各素材置入到画布并调整大小和位置,最终页面效果如图 7-167 所示。

图 7-167 最终的页面效果

网页设计与制作教程(第 3 版)

7.10.7 利用切片功能制作网页

利用 Photoshop CS5 进行切片,主要涉及"切片工具" ✂ 及"切片选择工具" ✂ 的应用。具体步骤如下。

(1)选择"文件"|"打开"菜单命令,打开图片"主页.jpg",然后选择"切片工具" ✂,在图像上根据需要绘制切片,可以配合"切片选择工具" ✂ 对绘制好的切片进行调整,如图 7-168 所示。

图 7-168　绘制的切片效果

(2)选择"文件"|"存储为 Web 和设备所用格式"菜单命令,打开对话框,如图 7-169 所示。然后单击"存储"按钮,弹出"将优化结果存储为"对话框,设置保存位置,选择"HTML 和图像"格式,设置文件名为"index.html",如图 7-170 所示。单击"保存"按钮,在指定的保存位置会看到一个 html 文件和 images 文件夹(用来存放所有的切片图片)。

(3)用 Dreamweaver CS5 打开由 Photoshop CS5 导出的 HTML 文件,选中导航栏,用热点功能为每个栏目建立相应的链接,如图 7-171 所示。

(4)为所有栏目都做好了超链接后,再进行居中、背景颜色等处理,一个网站就制作完成了。在浏览器中打开首页,显示效果如图 7-172 所示。

注:如果要在 Dreamweaver 中修改某块区域,可以进行如下操作:选中需要修改的图片区域,按 Delete 键将其删除,再选择"插入"|"图像"菜单命令。在由 Photoshop CS5 导出的图片文件夹 images 中找到删除了的图片的切图(如果切图很多,不好查找,可以参照 Photoshop CS5 中显示的切图序号),这样就将需要修改的图片区域的图片转换成背景图片了,在背景图片上可进行相关的操作。

图 7-169　"存储为 Web 格式"对话框

图 7-170　"将优化结果存储为"对话框

图 7-171　创建导航链接

图 7-172　用浏览器打开网站首页的效果

思考与练习

1. 单项选择题

(1) 图像的分辨率是指(　　)。

    A. 单位长度上的锚点数量   B. 单位长度上的网点数量

    C. 单位长度上的路径数量   D. 单位长度上的像素数量

(2) 以下说法中,正确的是(　　)。

    A. 可以通过直接改文件名后缀来修改图像格式。

    B. 矢量图通常比位图的文件尺寸大。

    C. 使用图像处理软件可以修改图像的像素大小。

    D. Flash 是一种位图处理软件。

(3) 下面不属于图像修复工具的是(　　)。

    A. 油漆桶工具   B. 污点修复工具

    C. 红眼工具   D. 修复画笔工具

(4) 下列(　　)可以选择连续的相似颜色的区域。

    A. 矩形选框工具   B. 椭圆选框工具

    C. 魔棒工具   D. 磁性套索工具

(5) 在 Photoshop CS5 中建立选区之后,为了优化选区的范围,可以单击工具栏中的“调整边缘”按钮进行选区的优化,下列不属于“调整边缘”对话框中可以调整的选项是(　　)。

    A. 平滑   B. 智能半径   C. 滤镜   D. 羽化

(6) Alpha 通道最主要的用途是(　　)。

    A. 保存图像色彩信息   B. 创建新通道

    C. 存储和建立选择范围   D. 为路径提供的通道

2. 填空题

(1) 常见的颜色模式中,_____模式是将红、黄、蓝 3 种基色按照从 0～255 的亮度值在每个色阶中分配,从而指定其色彩。

(2) 对于_____图像,无论将其放大或缩小多少倍,图形都有一样平滑的边缘和清晰的视觉细节。

(3) 橡皮工具组包含_____、_____和魔术橡皮擦工具 3 种工具。

(4) 使用_____工具可以移动图像,使用_____工具可以将图像中的某部分图像裁剪成一个新的图像文件。

3. 名词解释

请解释以下概念:像素、分辨率、色相、饱和度、明度。

4. 问答题

(1) 在 Photoshop 中常见的图像的颜色模式和文件格式有哪些?

（2）矢量图和位图是指什么？它们各有什么特点？

（3）简述图层的分类及其特点。

（4）简述通道的分类及其作用。

5．实践题

（1）请使用污点修复工具快速将图 7-173 中下方的鸭子去除，得到图 7-174 的效果。

图 7-173　原图

图 7-174　修改后的图

（2）试着给图 7-175 添加文字，添加后的效果如图 7-176 所示。

图 7-175　原图

图 7-176　添加文字后的效果

（3）请将图 7-177 中的牛抠出并更换一个背景，最后效果如图 7-178 所示。抠图方法有很多种，如快速选择工具抠图、魔棒工具抠图、套索工具抠图、抽出滤镜抠图、通道抠图等，请在实践中熟练掌握。

图 7-177　原图

图 7-178　抠出后更换背景后的效果

（4）请运用"径向模糊"滤镜功能为图 7-179 所示的海报制作焦点效果，效果如图 7-180 所示。请在实践中熟练掌握利用蒙版、滤镜等制作常见的图像效果的技能。

图 7-179　原图

图 7-180　"径向模糊"效果图

第 *8* 章 Flash CS5 基础知识

8.1 Flash CS5 概述

Flash 是目前非常流行的二维动画制作软件之一,它能将矢量图、位图、音频、动画和深层的交互动作有机地结合在一起,创建出美观、新奇、交互性强的动画。Flash CS5 是 Adobe 公司在 2011 年 5 月发布的 Flash 版本,相比之前的版本,Flash CS5 制作动画的效率更高,界面设计也更人性化。

8.1.1 Flash 动画技术的特点

与其他动画技术相比,Flash 动画技术的特点主要集中在以下几个方面。

(1) 使用矢量技术。Flash 的图形系统是基于矢量的,制作时只需存储少量的向量数据就可以描述一个看起来相当复杂的对象,这样,其占用的存储空间同位图相比具有更明显的优势,形成的文件短小精悍,非常适用于低带宽的因特网。使用矢量图形的另一个好处还在于,无论将它放大多少倍,图像都不会失真。

(2) 支持流媒体技术。Flash CS5 支持流式下载,动画在下载传输的过程中即可播放,大大减少了用户在浏览器端等待的时间,易于网络传播。

(3) 强大的交互性。Flash 具有强大的交互功能,这不仅给网页设计创造了无限的创意空间,还使得用 Flash 构建整个梦幻站点成为可能。Flash 提供了全新的 Action 指令设定环境,使用的 ActionScript 具备比较完整的程序语言构架,让用户可以随心所欲地控制动画。

(4) 使用方便,得到平台广泛支持。Flash 使用插件方式工作,插件小且容易下载安装。目前包括 IE 在内的大部分浏览器都支持 Flash 插件,使得用户观看 Flash 更为方便。

(5) 普及性强,制作成本低。Flash 动画技术简单易学,不必掌握高深的动画技术,也可以制作出令人满意的动画;Flash 动画的制作成本低、效率高,可以节约大量的人力、物力,缩短制作时间。

8.1.2　Flash 动画的应用

一般来说,Flash 主要有以下用途。

(1) 制作网站动态元素,甚至整个网站。现在大多数网站中都加入了 Flash 动画元素,借助其高水平的视听影响力吸引浏览者的注意。例如网络广告,任意打开一个门户网站,基本上都可以看到 Flash 广告元素的存在。另外 Flash 不仅是一种动画制作技术,它同时也是一种功能强大的网站设计技术,在国外,完全使用 Flash 开发的网站更是屡见不鲜。

(2) 开发交互性游戏。Flash 动画有别于传统动画的重要特征之一就在于它的互动性,观众可以在一定程度上参与或控制 Flash 动画的进行。Flash 常常被应用于创建具有交互性的多媒体软件,如软件安装界面、多媒体教学课件以及一些小游戏的开发。因为艺术性和交互性的完美结合,Flash 开发的多媒体软件完全能符合大部分用户的要求。

(3) 设计多媒体教学课件。为了摆脱传统的文字式的枯燥教学,远程网络教育对多媒体课件的要求非常高,利用 Flash 制作的教学课件,能够很好地满足这些需求。

(4) 制作电子贺卡等多媒体动画。Flash 的应用十分广泛,最常见的有电子贺卡,利用 Flash 制作的贺卡与过去单一的文字或图像的静态贺卡相比互动性强、表现形式多样、文件体积小。此外,使用 Flash 还可以制作 MTV、小型卡通片等。

(5) 开发手机应用程序。随着智能手机的广泛使用,各种手机应用得到推广。使用 Flash 可以制作许多手机应用,包括 Flash 手机屏保、主题、小游戏、应用工具等。

8.1.3　Flash CS5 的界面介绍

要正确高效地运用 Flash CS5 软件制作动画,就必须先熟悉 Flash CS5 的工作界面并了解工作界面中各部分的功能,包括学习 Flash CS5 中的菜单命令、工具、面板的使用方法,并熟悉专业术语。

1. Flash CS5 的开始页

启动 Flash CS5 后,程序将打开其默认的开始页面,如图 8-1 所示。开始页面将常用的任务都集中放在一起,供用户随时调用。用户可以在页面中选择从哪个项目开始工作,很容易实现从模板创建文档、新建文档和打开文档等操作。

2. Flash CS5 的工作界面

启动 Flash CS5 后,在开始页中选择 ActionScript 3.0 或 ActionScript 2.0 (ActionScript 是 Flash 内置的脚本语言,ActionScript 3.0 修改了以前版本的语法结构,真正实现了面向对象,使编写代码更加结构化、系统化和标准化)选项,即可进入 Flash CS5 的工作界面。Flash CS5 默认的工作界面由菜单栏、标题栏和编辑栏、舞台及工作区域、"时间轴"面板、"工具"面板、"属性"面板等组成,如图 8-2 所示。

图 8-1　Flash CS5 开始页面

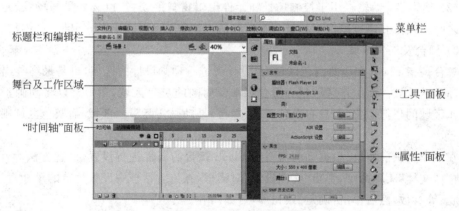

图 8-2　Flash CS5 的工作界面

1）菜单栏

菜单栏由应用程序栏、工作区切换器、关键字搜索栏和命令栏等组成,见图 8-3。

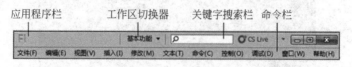

图 8-3　菜单栏

（1）应用程序栏:应用程序栏显示了当前软件的名称。除此之外,单击"Fl"字样的图标,可以打开快捷菜单,对 Flash 窗口进行操作。

（2）工作区切换器：在工作区切换器中，Flash 提供了 7 种工作区模式供用户选择，包括"动画"、"传统"、"调试"、"设计人员"、"开发人员"、"基本功能"和"小屏幕"，使用者可以根据自己的工作习惯进行选择。

（3）关键字搜索栏：关键字搜索栏为用户提供了一条快速查询帮助信息的通道。用户在文本框中输入相关的关键字，按 Enter 键，即可通过在线帮助找到自己所需的帮助信息。

（4）命令栏：Flash CS5 的命令栏与绝大多数软件类似，提供了分类的菜单项目，并在菜单中提供了各种命令供用户执行。

2）标题栏和编辑栏

标题栏和编辑栏如图 8-4 所示。

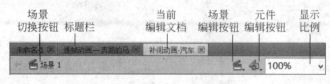

图 8-4　标题栏和编辑栏

（1）标题栏：标题栏用于显示打开文档的名称。如果打开了多个文档，则当前编辑的文档名称将以高亮显示。

（2）编辑栏：编辑栏用于控制场景和元件编辑窗口的切换，以及场景与场景、元件与元件之间的切换。还可以根据场景分布情况适当调整显示比例，以方便动画的制作。

3）舞台及工作区域

舞台是指 Flash 中心的白色区域，是设计者进行动画设计的区域，也是最终导出影片的实际显示区域。而工作区域包含舞台和舞台周围的灰色区域，用户可以将动画素材放在工作区域的任何位置，但只有白色区域（舞台）是动画实际显示区域，而灰色区域则不会被显示。

在制作动画前，可以根据动画需要对 Flash 舞台的属性进行设置，设置方法为：选择"修改"|"文档"菜单命令，弹出"文档设置"对话框，在该对话框中设置舞台的尺寸、背景颜色、帧频等参数，然后单击"确定"按钮即可，如图 8-5 所示。

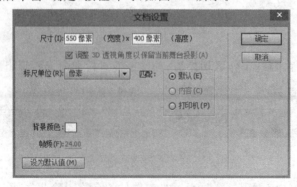

图 8-5　"文档设置"对话框

注：帧频即每秒显示动画帧的数量，默认帧频为 24fps。一般动画在网页中播放时，每秒 12 帧就能得到很好的效果。

4）"时间轴"面板

"时间轴"面板是 Flash 界面中十分重要的部分，它用于组织和控制影片内容在一定时间内播放的图层数和帧数，如图 8-6 所示。

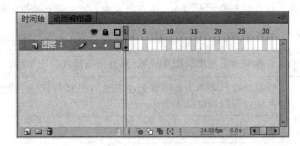

图 8-6 "时间轴"面板

5）"工具"面板

"工具"面板（又称为工具箱）包含了用于创建和编辑图像、图稿、页面元素的所有工具。该面板根据各个工具功能的不同，可以分为"绘图"工具、"视图调整"工具、"填充"工具和"选项设置"工具 4 大部分，见图 8-7。

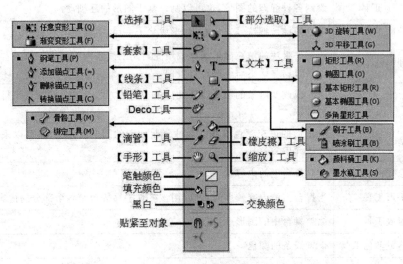

图 8-7 "工具"面板

表 8-1 列出了 Flash CS5"工具"面板中的工具、名称和相应的功能。

表 8-1 "工具"面板中各种工具及其功能简介

工 具	工具名称	功 能
	选择工具	选定舞台中的对象，可进行拖动对象等操作
	部分选取工具	选取对象的部分区域

工 具	工具名称	功　能
	任意变形工具	对对象进行任意变形,可以单独执行某个变形操作,也可以将移动、旋转、缩放、倾斜和扭曲等多个变形操作组合在一起执行。单击图标下方的小三角可以与渐变变形工具进行替换
	渐变变形工具	调整填充的大小、方向、中心以及变形渐变填充和位图填充
	3D旋转工具	包括3D旋转工具和平移工具,可以在3D空间上对对象进行旋转和平移
	套索工具	选择一个不规则的图形区域,并且可以处理位图图形
	钢笔工具	绘制曲线。单击图标下方的小三角可以在曲线段上创建锚点,通过调整这些锚点可以调整线条
	文本工具	添加文本
	线条工具	绘制各种形式的线条
	矩形工具	绘制矩形。单击右下方的小三角可以与椭圆工具等进行替换,绘制各种图形
	铅笔工具	绘制折线、直线等
	刷子工具	绘制填充图形
	Deco工具	绘制各种静态的图形,也可以制作基于图形的逐帧动画
	骨骼工具	可以便捷地把符号连接起来,形成父子关系,实现反向运动
	颜料桶工具	改变矢量块的填充颜色属性或填充封闭的线条内部区域。单击右下方的小三角可以与墨水瓶工具进行替换
	墨水瓶工具	填充或改变对象的边框线属性。单击右下方的小三角可以与颜料桶工具进行替换
	滴管工具	将图形的填充颜色或线条属性复制到别的图形线条上,还可以采集位图作为填充内容
	橡皮擦工具	擦除舞台上的内容
	手形工具	当舞台上的内容较多时,可以用该工具平移舞台及各个部分的内容
	缩放工具	缩放舞台中的图形
	笔触颜色工具	设置线条的颜色
	填充颜色工具	设置图形的填充区域

注: 如果工具按钮是灰色的,则表示使用该工具的条件还没有成立,暂不能用。

6)"属性"面板

"属性"面板是一个非常实用而又特殊的面板,它的设计非常巧妙。"属性"面板中的参数选项会随着选择工具的不同而出现不同的选项设置,从而可以方便地对所选对象的属性进行设置。例如如图8-8所示为选中文本工具时的"属性"面板,如图8-9所示为选中颜料桶工具时的"属性"面板。

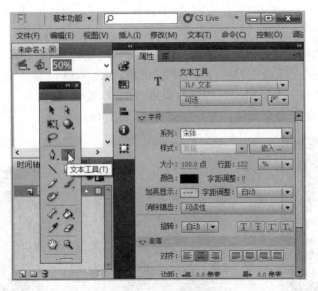

图 8-8 文本工具的"属性"面板

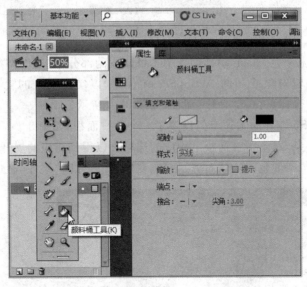

图 8-9 颜料桶工具的"属性"面板

7）其他常用面板的介绍

面板是 Flash 工作界面中最重要的操作对象。Flash CS5 中包含多个面板，它们大多集中在"窗口"菜单中。因为屏幕大小有限，为了尽量使工作区最大，所以将大部分的面板进行了隐藏，需要时通过选择"窗口"菜单中相应的选项可显示出来。下面介绍常用的面板。

（1）"颜色"面板：选择"窗口"|"颜色"菜单命令即可打开"颜色"面板，如图 8-10 所示。利用"颜色"面板可以为所绘制的图形设置填充样式和颜色。单击"颜色类型"下的三

角按钮,可以弹出"颜色类型"下拉列表,其中包括无、纯色、线性渐变、径向渐变和位图填充 5 种类型。

（2）"对齐"面板:对选中的对象按一定规律进行对齐、分布、相似度和留空的操作。选择"窗口"|"对齐"菜单命令即可打开"对齐"面板,如图 8-11 所示。

（3）"变形"面板:主要用于对选定对象进行缩放、旋转、倾斜和 3D 旋转等操作。选择"窗口"|"变形"菜单命令即可打开"变形"面板,如图 8-12 所示。

图 8-10 "颜色"面板

图 8-11 "对齐"面板

图 8-12 "变形"面板

（4）"动作"面板:是 Flash 动画创作中不可缺少的部分,是动作脚本编辑器。利用该面板可以创建和编辑对象或帧的 ActionScript 代码,以实现复杂的交互功能。选择"窗口"|"动作"菜单命令即可打开"动作"面板,如图 8-13 所示。

另外,Flash CS5 在界面上还专门设置了一个折叠面板,如图 8-14 所示。它将常用的一些面板浓缩成一条,单击折叠面板上相应的选项可以得到相应的展开面板,快速实现对对象属性的设置,包括颜色、样本、对齐、信息、变形、代码片断、组件、动画预设等。

图 8-13 "动作"面板

图 8-14 折叠面板

注：如果工作界面中的面板被打乱了，可以通过选择"窗口"|"工作区"|"重置'基本功能'"菜单命令恢复成原状态。

3. Flash CS5 基本设置的操作

为了提高工作效率，使软件最大程度地符合个人操作习惯，可以在动画制作之前先对 Flash CS5 的首选参数和快捷键进行设置，此外，还可以将经常使用的面板呈现在工作界面，屏蔽一些极少或从不使用的工具。

1）设置首选参数

在 Flash CS5 中，选择"编辑"|"首选参数"菜单命令，弹出"首选参数"对话框，在"常规"栏中，可以设置常规首选参数，如图 8-15 所示。

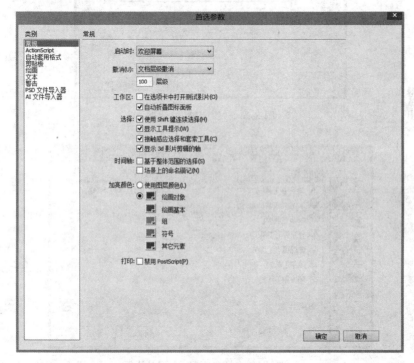

图 8-15 "首选参数"对话框

2）设置快捷键

如果对系统设置的快捷键不满意或某个快捷键与其他软件的快捷键发生了冲突，可以通过选择"编辑"|"快捷键"菜单命令，在弹出的"快捷键"对话框中，对相应菜单命令的快捷键进行修改，如图 8-16 所示。

3）自定义工具面板

选择"编辑"|"自定义工具面板"菜单命令，弹出"自定义工具面板"对话框，在对话框左侧选择工具，在"可用工具"列表中选择一个工具，单击"增加"按钮，可以将该工具添加到右侧的"当前选择"列表中，单击"确定"按钮，此时对话框的"当前选择"列表中的工具将出现在同一个工具组中，如图 8-17 所示。

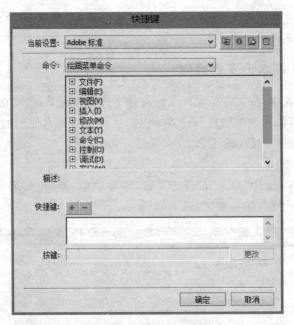

图 8-16 "快捷键"对话框

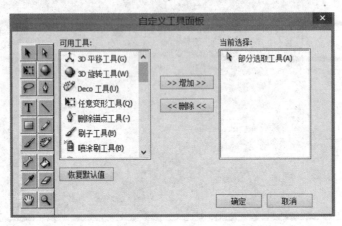

图 8-17 "自定义工具面板"对话框

8.2 Flash CS5 的基本操作

8.2.1 Flash 文档的基本操作

1. 创建 Flash 文档

创建 Flash 文档是制作 Flash 动画的第一步,Flash CS5 创建一个 Flash 动画文档有两种方式: 使用菜单命令和使用模板。

1）使用菜单命令创建文档

选择"文件"|"新建"菜单命令，弹出"新建文档"对话框，单击"常规"选项卡，在"类型"列表框中选择要创建文档的类型，如图 8-18 所示，单击"确定"按钮，即可创建一个空白的Flash 文档。

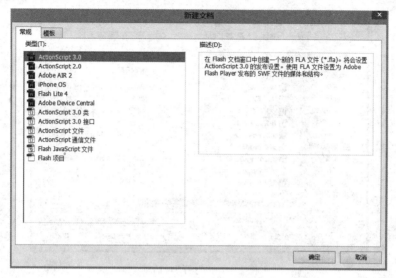

图 8-18　"新建文档"对话框

2）使用模板创建文档

选择"文件"|"新建"菜单命令，弹出"新建文档"对话框，单击"模板"选项卡，打开"从模板新建"对话框，如图 8-19 所示。在"类别"列表框中选择模板类型，然后在"模板"列表框中选择所需的模板样式，单击"确定"按钮，即可创建一个应用了选定的模板样式的新文档。

图 8-19　"从模板新建"对话框

2. 打开 Flash 文档

选择"文件"|"打开"菜单命令，弹出"打开"对话框，如图 8-20 所示，选择需要打开的文档，单击"确定"按钮即可。

图 8-20　"打开"对话框

3. 保存 Flash 文档

在完成了对 Flash 文档的编辑和修改后，需要对其进行保存操作。选择"文件"|"保存"菜单命令，弹出"另存为"对话框，在对话框中设置文档的保存路径、文档名称和文档类型后，单击"确定"按钮即可将文档保存。

注：Flash 文档的类型主要分为两类，一类是存储了各种媒体信息、代码的源文件文档，扩展名为.fla，它是可进行再编辑的文件；另一类则是发布后可供用户播放和浏览的发布文档，扩展名一般为.swf，它是不可进行再编辑的文件。

4. 导出 Flash 文件

选择"文件"|"导出"|"导出影片"菜单命令，弹出"导出影片"对话框，在对话框中选择文件的保存路径并设置导出文件的文件名，将导出文件的类型设置为"SWF 影片（＊.swf）"，完成设置后，单击"保存"按钮即可将作品导出为 Flash 影片文件。

8.2.2　Flash 图形的绘制和对象的编辑

1. 图形的绘制

（1）绘制工具共性的设置。

Flash 中不同的绘图工具可以绘制出不同的图形，但在属性设置方面也具有一定的共性,例如笔触的设置以及填充颜色的设置,所谓笔触是指绘画运笔的痕迹,简单说就是指画笔接触画面形成的线条、色彩和图像,笔触的设置包括笔触颜色、笔触高度和笔触样式的设置等。下面以多角星形工具为例,介绍这些常用的共同属性的设置方法。

选择"多角星形工具",其属性面板如图 8-21 所示,各属性的含义与作用如表 8-2 所示。

(2) 常用的绘图工具介绍。

① 直线工具:直线工具用于绘制各种直线或斜线,选择直线工具后,光标在工作区中呈现十字状态,在属性面板中进行各种设置,可以得到不同效果的线条,如图 8-22 所示。如果想绘制笔直的横线和竖线,则按住"Shift"键拖动鼠标左键即可。

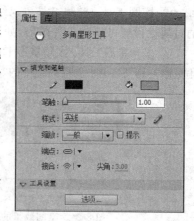

图 8-21　多角星形工具的"属性"面板

表 8-2　多角星形工具的各属性及作用

属　性	作　用
笔触颜色	单击该颜色拾取器,可定义笔触的颜色
填充颜色	可定义当前图形的填充色
笔触高度 笔触: 0.10	用于设置所绘制的线条的粗细
笔触样式 样式: 实线	在右侧下拉列表中可以选择笔触样式类型
编辑笔触样式	单击该按钮,可对笔触样式进行详细的设置
缩放	定义播放 Flash 时笔触缩放的属性
提示	将笔触锚点保存为全像素,以防止播放时因缩放产生锯齿
端点	定义笔触端点的形式
接合	定义笔触相接时的形式
工具设置选项	这个选项为多角星形工具独有,用来设置多角星形的属性

② 矩形工具:矩形工具用于绘制各种矩形或正方形,绘制矩形时按住 Shift 键可以得到正方形。通过属性面板中笔触颜色、笔触高度、填充颜色与笔触样式的设置,可绘制出如图 8-23 所示的各种矩形。

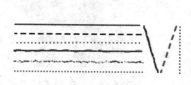

图 8-22　不同效果的线条

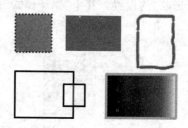

图 8-23　不同效果的矩形

③ 椭圆工具：椭圆工具可以绘制出椭圆或圆形，绘制圆形时需要同时按住 Shift 键，通过属性设置可得到各种圆形，如图 8-24 所示。

④ 多角星形工具：多角星形工具用于绘制多边形或星形，默认情况下为五边形。选中"多角星形工具"后，单击属性面板中的"选项"按钮，弹出"工具设置"对话框，如图 8-25 所示。

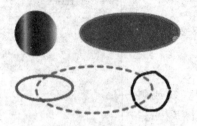

图 8-24　不同效果的椭圆

图 8-25　"工具设置"对话框

各属性作用如下：

- 样式：可以选择多边形和星形两种样式。
- 边数：确定多边形的边数。
- 星形顶点大小：设置星形图形的顶点大小，只针对星形样式有作用。

通过多角星形工具可得到各种形状的图形，如图 8-26 所示。

⑤ 铅笔工具：铅笔工具可以绘制出任意曲线，绘制曲线的同时按住 Shift 键，可以绘制出水平或垂直的直线。选取铅笔工具后，工具箱下方选项组中提供了 3 种铅笔模式，分别为伸直、平滑和墨水。选择模式的不同，绘制出的线条也大不相同，如图 8-27 所示的线条从左到右依次为伸直、平滑和墨水模式的铅笔绘制矩形得到的效果。

图 8-26　不同效果的多角星形

图 8-27　铅笔工具的运用

⑥ 刷子工具：使用刷子工具绘制出的图形所产生的效果与使用真正的画笔绘制的图形一样。刷子工具除了可以绘制任意形状、大小及颜色的填充区域外，还可以为绘制的对象填充颜色。

如果要修改笔触的大小和形状等，就需要用到工具箱底部刷子工具的"辅助选项"面板。如图 8-28 所示，其中包括"对象绘制"模式、"锁定填充"、"刷子模式"、"刷子大小"和"刷子形状"的设置。其中"刷子模式"提供了如图 8-29 所示的 5 种刷子模式。

图 8-28　刷子工具的"辅助选项"面板

图 8-29　5 种刷子模式

⑦ 钢笔工具：钢笔工具常用于绘制比较复杂的、精确的图形,这些图形是由锚点与线构成的。部分选取工具可以帮助调整线条的弧度与锚点的位置等,两种工具通常结合在一起使用,可绘制出流畅细致的线条。

使用钢笔绘制直线和曲线的方法。

- 绘制直线：单击确定起点,再次单击,确定另一个点,与起点连成一条直线,按 Esc 键结束绘图。
- 绘制规则的曲线：单击确定起点,再次单击并进行拖曳,通过鼠标移动可调整线条的弧度,同样按 Esc 键结束绘图。

2. 对象的编辑

1) 对象的选择

对于任何一项编辑操作,想编辑某个对象时,首先必须选择该对象,然后才能进行编辑操作。因此,选择对象是编辑图形对象中最基本的操作。

在 Flash 中,选择对象的工具主要有以下三种：选择工具、部分选择工具和套索工具。

- 选择工具：该工具主要用来选取或者调整场景中的图形对象,并能够对各种动画对象进行选择、拖动、改变尺寸等操作。在工具箱中,选择"选择工具",在场景中,单击并拖动鼠标左键,使对象包含在矩形选取框中,即可选中对象。
- 部分选择工具：在工具箱中,选择"部分选取工具",在选择矢量图形时,单击对象的轮廓线,即可将其选中,并且会在该对象的四周出现许多节点。选择相应的节点,单击鼠标左键并向任意方向拖曳,即可改变图形的形状。
- 套索工具：该工具适合于选择对象的局部或者选择舞台中不规则的区域。在工具箱中,选择"套索工具",将光标移动到准备选择对象的区域附近,按住鼠标左键不放,绘制一个需要选定对象的区域,释放鼠标左键后,所画区域就是被选中的区域。

2) 对象的排列与对齐

在同一图层内,Flash 会根据对象的创建顺序层叠对象,将最新创建的对象放在最上面。而绘制的线条和形状总是排列在组和元件的下面,用户可以通过选择"修改"|"排列"菜单命令,改变对象与对象之间的层叠顺序,从而对其精确定位;而选择"修改"|"对齐"菜单命令则使各个对象按一定的方式互相对齐或者分布于页面中,从而使对象整齐、精确地控制在舞台中的位置,当然也可以使用"对齐"面板来对齐相关对象。

3) 对象的组合

同时选中需要组合的多个元素,选择"修改"|"组合"菜单命令,将多个元素组合为一个对象之后,可以像操作一个对象一样操作这个组,而不用再单独处理每一项,这样会易于处理。另外,把形状组合在一起还可以防止它们与其他形状混在一起或是出现漏掉某一个的现象。

4) 对象的分离

要对一个对象进行修改,就必须将对象分离,否则不能对对象进行编辑与修改。选中

对象,选择"修改"|"分离"菜单命令即可分离对象,该命令可应用于文本域和图形图像。

5) 对象的变形

对图形进行变形操作,可以调整图形在设计区中的比例,或者协调其与其他设计区中的元素关系。对象的变形主要包括翻转、缩放、任意变形、扭曲和封套对象等操作。可以使用以下三种方法实现变形功能。

(1) 使用"变形"菜单命令。选择对象后,选择"修改"|"变形"菜单命令打开"变形"子菜单,在该子菜单中选择需要的变形命令进行图形的变形。

(2) 使用"变形"面板。选择对象后,选择"窗口"|"变形"菜单命令,打开"变形"面板。使用"变形"面板不仅可以对图形对象进行较为精准的变形操作,还可以利用其右下方的"重制选区和变形"的功能,依靠单一图形对象,创建出复合变形效果的图形。

(3) 使用"任意变形工具"。选择"工具"面板中的"任意变形工具",在"工具"面板下方会显示"贴紧至对象"、"旋转与倾斜"、"缩放"、"扭曲"和"封套"按钮,可对对象进行相关操作。

3. Flash 图形的绘制与编辑实例

【例 8-1】 使用绘图工具制作和编辑一个风车的实例。

(1) 打开 Flash CS5,新建一个 Flash 文档,将尺寸设为 550×400 像素。

(2) 选择"插入"|"新建元件"菜单命令,弹出"创建新元件"对话框,名称命名为"风车",类型选择"图形",如图 8-30 所示,单击"确定"按钮。

图 8-30 "创建新元件"对话框

(3) 进入风车元件编辑窗口,绘制风车叶片,选择"矩形工具",笔触设置为无色,填充色任意,绘制一个矩形,选择"部分选取工具",拖动左下直角点与左上直角点重合,此时矩形变为一个直角三角形,如图 8-31 所示;选择"选择工具",将鼠标指向三角形的侧直角边,当出现弧形提示时,向外拖动将侧直角边拉成弧形,如图 8-32 所示。风叶图形也可以使用铅笔工具绘制得到。

图 8-31 直角三角形   图 8-32 将侧直角边拉成弧形

(4) 选择"线条工具",将图 8-32 中的图形分割成三部分,线条可以画长一些,分割区域必须明确,否则会影响后面为每块区域的填色操作,如图 8-33 所示;选择不同部位,填充不同的颜色,如图 8-34 所示。

图 8-33　分割图形

图 8-34　填色及效果

(5) 选中用于分割作用的线条,逐一删除,效果如图 8-35 所示;选择"选择工具",选中整个图形,选择"修改"|"组合"菜单命令,将图形组合;再选择"任意变形工具",选中整个图形,对叶片大小进行适当调整后,将中心的圆拖到右下角,如图 8-36 所示。

图 8-35　删除分割线

图 8-36　对叶片大小进行调整

(6) 选择"编辑"|"复制"菜单命令后,选择"编辑"|"粘贴到当前位置"菜单命令,选择"修改"|"变形"|"顺时针旋转 90°"菜单命令,再重复上面的操作两次,至此一个风车已经完成,效果如图 8-37 所示。

如果希望得到风车转动起来的 Flash 动画,可以继续以下操作。

(1) 打开场景 1,将风车元件拖入图层 1,单击时间轴面板左下方的 按钮,新建一个图层 2;选中图层 2,选择"矩形工具",画一个竖着的长方形作为风车的柄,柄顶端与风叶中心重合,如图 8-38 所示。

图 8-37　风车效果

图 8-38　绘制风车柄

(2) 选择图层 1,选中第 20 帧单击鼠标右键执行"插入关键帧"命令。在 1～20 帧之间单击鼠标右键执行"创建传统补间"命令;然后打开"属性"面板,在"旋转"下拉列表中,选择"顺时针"选项。选择图层 2,在第 20 帧单击鼠标右键执行"插入帧"命令;将图层 1拖拉到图层 2 的上方,目的是将风车柄放置在风叶后面,如图 8-39 所示。

(3) 转动的风车动画做完了,最终的时间轴如图 8-40 所示;按 Ctrl＋Enter 组合键测试动画,可以通过设置帧速率来调整风车转动的速度。

图 8-39 带柄的风车

图 8-40 制作风车动画的最终时间轴

8.2.3 Flash 文本的创建和编辑

1. 创建文本

在 Flash CS5 中,以往版本的文本工具称为传统文本,Flash CS5 新增加了文本布局框架(TLF),同以前的传统文本相比,TLF 文本加强了对文本的控制,支持更多丰富的文本布局功能并能精细控制文本属性。当然无论是 TLF 文本还是传统文本,其创建文本的方式是相同的。在 Flash CS5 中可以创建 3 种类型的传统文本,即静态文本、动态文本和输入文本,一般默认静态文本。

- 静态文本:在播放动画时,静态文本是不可以编辑的。
- 动态文本:可编辑文本。在动画播放过程中,文字区域的文字可以通过事件的激发来改变。
- 输入文本:在动画播放过程中,提供用户输入文本,产生交互。

2. 文本的分离和变形

1) 文本的分离

文本分离的过程也称为"打散"。因为文字不是矢量图形,某些操作不能直接作用于文本对象,例如为文本填充颜色、添加边框线等,所以如果要对文本对象进行某些操作首先需要将文本分离,使其具有和图形相似的属性。下面是将文本分离变为矢量图形的方法。

(1) 在"工具"面板中,选择"文本工具"按钮 ,在场景中单击鼠标左键并拖动,即可在舞台中创建文本框,在文本框中输入文本。

(2) 选中文本,选择"修改"|"分离"菜单命令,这时文本已被分离。

(3) 再次选择"修改"|"分离"菜单命令,被选择的文本被完全分离。

2) 文本的变形

常用的对文本变形的操作有缩放、旋转、倾斜和翻转等。文本输入完成后,单击"工具"面板中的"任意变形工具"按钮,将鼠标指针移动到轮廓线的相应处,按住鼠标左键做相应的拖动即可完成相关操作。另外,选中文本,在菜单栏中,选择"修改"|"变形"菜单命

令,再选择相应菜单项也能实现对文本的变形操作。

3. 对文本添加滤镜效果

使用滤镜,可以轻松地制作出各种炫目的文字特效。选中文本,打开"属性"面板,"滤镜"选项在"属性"面板的底部,如图 8-41 所示。Flash CS5 提供了投影、模糊、发光、斜角、渐变发光、渐变斜角和调整颜色 7 种内置的滤镜效果,可为一个对象添加多个滤镜效果。滤镜功能只适用于文本、影片剪辑和按钮。

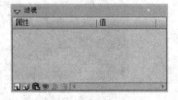

图 8-41 "滤镜"选项

4. 创建和编辑文本的实例

【例 8-2】 创建一个文本并对其进行简单编辑。

(1) 新建一个 Flash CS5 文档,选择"文本工具",打开"属性"面板,在"文本引擎"下拉列表中选择"传统文本"选项,在"文本类型"下拉列表中选择"静态文本"选项,将字体设为"宋体",大小设为"80",颜色设为"#333333",如图 8-42 所示;在舞台输入文字"任重而道远",如图 8-43 所示。

图 8-42 "属性"面板

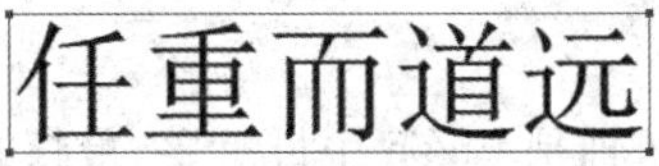

任重而道远

图 8-43 输入文本

(2) 选中文字,选择"修改"|"分离"菜单命令,将原来一个文本框拆成数个文本框,如图 8-44 所示;再一次选择"修改"|"分离"菜单命令,将所有的文字转换成矢量图形,图形呈现为麻点外观,如图 8-45 所示,这时文本被完全分离。

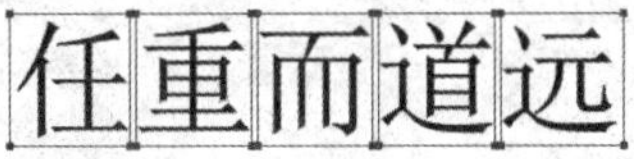

任重而道远

图 8-44 分离文本

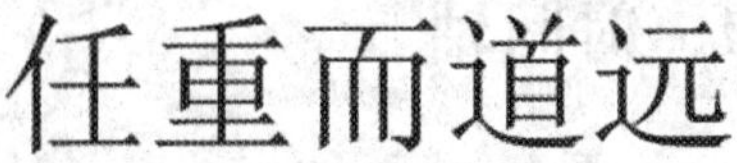

任重而道远

图 8-45 文字转换成矢量图形

(3) 选中文本的矢量图形,选择"窗口"|"颜色"菜单命令,打开"颜色"面板,填充类型选择"径向渐变",在颜色编辑栏中添加色标,将填充颜色从左到右分别设置为红色、黄色、蓝色和绿色,如图 8-46 所示。改变填充颜色后的文本矢量图形如图 8-47 所示。

图 8-46　渐变色的设置

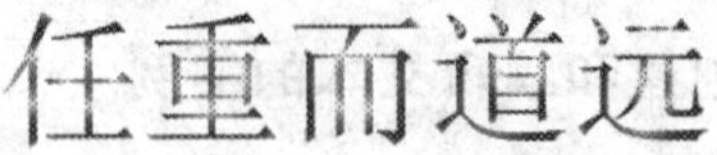

图 8-47　改变填色后的文本矢量图形

（4）在"工具"面板选择"墨水瓶工具"，设置笔触颜色为黑色，笔触高度为1pt，拖动鼠标逐个单击文本图形的边框，为文本图形添加边框后的效果如图8-48所示。

（5）选择"选择工具"，选中所有文本图形，然后选择"任意变形工具"的"扭曲"辅助选项，当文本图形四周出现控制点时即可任意拉伸使其变形，如图8-49所示。

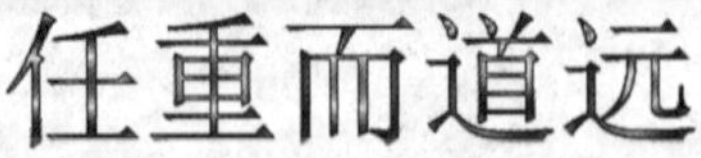

图 8-48　添加边框后的文本图形效果　　　　　　图 8-49　文本图形的变形

8.3　时间轴、帧和图层

时间轴是Flash中最重要、最核心的部分，它是摆放和控制帧的地方。帧是Flash动画的最基本组成部分，Flash动画是由不同的帧组合而成的，帧在时间轴上的排列顺序将决定动画的播放顺序。在"时间轴"面板中可以很明显地看出，帧和图层是一一对应的。如果说动画是一幢大楼，那么元件和实例就是砖和水泥，时间轴和帧就是整个建筑的构架，正是它们支撑和组织起整个动画的。

8.3.1　时间轴

时间轴主要用于组织和控制动画在一定时间内播放的图层数和帧数，并可以对图层和帧进行编辑。时间轴的功能主要是通过"时间轴"面板实现的，"时间轴"面板主要分为4个部分：图层编辑区、帧编辑区、辅助工具栏及状态栏和展开按钮构成，如图8-50所示。

（1）图层编辑区：图层相当于层叠在一起的幻灯片，每个图层都包含一个显示在舞台中的不同图像，上面的图层中的对象会叠加在下面图层的上方，如果上面的图层中没有

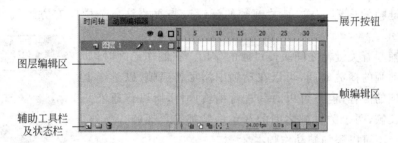

图 8-50 "时间轴"面板

内容,即可透过该层看到下面图层的内容。在图层编辑区可以对图层进行创建、删除、显示、锁定及更改图层叠放次序等操作。

(2) 帧编辑区:每一图层对应一系列帧,动画按照时间轴从左向右顺序播放,每播放一格即是一帧,一帧则对应一个画面。帧编辑区的主要作用就是控制 Flash 动画的播放和对帧进行编辑。

- 播放头:时间轴中红色的指针被称为播放头,用来指示当前所在帧。在舞台中按下 Enter 键,即可在编辑状态下运行影片,播放头也会随着影片的播放而向右侧移动,指示出播放到的位置。
- 移动播放头:如果正在处理大量的帧,则所有的帧无法一次性全部显示在时间轴上,则可以拖动播放头沿着时间轴移动,即可定位到目标帧,拖动播放头时,它会变成黑色竖线。
- 播放头的移动范围:播放头的移动是有一定范围的,最远只能移动到时间轴中定义过的最后一帧,不能将播放头移动到未定义过的帧的时间轴范围。

(3) 辅助工具栏及状态栏:对图层和帧编辑时要用到的辅助工具,包括"新建图层"、"绘制纸外观"和"编辑多个帧"等;还显示状态信息,包括指示所选的帧编号、当前的帧频以及到当前帧为止的运行时间等。

(4) 展开按钮:在默认情况下,帧是以标准形式显示的。在展开按钮中可以修改时间轴中帧的显示方式,以控制帧单元格的宽度。

8.3.2 帧

帧是动画最基本的单位,帧中可以包含图形、声音、各种素材和对象等需要显示的内容。播放动画就是将一幅幅图片按照一定的顺序排列起来,然后依照一定的播放速率显示出来,所以也被称为帧动画。

1. 帧的类型

在 Flash CS5 中用来控制动画播放的帧具有不同的类型,不同类型的帧在动画中发挥的作用也不同。选择"插入"|"时间轴"菜单命令,在弹出的子菜单中显示了普通帧、关键帧和空白关键帧 3 种类型的帧。

(1) 普通帧:普通帧就是不起关键作用的帧,也被称为空白帧。普通帧中的内容和其左边关键帧的内容一样，是关键帧的延续。普通帧是一个中间有方形线圈的帧，如图 8-51 所示。

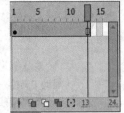

普通帧起着关键帧之间缓慢过渡的作用。在制作动画时，如果想延长动画的播放时间，可以在动画中添加普通帧，以延续上一个关键帧的内容，但不可以对其进行编辑操作，所以普通帧又被称为延长帧，两个关键帧之间的灰色的帧都是普通帧。另外，在普通帧上不可以添加帧动作脚本。

图 8-51　普通帧

(2) 关键帧：关键帧是用来描述动画中关键画面的帧，或者说是能改变内容的帧，每个关键帧的画面都不同于前一个。关键帧是一个中间有实心黑色圆圈的帧，如图 8-52 所示。

利用关键帧制作动画可以简化制作过程，只要确定动画中的对象在开始和结束两个时间的状态，并为它们绘制出开始帧和结束帧，Flash 会自动计算生成中间帧的状态。当然关键帧越多，动画效果就越细腻，如果所有的帧都成为了关键帧，那么这种动画就被称为逐帧动画了。

(3) 空白关键帧：空白关键帧的内容是空的，它起两个作用：第一是当插入一个空白关键帧时，它可以将前一个关键帧的内容清除掉，使画面的内容变成空白，目的就是使动画中的对象消失，画面与画面之间形成间隔；第二是可以在空白关键帧上创建新的内容，一旦被添加了新的内容，即可变成关键帧。空白关键帧是一个中间有空心小圆圈的帧，如图 8-53 所示。

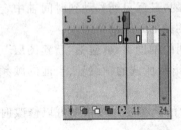

图 8-52　关键帧

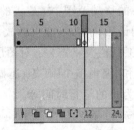

图 8-53　空白关键帧

2. 帧的基本操作

在制作动画时，可以根据需要对帧进行一些基本操作，例如选择、插入、复制、粘贴、删除、清除、移动和翻转帧等。

(1) 选择帧：针对不同的选择对象，选择帧的方法有所不同。

- 选择一个帧：只需单击该帧即可。
- 选择一组连续的帧：选中该组帧的第一帧，按住 Shift 键单击该组帧的最后一帧。
- 选择一组非连续的帧：按住 Ctrl 键，然后单击选择帧即可。
- 选择当前场景中的全部帧：选择"编辑"|"时间轴"|"选择所有帧"菜单命令即可。

(2) 插入帧：将光标移到要插入帧的地方，单击鼠标右键，弹出的快捷菜单中有"插入帧"、"插入关键帧"和"插入空白关键帧"等命令，从中选择即可。如果使用频率较高，用快捷键就能大大提高效率,其中插入普通帧的快捷键为 F5,插入关键帧的快捷键为 F6,插入空白关键帧的快捷键为 F7。

(3) 复制帧、粘贴帧、删除帧、清除帧和翻转帧:选中要操作的帧并单击鼠标右键,弹出的快捷菜单中有"复制帧"、"粘贴帧"、"删除帧"、"清除帧"和"翻转帧"等命令,从中选择即可。其中删除帧和清除帧是两个不同的概念,删除帧是将帧及其内容一同删除,而清除帧只是删除了帧的内容,从而将关键帧转换为空白关键帧。

8.3.3　图层

图层就像一张张透明的纸,在每张纸上都可以绘制不同的对象,每一张都保持独立,其上的内容互不影响,可以单独操作,同时又可以合成不同的连续可见的视图文件。图层为用户提供了一个相对独立的创作空间,修改和编辑时,可以在该图层中修改和编辑对象,而不会影响其他图层中的对象。在 Flash 中,图层是作为"时间轴"面板的一个组成部分出现的,如图 8-54 所示。

图 8-54　图层编辑区

1. 图层的分类

图层可以分为普通图层、引导图层和被引导图层、遮罩图层和被遮罩图层 5 种类型。

(1) 普通图层:普通图层指普通状态下的图层,用于放置基本的动画制作元素,如矢量图形、位图、元件和实例等,出现在该图层名称前的图标为 🔲 。

(2) 引导图层和被引导图层:引导图层和被引导图层是相对应的。引导图层用于放置对象运动的路径,被引导图层用于放置运动的对象,它们名称前的图标分别为 🔦 和 🔲 。

还有一类引导图层,它的作用是辅助静态对象定位。它可以不使用被引导图层而单独使用,出现在该图层名称前的图标为 🔨 。

(3) 遮罩图层和被遮罩图层:遮罩图层和被遮罩图层是相对应的。遮罩图层是放置遮罩物的图层,可使用户透过该图层中对象的形状看到被其遮罩的图层中的内容,对于遮罩图层中对象以外的区域则被遮盖起来,不能被显示,其效果就像在被遮罩的图层中创建了一个遮罩层中对象形状的区域。遮罩图层和被遮罩图层名称前的图标分别为 ▨ 和 ▧ 。

2. 图层的操作

在动画制作过程中常常需要对图层进行一些编辑操作,下面分别进行介绍。

1) 创建图层和图层文件夹

在系统默认状态下,新建的空白 Flash 文档仅有一个图层,默认为"图层 1",在动画制作过程中可根据需要自由创建图层。另外 Flash 还提供了一个图层文件夹的功能,可以将多个同类图层分配到同一个文件夹中,便于管理图层。单击图层编辑区左下角的"新建图层"按钮 🔲 可以创建新图层,单击其右边的"新建文件夹"按钮 🔲 可以创建图层文件夹。

2) 图层的顺序

在 Flash 中,可以通过移动图层来改变图层的顺序,从而实现不同的遮挡效果。如图 8-55 和图 8-56 所示为改变图层顺序前后对象的显示状态。

图 8-55　改变图层顺序前的显示状态　　　　图 8-56　改变图层顺序后的显示状态

3) 隐藏和显示图层

在制作动画时,往往需要单独对某一个图层进行编辑,为了避免操作失误,可以将当前不使用的图层先隐藏起来,在当前图层编辑结束后再将其打开为可见状态。

隐藏和显示图层有以下两种方法。

(1) 单击图层名称后的第一个小黑点,当小黑点变为✖图标时表示该图层已被隐藏,再次单击该图标可显示该图层。

(2) 单击图层上方的"显示/隐藏所有图层"按钮👁,可隐藏或显示全部的图层。

4) 锁定和解锁图层

为了防止误修改已经编辑好的图层内容,可将编辑好的图层锁定,锁定后的图层可以看见该图层中的内容,但不能进行编辑。锁定和解锁图层有以下两种方法。

(1) 单击图层名称后的第二个小黑点,当小黑点变为🔒图标后表示该图层被锁定,若再次单击该图标可解除该图层的锁定。

(2) 单击图层上方的"锁定/解除锁定所有图层"按钮🔒,可锁定或解锁所有图层。

5) 图层对象的显示轮廓

创建动画时,舞台对象默认是实体显示,还可以根据轮廓的颜色进行显示。

显示图层中对象的轮廓有以下两种方法。

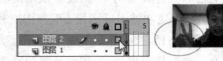

图 8-57　显示一部分对象的轮廓

(1) 单击需要显示轮廓的图层名称后的🔲按钮,即可显示该图层中对象的轮廓,如图 8-57 所示。

(2) 单击图层编辑区上方的"将所有图层显示为轮廓"按钮🔲,即可将所有图层中的对象显示为轮廓。

3. 图层的属性

要修改图层的属性,可以选中该图层,在该图层的名称处单击鼠标右键,在弹出的快捷菜单中选择"属性"命令,弹出"图层属性"对话框如图 8-58 所示,根据需要设定即可。

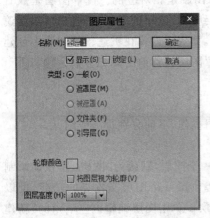

图 8-58　"图层属性"对话框

8.4　元件、实例和库

元件是 Flash 中一个非常重要的概念，在动画制作过程中，经常需要重复使用一些特定的动画元素，可以将这些元素转换为元件，方便在动画中多次调用。"库"面板是放置和组织元件的地方，任何一个创建的元件都自动成为库的一部分，而实例则是元件在舞台中或者嵌套在其他元件中的一个元件副本，但实例在颜色、大小及功能上可以和元件有很大的不同。

8.4.1　元件

元件是存放在库中可被重复使用的图形、按钮或者动画。元件的运用可以使影片的编辑更加容易，因为在需要对许多重复的元素进行修改时，只要对元件做出修改，Flash便会自动根据修改的内容对所有该元件的实例进行更新；另外，使用元件还可以大大提高网站建设的效率，显著减少文件的大小。

1. 元件的种类

根据使用方式的不同，Flash 中的元件有 3 类：图形元件、按钮元件和影片剪辑元件。

（1）图形元件：图形元件主要用来制作动画中的静态图形或动画片段，它与主时间轴同步进行，但它不具有交互性，也不可以添加声音。创建图形元件的对象可以是导入的矢量图像、位图图像、文本对象以及用 Flash 工具创建的线条、色块等。

（2）影片剪辑元件：影片剪辑元件主要用于创建可重用的动画片段，其拥有相对于主时间轴独立的时间轴，可以将其视为主动画的子动画。在影片剪辑元件中可以包含一切素材，如用于交互的按钮、声音、图片和图形等，甚至可以是其他的影片剪辑。同时，在影片剪辑中也可以添加动作脚本来实现交互和复杂的动画操作。

（3）按钮元件：按钮元件用于在动画中实现交互，有时也可以使用它来实现某些特殊的动画效果。一个按钮元件有 4 种状态：弹起、指针经过、按下和单击，每种状态可以通过图形或影片剪辑来定义，同时可以为其添加声音。在动画中一旦创建了按钮，就可以通过 ActionScript 脚本来为其添加交互动作。

2. 创建元件

创建一个元件有以下几种方法。

1）直接创建元件

直接创建元件的方法如下。

（1）选择"插入"|"新建元件"命令，弹出"创建新元件"对话框，如图 8-59 所示。

（2）在该对话框中的"名称"文本框中为所要创建的新元件命名。

（3）在"类型"的下拉菜单中通过选中相应的选项来选择所要创建的元件类型。

图 8-59 "创建新元件"对话框

(4) 单击"确定"按钮即可得到相应的元件。

2) 将现有对象转换为元件

动画制作中,现有的对象也可转换为元件,其方法如下。

(1) 在舞台中选中需要转化为元件的对象。

(2) 单击鼠标右键,在弹出的下拉菜单中选择"转换为元件…"命令,弹出"转换为元件"对话框,如图 8-60 所示,在"类型"的下拉菜单中选择要转换为的元件类型即可。

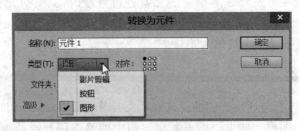

图 8-60 "转换为元件"对话框

3) 用导入命令得到元件

在制作动画过程中,也可通过选择"文件"|"导入"|"导入到舞台"或 "文件"|"导入"|"导入到库"菜单命令得到元件。

4) 使用公用元件库创建元件

使用公用元件库创建元件的方法如下:选择"窗口"|"公用库"菜单命令,在弹出的子菜单中选择相应的命令,打开相应的公用元件库,在该库中双击需要的元件所在的文件夹。打开该文件夹,在该文件夹中选择相应的元件,可以直接拖曳到舞台中使用。

8.4.2 实例

实例的创建依赖于元件,它是元件在场景中的具体表现,可以根据需要对创建的实例进行各种修改,从而得到依托于该元件的其他效果。

1. 创建实例

创建实例的方法为:在"库"面板中,选择需要创建为实例的元件,用鼠标将元件拖曳至舞台中合适的位置即可。

2. 设置实例属性

不同元件类型的实例都有各自的属性，了解这些实例的属性设置，可以创建一些简单的动画效果，实例的属性设置可以通过"属性"面板实现。

设置实例的属性对实例的颜色效果、指定动作、显示模式或类型进行更改，不会影响元件的属性，只有当对元件进行修改后，Flash才会更新该元件的所有实例，所以同一个元件拥有不同的效果，如图8-61所示。中间的按钮为未进行任何改动的实例，左边的按钮为变形后，再将亮度调节为原值的—50%后的图形；右边的按钮为扩大后，再将透明度调节为原值的50%后的图形。

3. 改变实例类型

创建的实例都保留了其原元件的类型，可以在需要的时候将当前实例改成其他类型。例如，可以将一个"图形"实例转换为"影片剪辑"实例，或将一个"影片剪辑"实例转换为"按钮"实例，可以通过改变实例类型来重新定义它的动画中的行为。

改变实例类型的方法：选中某个实例，打开"属性"面板，单击实例类型按钮，在弹出的下拉菜单中可以选择要改变的实例类型，如图8-62所示。

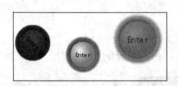

图 8-61　同一个元件的不同实例效果

图 8-62　转换类型

4. 交换实例

在创建元件的不同实例后，可以对这些元件实例进行交换，使选定的实例变为另一个元件的实例。交换元件实例后，原有实例所做的改变（如颜色、大小、旋转等）会自动应用于交换后的元件实例，而且并不会影响"库"面板中的原有元件以及元件的其他实例。

交换实例的方法如下。

（1）选取舞台上的实例，例如一个矩形。

（2）在实例的"属性"面板中单击"交换"按钮，将弹出"交换元件"对话框，如图8-63所示。

（3）从元件列表中选择要替换的元件，对话框左边的图框中会显示出该元件的微缩图，还可单击 ⊞ 按钮对该元件进行复制。

（4）单击"确定"按钮，舞台上的元件将被新的实例替换。

5. 分离实例

如果要断开实例与元件之间的联系，可以在选中舞台实例后，选择"修改"|"分离"菜单命令，将实例分离成图形，即可使用编辑工具，对其进行修改。实例分离后，不会影响元

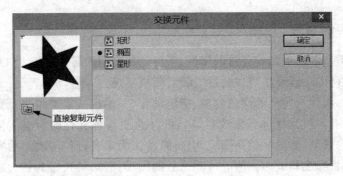

图 8-63 "交换元件"对话框

件,一旦修改元件,该实例也不会随之更改。

8.4.3 库

在 Flash CS5 中,创建的元件和导入的文件都存储在"库"面板中,库是元件和实例的载体,负责对元件进行管理。在"库"面板中的资源可以在多个文档中使用,提高制作动画的效率。

1. 认识"库"面板

选择"窗口"|"库"菜单命令,可以打开"库"面板,"库"面板的组成如图 8-64 所示。

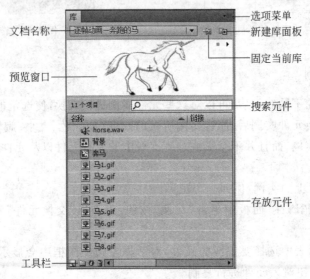

图 8-64 "库"面板

2. 通过"库"面板对元件的操作

单击"库"面板右上方的"选项菜单"按钮,在弹出的选项菜单中可进行元件的创建、删除、编辑和复制等操作,有些操作也可以通过左下方的"工具栏"来实现。

3. 通过"库"面板更改元件类型

在"库"面板中可以很方便地更改元件的类型,方法如下:选定需要更改类型的元件,单击鼠标右键,在弹出的选项菜单中选择"属性"命令,将弹出"元件属性"对话框,在"类型"下拉列表中选择某个类型即可,如图 8-65 所示。

图 8-65 "元件属性"对话框

4. 通过"库"面板编辑元件

在"库"面板中可以直接进入元件的编辑模式,具体方法如下:选定需要编辑的元件,可以通过预览窗口浏览,单击鼠标右键,在弹出的选项菜单中选择"编辑"命令,打开元件的编辑工作区,即可进行元件的编辑。

5. 使用公共"库"

在 Flash 中,可以使用自己创建的元件,还可以通过选择"文件"|"导入"|"打开外部库"菜单命令,将其他动画中的元件调到当前动画中来使用。此外,Flash 还提供了一个内置的公共库,实际上就是 Flash 自带的一个素材库。选择"窗口"|"公共库"菜单命令,在弹出的级联菜单中选择公共库类型,共包括 3 种类型,分别是"声音"、"按钮"和"类",可根据需要选择使用,如图 8-66 所示为"按钮"公共库。

图 8-66 "按钮"公共库

8.5 Flash 动画制作

8.5.1 Flash 动画的基础知识

1. 动画的原理

动画的基本原理是视觉暂留原理,即人的眼睛看到一幅画或一个物体后,在 1/24 秒内不会消失。利用这一原理,在一幅画还没有消失前播放出下一幅画,就会给人造成一种流畅的、不间断的视觉变化效果。

Flash 动画是以时间轴为基础的动画,构成动画的一系列画面称为帧,播放头以一定的速率依次经过各个帧,各帧的画面将显示在屏幕上,从而形成动画。

Flash 中用帧频衡量动画播放的速度,即每秒播放的帧数,单位为 fps(帧/秒)。帧频太慢,会使动画看起来停顿而不连贯;帧频太快,会使动画的细节变得模糊,一般将帧频设为 12fps,而且整个 Flash 动画只能指定一个帧频,所以最好在创建动画之前就设置好帧频。设置帧频的方法:选择"修改"|"文档"菜单命令,在弹出的"文档属性"对话框中的"帧频"文本框中进行设置;还可以使用"时间轴"面板底部"帧速率"工具来设置。

2. 动画制作的基本流程

制作动画的一般过程都包含了动画的构思、收集素材、动画的设计和动画的制作过程。

(1)动画的构思:制作动画之前,需要选择或构思好剧本,整理好人物和出场的顺序,即设计动画内容。要明确动画的主题,即动画所要反映的思想,也可以说动画要达到的思想目标。动画不应是无意义的画面和动作的堆积,没有目标的动画是无用的,而在内容的设计上也要反映动画的主题。

(2)收集素材:对于在制作 Flash 中需要用到的素材,在制作之前需要将其收集或制作齐全,素材越多越好。

(3)动画的设计:动画设计是依据动画内容所进行的一系列动作设计,它可使主题更加明确突出。在动画设计中要把握物体运动的规律,并处理好动作的时间和节奏。

(4)动画的制作:动画的制作是将构思和设计在电脑上实现的过程。一般来说,动画的主题是不变的,而内容和设计在制作的过程中则会不断完善。

3. Flash 动画的分类

在 Flash CS5 中,动画类型可以分为:基本动画、特殊动画和交互式动画 3 大类。其中,基本动画分为 2 类:逐帧动画和补间动画。在逐帧动画中,需要为每个帧创建图像;在补间动画中,只需创建起始帧和结束帧,中间的帧由 Flash 通过计算,自动进行创建。特殊动画主要是指那些利用特殊图层制作出一些动画效果,例如利用引导图层和被引导图层制作引导层动画,利用遮罩图层和被遮罩图层制作遮罩层动画等。交互式动画主要是通过编程增加交互行为的动画形式。Flash 动画的分类如图 8-67 所示。

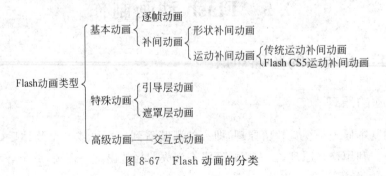

图 8-67　Flash 动画的分类

一帧一帧地制作动画既费时又费力,因此,在制作动画时应用最多的还是补间动画。补间动画是一种比较有效的产生动画效果的方式,同时还能尽量减小文件的大小。

在 Flash CS5 中,补间动画又分为形状补间动画和运动补间动画两类,形状补间与运动补间的区别在于:形状补间是矢量图形形状之间的切换,这种补间改变了图形本身的属性,是从一个形状逐渐过渡到另一个形状;而运动补间并不改变图形本身的属性,其改变的是图形的外部属性,如大小、倾斜、位置、旋转、颜色以及透明度、滤镜效果等。比如一个球在画面的左方,要让它到右方去,那就用运动补间;如果要让它放大、缩小、变方、变长,那就用形状补间。

运动补间动画进一步划分又分为传统运动补间动画和 Flash CS5 运动补间动画两种。在 Flash CS5 中,将 Flash CS4 之前各版本 Flash 软件所创建的补间称作传统运动补间,它们具体的区别见 8.5.4 节。相比之下,Flash CS5 运动补间更方便了使用者的操作。

在 Flash CS5 的实际操作中,在相应的帧上单击鼠标右键,在弹出的菜单中分别选择“创建补间动画”、“创建补间形状”和“创建传统补间”选项,可以分别创建出 Flash CS5 运动补间动画、形状补间动画和传统运动补间动画。

8.5.2 逐帧动画

逐帧动画是最基本、最传统的动画形式,其原理是在“连续的关键帧”中分解动画动作,也就是在时间轴的每帧上逐帧绘制不同的内容,使其连续播放而成动画。因为逐帧动画的帧序列内容不一样,所以不但给制作增加了负担而且最终输出的文件量也很大,不利于发布和网上传播。但它的优势也很明显:逐帧动画具有非常大的灵活性,几乎可以表现任何想表现的内容,它类似于电影的播放模式,很适合于表演细腻的动画。

创建逐帧动画有两种形式,一种是通过在时间轴中更改连续帧的内容创建,需要用户亲自制作;另一种是通过导入已有的或在其他软件中制作的不同内容的连贯性图像来完成。下面通过一个实例的制作来说明逐帧动画的制作流程。

【例 8-3】 制作逐帧动画实例——奔跑的马。

(1) 打开 Flash CS5,新建一个 ActionScript 2.0 的 Flash 文档,将尺寸大小设为 550×400 像素。

(2) 选择“插入”|“新建元件”菜单命令,将“名称”命名为“背景”,“类型”选择“图形”,如图 8-68 所示,然后单击“确定”按钮。

图 8-68 创建新元件“背景”

(3) 进入元件编辑环境,在工具栏选择“矩形工具”,将笔触颜色设为无色,打开“颜色”面板,填充颜色类型选择“线性渐变”选项,将颜色的左端设为淡蓝色“♯0099FF”,右端设为白色"♯FFFFFF",如图 8-69 所示;在场景中绘制一个矩形,在"属性"面板中调整矩形的大小,使其和场景一样大小,打开"对齐"面板使矩形与场景重合;再在工具栏选择"渐变变形工具",将背景根据需要调整一下,如图 8-70 所示。

图 8-69 "颜色"面板中的设置

图 8-70 背景效果

(4) 选择"文件"|"导入"|"导入到库"菜单命令,打开目标文件夹,选中所有准备好的图片(可以是自己绘制的,也可以是从网上找来的具有连续动作的图片),单击"打开"按钮,如图 8-71 所示,8 张图片即可全部导入到库中。

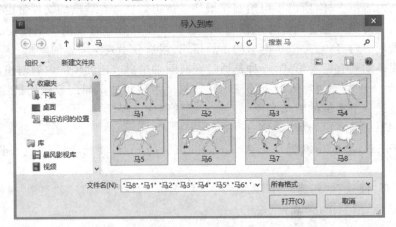

图 8-71 导入图片

(5) 选择"插入"|"新建元件"菜单命令,"名称"命名为"奔马","类型"选择"影片剪辑",如图 8-72 所示,然后单击"确定"按钮。

(6) 进入元件编辑环境,在图层 1 的前 8 帧上都插入关键帧,然后将 8 张图片依次置于这 8 帧中;打开"对齐"面板,如图 8-73 所示;利用"对齐"面板来调整每张图片的位置,使它们的位置重合。(对齐方法:选中图片,在"对齐"面板下方先选中"与舞台对齐"选项,再分别单击一次 ⊣⊟ 和 ⊪ 按钮。)

(7) 返回场景,将元件"背景"拖入场景,单击时间轴上的"新建图层"按钮 ⬛,新建一

图 8-72　创建新元件"奔马"

个图层 2;将影片剪辑"奔马"拖入场景,选择"修改"|"变形"|"水平翻转"菜单命令,让它水平翻转一下,再在工具栏中选择"任意变形工具",调整其奔跑的角度;在"属性"面板中,在"色彩效果"的"样式"中选择"高级"选项,根据需要设置马的颜色,例如可以按图 8-74 所示将马设为枣红色。

图 8-73　"对齐"面板

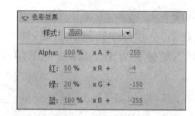

图 8-74　设置马的颜色

(8) 选择"文件"|"导入"|"导入到库"菜单命令,打开目标文件,选择要导入的马的声音,即可将声音导入到库中。

(9) 新建图层 3,将声音元件拖入场景中,在"属性"面板中,设置为如图 8-75 所示的声音效果。

(10) 动画制作完成,按 Ctrl+Enter 组合键测试影片,马奔跑的速度可以通过调整帧频来实现,最终效果如图 8-76 所示。

图 8-75　设置声音

图 8-76　奔跑的马的最终效果

8.5.3　形状补间动画

　　形状补间是一种在制作对象形状变化时经常被使用到的动画形式,它的制作原理是通过在两个具有不同形状的关键帧之间指定形状补间,以表现中间变化过程的方法形成动画。形状补间动画可以根据时间轴中两个关键帧内对象形状的差异,自动生成基于形状、颜色、位置等变化的补间帧。

　　形状补间的对象不能是元件,必须是被打散的形状图形之间才能产生形状补间。所谓形状图形就是由无数个点堆积而成,而并非一个整体。好比一盘散沙容易塑造成其他形状,而一块石头就不能任意改变形状。因此,在创建形状补间动画时,需要先对动画两侧的关键帧进行预处理,执行"修改"|"分离"菜单命令,将其打散,使之变成分离的图形。

　　【例8-4】　制作一个椭圆变矩形的形状补间动画。

　　(1) 打开 Flash CS5,新建一个空白文档。

　　(2) 选择"椭圆工具","笔触设置"为无色,"填充颜色"任意,在舞台的任意位置画一个椭圆,如图 8-77 所示。

　　(3) 在第 30 帧处单击鼠标右键,插入关键帧;按 Delete 键将舞台上的椭圆删除;选择"矩形工具",笔触仍为无色,改变一下填充色,在舞台的不同位置画一个矩形,如图 8-78 所示。

　　(4) 在时间轴的第 1~30 帧之间的任意位置单击鼠标右键,创建补间形状;为了使画面停顿,在第 40 帧处按 F5 键插入帧。

　　(5) 按 Ctrl+Enter 组合键测试动画,就可以看到一个颜色、形状和位置同时改变的形状补间动画,如图 8-79 所示。

图 8-77　画一个椭圆　　　　　　图 8-78　换一个矩形　　　　　　图 8-79　形状补间动画

　　【例8-5】　制作一个复杂些的形状补间动画。

　　(1) 新建 Flash CS5 空白文档,选择"文本工具",字体设为"Aparajita",大小设为"160",颜色为"♯FFCC00",输入"FAMILY";打开"对齐"面板,使文本处于舞台中央,如图 8-80 所示;在第 5 帧处插入关键帧,执行两次"修改"|"分离"菜单命令将文本"FAMILY"分离。

　　(2) 在第 15 帧处插入关键帧,按 Delete 键将"FAMILY"删除,选择"文本工具",将字体大小改为"100",输入文本"家",使用"对齐"面板,使其处于舞台中央,如图 8-81 所示;执行两次"修改"|"分离"命令将文本"家"分离。

图 8-80 输入文本"FAMILY"

图 8-81 输入文本"家"

（3）在第 20 帧处插入关键帧；在第 30 帧处插入关键帧，将舞台上的"家"删除；选择"文本工具"，字体大小设为"70"，输入文本"有爱就有家"，同样利用"对齐"面板使其处于舞台中央，如图 8-82 所示；执行两次"修改"|"分离"命令将其分离。

（4）分别在第 5～15 帧之间、20～30 帧之间单击鼠标右键，创建补间形状；为了使画面停顿，在第 35 帧处按 F5 键插入帧，将图层 1 延长至 35 帧，最终的时间轴如图 8-83 所示。

图 8-82 输入文本"有爱就有家"

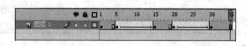

图 8-83 最终的时间轴状态

（5）动画完成，为了使效果更好，可以将帧频改为 12fps，按 Ctrl＋Enter 组合键测试动画可以看到文本间相互转换的效果。

8.5.4 动作补间动画

利用运动补间动画可以实现的动画效果包括位置和大小、旋转、速度、颜色和透明度的变化。需注意的是运动补间的对象必须是元件：在动作补间动画中要改变组或文字的颜色，必须将其变换为元件；而要使文本块中的每个字符分别动起来，则必须将其分离为单个字符。

在 Flash CS5 中有两种形式的运动补间动画：传统运动补间动画和 Flash CS5 运动补间动画。其中 Flash CS5 运动补间动画一般在 CS5 的 3D 功能中用到，在普通的动画项目中，还是用传统运动补间动画比较多，它更容易把控；而且传统补间比新补间动画产生的尺寸要小，放在网页里更容易加载。传统运动补间动画和 Flash CS5 运动补间动画的主要区别在于：

（1）从操作步骤上来说，传统运动补间动画的制作过程是定头、定尾、做补间，即确定开始帧、结束帧、创建补间。而 Flash CS5 运动补间动画的制作过程是定头、做补间，即确定开始帧、创建补间。在 Flash CS5 运动补间中创建补间动画之后，整个层会变为蓝色，选定想要做结束帧的那帧，然后在舞台上直接拖动元件就可以了。

（2）传统运动补间插入的是关键帧（更改对象的帧），而 Flash CS5 运动补间插入的是属性关键帧（改变对象属性，如位置变化的帧）。不同的属性关键帧有不同的效果，如位置、旋转等。

（3）Flash CS5 运动补间动画的路径是可以通过鼠标拖动改变路径弯曲程度的。

【例 8-6】 制作一个传统运动补间动画。

（1）打开 Flash CS5，新建一个 Flash 文档，将尺寸大小设为 550×400 像素，背景颜色设置为灰色（＃666666）。

（2）选择"文本工具"，系列设为"黑体"，大小设为 70，字母间距设为 5，颜色设为"红色"，在场景中输入"书山有路勤为径"；选择"修改"|"转换为元件"菜单命令，在弹出的"转换为元件"对话框"名称"文本框中输入"书山有路勤为径"，"类型"选择"图形"，如图 8-84 所示；在"属性"面板中将元件的大小设置为 529.2×64，位置设置为 X11×Y18，如图 8-85 所示。

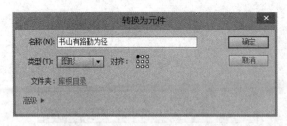

图 8-84 "转换为元件"对话框

图 8-85 元件的大小和位置设置

（3）在第 30 帧处单击鼠标右键选择"插入关键帧"命令；选择第 1 帧，选中场景中的元件，在"属性"面板中设置色彩效果，"样式"选择 Alpha，"透明度"设为 0%，如图 8-86 所示；在第 1 帧和第 30 帧之间，单击鼠标右键，选择"创建补间动画"命令。

（4）在第 35 帧和 45 帧处插入关键帧，在第 45 帧处选中场景中的元件，将其位置调整为 X11×Y58；在第 56 帧和第 66 帧处插入关键帧，并将第 66 帧处的元件位置调整为 X11×Y98；在第 35 帧与第 45 帧之间创建补间动画，并在"属性"面板中设置缓动为 90，如图 8-87 所示；同理在第 56 帧与第 66 帧之间创建补间动画，缓动也设为 90。

图 8-86 色彩效果设置

图 8-87 设置缓动效果

（5）在图层 1 上单击 👁 下的小点，将图层 1 设置为隐藏；新建图层 2，在第 31 帧处插入关键帧，选择"文本工具"，设置如前，在场景中输入"学海无涯苦作舟"，并将其转换为元件，类型设为"图形"，在"属性"面板中将元件的大小设置为 529.2×64，位置设置为 X11×Y—57。

（6）在第 41 帧处插入关键帧，选中场景中的元件，将其位置调整为 X11×Y—20；在第 52 帧和第 63 帧处插入关键帧，并将第 63 帧处的元件的位置调整为 X11×Y18。在第

31 帧与第 41 帧之间创建补间动画,并在"属性"面板中设置缓动为 90;同样在第 52 帧与第 63 帧之间创建补间动画,缓动也设为 90。

(7) 在图层 2 的第 80 帧处单击鼠标右键,选择"插入帧"命令。这样动画就制作完成了,可以按 Ctrl+Enter 组合键测试影片,最终效果如图 8-88 所示。

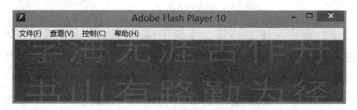

图 8-88 传统运动补间动画的最终效果

【例 8-7】 制作一个 Flash CS5 运动补间动画。

制作一个 Flash CS5 运动补间动画的具体步骤如下。

(1) 新建 Flash CS5 文档,将文档的大小修改为 600×300 像素。

(2) 导入一张汽车图片,选择"修改"|"分离"菜单命令将汽车分离,选择"橡皮擦工具",擦去车轮,如图 8-89 所示;选择"修改"|"组合"菜单命令将汽车的其余部分组合,并转换为图形元件;将汽车移至舞台右侧;在图层 1 的第 30 帧处按 F5 键插入帧。

(3) 选择"插入"|"新建元件"菜单命令,新建一个图形元件,命名为"车轮";选择"椭圆工具","笔触大小"设为 4.0,"笔触颜色"设为黑色,"填充颜色"设置为无色,按住 Shift 键画一个与车轮大小一致的圆,打开"对齐"面板,将圆与舞台中心对齐,如图 8-90 所示。

图 8-89 擦去车的轮子

图 8-90 画一个圆

(4) 选择"多角星形工具","笔触颜色"设为黑色,"笔触大小"设为 1.0,"填充颜色"设置为无色;在"工具设置"的选项对话框中设置为多边形样式,边数为 3;在刚刚画的圆的中间画一个三角形,再利用复制和任意变形工具将其余的两个三角形画好,如图 8-91 所示。

(5) 回到场景 1,选择图层 1 的第 30 帧,单击鼠标右键选择"创建补间动画",再次选择第 30 帧,单击鼠标右键选择"插入关键帧"|"位置"菜单项命令,平移汽车至舞台左侧,可以看到舞台上出现了一条线,即汽车的运动轨迹,如图 8-92 所示。

图 8-91 画出车轮

图 8-92 汽车的运动轨迹

(6) 锁定图层 1,新建图层 2;将一个轮子移至舞台,调整其位置和大小,使其正好成为汽车的一部分:前轮,如图 8-93 所示;单击鼠标右键选择"创建补间动画",再次选择第 30 帧,单击鼠标右键选择"插入关键帧"|"位置"菜单项命令,平移车轮使其仍然位于第 30 帧的汽车下;选中图层 2,在"属性"面板的"旋转"选项栏中设置旋转次数为 5 次,方向选顺时针。

(7) 锁定图层 2,新建图层 3;将第 2 个轮子移至舞台,调整其位置和大小,使其位于汽车的另一个轮子的位置:后轮,如图 8-94 所示;单击鼠标右键选择"创建补间动画",再次选择第 30 帧,单击鼠标右键选择"插入关键帧"|"位置"菜单项命令,平移车轮使其仍然位于第 30 帧的汽车下;选中图层 3,在"属性"面板的"旋转"选项栏中设置旋转次数为 5 次,方向选顺时针。

图 8-93　一个轮子移至车前轮　　　　　　　图 8-94　一个轮子移至车后轮

(8) 动画做好了,最终的时间轴如图 8-95 所示;为了使效果更佳,可以修改帧频为 12fps;按 Enter+Ctrl 组合键测试动画,可以看到汽车从右边行驶至左边,如图 8-96 所示。

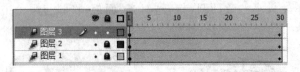

图 8-95　最终的时间轴

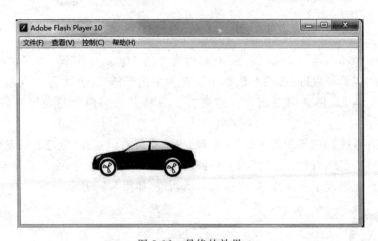

图 8-96　最终的效果

8.5.5 引导层动画

引导层是一种特殊的图层,在该图层中,同样可以导入图形和引入元件,但是最终发布动画时引导层中的对象不会被显示出来。按照引导层的功能,Flash CS5 中的引导层分为普通引导层和传统运动引导层两种类型。

普通引导层在"时间轴"面板的图层名称前方会显示图标✎,该图层主要用于辅助静态对象定位,帮助对齐对象,并且可以不使用被引导层而单独使用。创建普通引导层的方法:右击要创建普通引导层的图层,在弹出的快捷菜单中选择"引导层"命令即可;右击普通引导层,在弹出的快捷菜单中选择"引导层"命令,又可以转换为普通图层。

在传统运动引导层中,引导层是用来指示元件运行路径的,所以引导层中的内容可以是用钢笔、铅笔、线条、椭圆工具、矩形工具或画笔工具等绘制出的线段;被引导层用于放置运动的对象,在引导层的指引下完成相应的路径运动。引导层和被引导层名称前的图标分别为🐾和🐬。右击要创建传统运动引导层的图层,在弹出的快捷菜单中选择"添加传统运动引导层"命令,即可创建传统运动引导层,而该引导层下方的图层会自动转换为被引导层。

【例 8-8】 制作一个简单的引导层动画。

(1)打开 Flash CS5,新建一个 Flash 文档。

(2)在工具栏中选择"椭圆形工具","笔触颜色"设置为无色,填充色不限,在场景中按住 Shift 键绘制一个正圆。

(3)将圆形拖至场景左侧,然后在图层 1 的第 30 帧处单击鼠标右键插入一个关键帧,并将圆形拖至场景右侧。

(4)在图层 1 上单击鼠标右键选择"添加传统运动引导层"命令,添加一个运动引导层;选择引导层,在场景中使用"钢笔工具"(或"铅笔工具")绘制一条曲线作为小圆运动的路径,如图 8-97 所示。

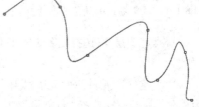

图 8-97 绘制一条曲线

(5)单击图层 1 的第 1 帧,在场景中拖动小圆使圆形的圆心与曲线的左端点重合,如图 8-98 所示;单击图层 1 的第 30 帧,拖动小圆使圆形的圆心与曲线的右端点重合,如图 8-99 所示。

图 8-98 将圆心与曲线左端点重合

图 8-99 将圆心与曲线右端点重合

(6)在图层 1 的第 1 帧与第 30 帧之间,单击鼠标右键选择"创建传统补间"命令,创建补间动画,这样动画就制作完成了,按 Ctrl+Enter 组合键测试影片,效果如图 8-100 所示,圆形会沿着曲线运动。

下面再来看一个稍微复杂的引导层动画实例的制作流程,这个例子的雏形是例 8-8。

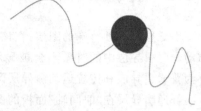

【例 8-9】 制作一个稍微复杂些的引导层动画。

(1) 新建 Flash CS5 文档,场景大小采用默认值;选择"矩形工具",打开"颜色"面板,将"笔触颜色"设置为无色,"填充颜色"设置为线性渐变,左边设置为淡蓝色(#0099FF),右边为白色;在场景中绘制一个矩形,大小与场景大小一致;选择"渐变变形工具" ,调整场景中颜色的渐变方向为上下渐变,如图 8-101 所示。

图 8-100 简单引导层动画的效果

(2) 新建图层 2,选择"矩形工具",将"笔触颜色"设置为无色,"填充颜色"设为线性渐变,左边颜色设为绿色(#339900),右边颜色设为深绿色(#336600);在场景中再绘制一个小一点的矩形,如图 8-102 所示。

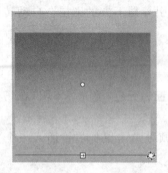

图 8-101 调整场景中颜色的渐变方向

图 8-102 再绘制一个小一点的矩形

(3) 锁定图层 1;选择"橡皮擦工具",将绿色矩形部分擦去,绘制出山与山相连的形状,如图 8-103 所示。

(4) 新建一个元件,命名为"太阳",类型选择"图形";进入元件编辑环境,将舞台颜色设为黑色,在工具栏选择"多角星形工具";在"属性"面板中单击"选项"按钮,弹出"工具设置"对话框,对话框中的设置如图 8-104 所示。

图 8-103 绘制出山与山相连的形状

图 8-104 "工具设置"对话框

（5）将"笔触颜色"设为无色，"填充颜色"设为黄色，在场景中绘制一个星形，如图 8-105 所示，打开"对齐"面板，将星形位于舞台中心；选择"椭圆工具"，将"笔触颜色"设为无色，"填充颜色"设为红色，按住 Shift 键在场景中绘制一个圆，如图 8-106 所示。

图 8-105　绘制一个星形

图 8-106　绘制一个圆

（6）返回场景中，新建图层 3，将图层 3 置于图层 1 与图层 2 之间；隐藏图层 2，将元件拖入场景中，选择"任意变形工具"，按住 Shift 键调整元件的大小，并将其放置于场景的左下角处。

（7）解除图层 1 的锁定，在第 40 帧处按 F5 插入普通帧；选择图层 3，单击鼠标右键添加一个传统运动引导层；选择"铅笔工具"在场景中绘制一条曲线作为太阳运动的轨迹，如图 8-107 所示。

（8）在图层 3 中，选择第 1 帧，将元件"太阳"的中心移至曲线的左端点，如图 8-108 所示。在第 40 帧处插入关键帧，同样也将元件的中心移至曲线的右端点，如图 8-109 所示；在图层 3 的第 1 帧与第 40 帧之间，单击鼠标右键选择"创建传统补间"命令，创建补间动画。

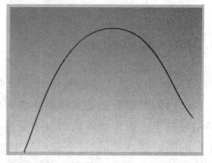

图 8-107　绘制太阳运动的轨迹

图 8-108　将太阳中心与曲线左端点重合

图 8-109　将太阳中心与曲线右端点重合

（9）显示图层 2，在第 40 帧处按 F5 键插入普通帧；动画制作完成，最终的时间轴如图 8-110 所示。

图 8-110　最终的时间轴

（10）按 Ctrl＋Enter 组合键测试影片，效果如图 8-111 所示；可以修改帧频来调整太阳运动的速度。

图 8-111　太阳升起的最终效果

8.5.6　遮罩动画

　　Flash 中的遮罩层是制作动画时非常有用的一种特殊图层,它的作用就是可以通过遮罩层内的图形看到被遮罩层中的内容,利用这一原理,可以使用遮罩层制作出多种复杂的动画效果。制作遮罩动画至少需要两个图层,即遮罩层和被遮罩层。在时间轴上,位于上层的图层是遮罩层,这个遮罩层中的对象就像一个窗口一样,透过它的填充区域可以看到位于其下方的被遮罩层中的区域,而任何的非填充区域都是不透明的,被遮罩层在此区域中的图像将不可见。

　　在 Flash CS5 中没有专门的按钮来创建遮罩层,所有的遮罩层都是由普通层转换过来的。要将普通层转换为遮罩层,可以右击该图层,在弹出的快捷菜单中选择"遮罩层"命令,此时该图层的图标会变为█,表明它已被转换为遮罩层;而紧贴它下面的图层将自动转换为被遮罩层,图标变为█。

　　【例 8-10】　遮罩动画的原理说明。

　　(1) 新建一个 Flash 空白文档,导入一张图片,如图 8-112 所示。

　　(2) 锁定图层 1,新建图层 2;选择"椭圆工具","笔触颜色"设置为无色,填充色任意,画一个椭圆,如图 8-113 所示。

图 8-112　导入一张图片

图 8-113　画一个椭圆

（3）在图层 2 上单击鼠标右键选择"遮罩层"命令，将图层 2 转换为遮罩层，测试动画就可以发现，只有被图层 2 椭圆遮挡的部分才可以显示出来，其他部分不可见，如图 8-114 所示。

【例 8-11】 利用遮罩层制作一个写字效果的动画。

（1）打开 Flash CS5，新建一个 Flash 文档；导入一张背景图片，如图 8-115 所示；选中第 60 帧，按 F5 键将图层 1 延长至 60 帧。

（2）锁定图层 1，新建图层 2；选择"文本工具"，打开"属性"面板，文本引擎选择"TLF 文本"，单击文本类型后面的"改变文本方向"按钮，选择"垂直"，字体设为"宋体"，如图 8-116 所示；写下《采莲曲》这首诗，如图 8-117 所示，其中

图 8-114　遮罩的效果

"采莲曲"设为 22 号字体大小，"王昌龄"设为 15 号字体大小，诗的正文设为 20 号字体大小，并把它置于背景图片的左上角，如图 8-118 所示。

图 8-115　导入背景图片

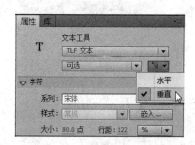

图 8-116　文本"属性"面板的设置

图 8-117　写下一首诗

图 8-118　诗的位置

（3）锁定图层 2，新建图层 3；选择"矩形工具"，"笔触颜色"设置为无色，填充色任意，在舞台上画五个 31×157 大小的矩形，如图 8-119 所示。

（4）在第 50 帧处插入关键帧；回到第 1 帧，在"属性"面板将所有矩形的高改为 1；在第 10 帧处插入关键帧，将最右边的矩形高改为 157，如图 8-120 所示；在第 20 帧处插入关键帧，将第二个矩形的高改为 157；同理，在第 30、40、50 帧处插入关键帧，并分别将第三、四、五个矩形的高修改为 157。

图 8-119　五个矩形

图 8-120　修改最右边的矩形的高

（5）在 1～10、10～20、20～30、30～40、40～50 帧之间分别创建补间形状；在图层 3 上单击鼠标右键选择"遮罩层"将图层 3 转换为遮罩层，最终的时间轴如图 8-121 所示。

图 8-121　最终的时间轴

（6）一个写字效果的动画就做好了，按 Enter＋Ctrl 组合键测试动画。

8.5.7　交互式动画

Flash 还可以制作具有交互式效果的动画，可以响应用户的各种操作事件。所谓交互式动画是指浏览者可以使用键盘、鼠标操作来控制动画的播放和停止，改变动画的显示效果和尺寸，还可以填写表单等反馈信息及执行其他各种操作。交互式动画是通过动作脚本语言（ActionScript）设置动作来产生的，ActionScript 是 Flash 中内嵌的脚本程序，使用 ActionScript 可以实现对动画流程以及动画中的元件的控制，从而制作出非常丰富的交互效果以及动画特效。

动作脚本语言的语法和风格与 JavaScript 的语法和风格很相似。如果想成为真正的 Flash 高手，就必须精通动作脚本语言，深刻理解事件、动作和对象，熟悉掌握它们与影片编辑、按钮和影片动画之间的关系。在 Flash CS5 中，可以通过"动作"面板为动画添加 ActionScript 脚本制作交互行为。

【例 8-12】　利用脚本语言控制动画播放。

（1）打开 Flash CS5，新建一个 ActionScript 2.0 （本例不能选择 ActionScript 3.0，否则按钮效果会失效）的空白文档，选择"导入"|"导入到舞台"菜单命令，导入一张图片，并设置好文档属性，如图 8-122 所示。

图 8-122　导入一张图片

（2）新建一个图层2，在工具箱中选择"文本工具"，输入文本，如图8-123所示。

（3）选择"选择工具"，选中第1帧，将文本移动到图片下方，如图8-124所示。

图8-123　输入文本

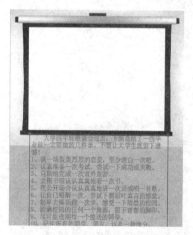

图8-124　将文本移到图片下方

（4）在图层1的第40帧按F5键插入帧；在图层2的第40帧按F6键插入关键帧；在工具箱中选择"选择工具"，选中第40帧，将文本移到图片上合适的位置，如图8-125所示。

（5）在图层2的第1～40帧之间单击鼠标右键，在弹出的快捷菜单中选择"创建传统补间"选项，创建补间动画；在第20帧按F6键插入关键帧，选中第20帧，在"动作"面板中输入代码"stop();"，如图8-126所示，这样在播放到第20帧时动画就会停止。

图8-125　将文本移到图片上

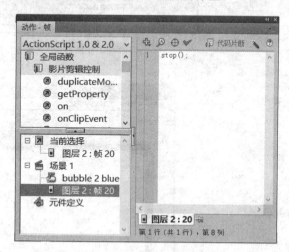

图8-126　设置"动作"面板

（6）新建一个图层3，选择"窗口"|"公用库"|"按钮"菜单命令，打开"库-Buttons.fla"面板，在对话框中选择"bbuttons bubble 2"|"bubble 2 blue"，将其拖曳到舞台中，如图8-127所示。

（7）双击按钮，进入元件编辑模式，选中"text"图层，在舞台中将文本修改为"播放"；

单击"场景1",返回主场景,选中按钮,在"动作"面板中输入以下代码,如图8-128所示。

```
on(release){
    play();}
```

图 8-127　插入一个按钮

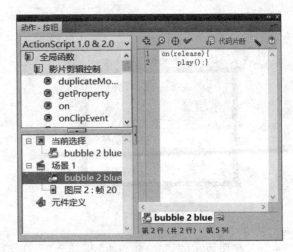

图 8-128　给按钮添加动作

(8)动画做完,最终的时间轴如图8-129所示,按Ctrl+Enter组合键测试动画,效果如图8-130所示。

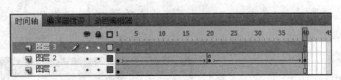

图 8-129　最终的时间轴

图 8-130　测试动画效果

网页设计与制作教程(第 3 版)

8.6　Flash 在网页制作中的应用

一个好的网站就像一篇好文章,要有静有动,动静结合。因此 Flash 技术会成为互联网的一个基本元素,有的网站为了追求美观和互动性,甚至将整个网站都用 Flash 设计。可以说通过 Flash 进行网页设计并建设网站,引领了多媒体网站的新潮流。本节将介绍 Flash 在网页制作中最普遍的应用:制作网站的 Logo、Banner 以及用 Flash 制作网站。

8.6.1　利用 Flash 制作网站 Logo

【例 8-13】　制作一个具有闪光效果的网站 Logo。

(1) 打开 Flash CS5,新建一个空白文档,将尺寸设为 100×50 像素;在工具箱中选择"矩形工具",将"笔触颜色"设为无色,将"填充颜色"设为"♯00CCFF",在舞台上画一个大小为 88×31 像素的矩形,如图 8-131 所示。

(2) 选择"矩形工具",将"笔触颜色"设为无色,将"填充颜色"设为"♯0066FF",在刚才创建的那个矩形下方画一个大小为 88×11 像素的矩形,将透明度 Alpha 值改为 61,如图 8-132 所示。

图 8-131　画一个大矩形　　　　　　　图 8-132　画一个小矩形

(3) 选中图层 1 的第 1 帧,选择"文本工具",字体设为"黑体",文本大小设为"12",颜色设置设为"白色",输入文本"网页设计与制作";在"属性"面板的左下方单击按钮🔲,为文本添加发光滤镜效果,颜色选为"♯000055",品质设为"高",效果如图 8-133 所示;再次选择"文本工具",在矩形下方输入文本"Website Design",字体大小设为"10",颜色设为"白色",如图 8-134 所示;选中第 30 帧,按 F5 键将图层 1 延长至第 30 帧。

(4) 锁定图层 1,新建图层 2;选择"矩形工具",将"笔触颜色"设为无色,"填充颜色"设为"白色",Alpha 值设为 40,画一个大小为 88×31 像素的矩形,将这个矩形覆盖在图层 1 上方的矩形上面,如图 8-135 所示。

图 8-133　输入文本一　　　图 8-134　输入文本二　　　图 8-135　透明白色矩形

(5) 在图层 2 的第 10 帧处插入关键帧,将矩形的 Alpha 值改为 0,如图 8-136 所示;

在第 1 帧和第 10 帧之间单击鼠标右键选择"创建补间形状"选项。

(6) 锁定图层 2,新建图层 3;在第 15 帧处插入关键帧,选择"矩形工具",将"笔触颜色"设为无色,"填充颜色"设为"白色",Alpha 值设为 61,画一个大小为 11×31 像素的矩形,将矩形放在 Logo 最左边的外侧,如图 8-137 鼠标箭头所指的位置。

(7) 在第 25 帧处插入关键帧,移动刚画的矩形至图 8-138 鼠标箭头所示最右边外侧的位置,在第 15 帧和第 25 帧之间单击鼠标右键选择"创建传统补间"选项。

图 8-136　Alpha 值为 0　　　　图 8-137　移至左边　　　　图 8-138　移至右边

(8) Logo 完成了,最终的时间轴如图 8-139 所示,按 Ctrl＋Enter 组合键测试动画,效果如图 8-140 所示。

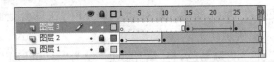

图 8-139　最终的时间轴　　　　　　　　　图 8-140　闪光的 Logo

【例 8-14】　制作一个具有打字效果的网站 Logo。

(1) 打开 Flash CS5,新建一个空白文档,尺寸大小设为 180×120 像素;选择"矩形工具",将"笔触颜色"设为无色,将"填充颜色"设为"♯019A00",在舞台画一个大小为 176×80 像素的矩形,如图 8-141 所示。

(2) 选择"矩形工具",将"笔触颜色"设为无色,将"填充颜色"设为"♯E5F4DC",在刚画的矩形下方再画一个大小为 176×37 像素的矩形,如图 8-142 所示。

(3) 选择"文本工具",字体设为"宋体",文本大小为"24",颜色设置为"♯489801",输入文本"www.baidu.com",然后把它移动到下方的矩形中间,如图 8-143 所示;选中第 25 帧,按 F5 键将图层 1 延长至第 25 帧。

图 8-141　画一个大矩形　　　　图 8-142　画一个小矩形　　　　图 8-143　输入网址

(4) 锁定图层 1,新建图层 2;选择"文本工具",字体设为"黑体",大小设为"37",颜色设置为白色"♯FFFFFF",在上方的矩形中间输入文本"百度搜索",如图 8-144 所示;选择"修改"|"分离"菜单命令,将这四个字分离,如图 8-145 所示;再将它们的 Alpha 值改为 0,如图 8-146 所示。

图 8-144 输入网站名称

图 8-145 分离一次

图 8-146 Alpha 值设为 0

（5）在图层 2 的第 5 帧插入关键帧，将"百"字的 Alpha 值改为 100，如图 8-147 所示；在第 10 帧处插入关键帧，将"度"字的 Alpha 值改为 100，如图 8-148 所示；在第 15 帧处插入关键帧，将"搜"字的 Alpha 值改为 100，如图 8-149 所示；在第 20 帧处插入关键帧，将"索"字的 Alpha 值改为 100，如图 8-150 所示。

图 8-147 显示"百"

图 8-148 显示"百度"

图 8-149 显示"百度搜"

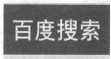

图 8-150 显示"百度搜索"

（6）Logo 制作完成了，最终的时间轴如图 8-151 所示；按 Ctrl＋Enter 组合键测试动画就可以看到一个打字效果的 Logo，效果如图 8-152 所示。

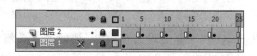

图 8-151 最终的时间轴

图 8-152 Banner 效果

8.6.2 利用 Flash 制作网站 Banner

【例 8-15】 利用补间动画制作网站 Banner。

（1）新建一个空白文档，尺寸大小设改为 500×154 像素，导入一张设计好的图片，如图 8-153 所示；双击图层 1，将其重命名为"背景"；在 120 帧处按 F5 键将图层 1 延长至 120 帧。

图 8-153 导入背景图片

（2）锁定图层1，新建图层2，并将其重命名为"新闻资讯"；选择"文本工具"，字体设为"宋体"，大小设为"20"，颜色设为"♯4D4D4D"，输入"新闻资讯"，将它的位置设为 X：−1、Y：130；在第10帧插入关键帧，将"新闻资讯"的位置改为 X：403、Y：22；在第1～10帧之间创建传统补间，在"属性"面板的"缓动"选项栏中单击"铅笔"图标，在弹出的"自定义缓入/缓出"的对话框中编辑"缓动"效果，设置如图 8-154 所示。

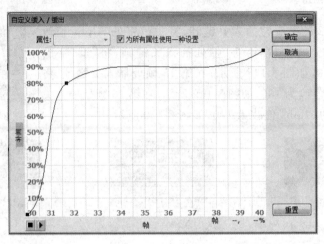

图 8-154 "自定义缓入/缓出"对话框

（3）锁定图层2，新建图层3，并其重命名为"成长历程"；在第15帧处插入关键帧，选择"文本工具"，属性设置如前，输入"新闻资讯"，将它的位置设为 X：−1、Y：130；在第25帧处插入关键帧，将"成长历程"的位置改为 X：403、Y：54，在第15～25帧之间创建传统补间，并如图 8-154 所示编辑缓动。

（4）锁定图层3，新建图层4，并将其重命名为"术业专攻"；在第30帧处插入关键帧，选择"文本工具"，属性设置如前，输入"术业专攻"，将它的位置设为 X：−1、Y：130；在第40帧处插入关键帧，将"术业专攻"的位置改为 X：403、Y：86；在第30～40帧之间创建传统补间，并如图 8-154 所示编辑缓动。

（5）锁定图层4，新建图层5，并将其重命名为"心灵驿站"；在第45帧处插入关键帧，选择"文本工具"，属性设置如前，输入"心灵驿站"，将它的位置设为 X：−1、Y：130；在第55帧处插入关键帧，将"心灵驿站"的位置改为 X：403、Y：118；在第45～55帧之间创建传统补间，并如图 8-154 所示编辑缓动。

（6）锁定图层5，新建图层6，并将其重命名为"学府道"；在第60帧处插入关键帧，选择"文本工具"，字体设为"宋体"，大小设为"30"，颜色设为"♯FFFF00"，输入"学府道"，将它的位置设为 X：412、Y：−35；在第70帧处插入关键帧，将"学府道"的位置改为 X：42、Y：61；在第60～70帧之间创建传统补间，并在"属性"面板的"旋转"选项下拉菜单中选择"顺时针"。

（7）锁定图层6，新建图层7，并将其重命名为"网址"；在第75帧处插入关键帧，选择"文本工具"，字体设为"宋体"，大小为"150"，颜色设为黑色；输入"www.xuefudao.com"，并将它的位置设为 X：−338、Y：0；在第85帧处插入关键帧，将"www.xuefudao.com"的

字体大小改为"20",位置改为 X：192、Y：70;并执行两次"修改"|"分离"菜单命令将它分离;选择第 75 帧,用同样的方法将网址分离;在第 75～85 帧之间创建补间形状。

(8)在图层 7 的第 90 帧插入关键帧,在第 95 帧处插入关键帧,并将网址的位置改为 X：192、Y：127;在 90～95 帧之间创建传统补间动画,并如图 8-154 所示编辑缓动。

(9)锁定图层 7,新建图层 8,并重命名为"标语";在第 100 帧处插入关键帧,选择"文本工具",字体设为"宋体",大小设为"23",颜色设为"♯02348D",输入"致力于毕业生生涯发展",修改其位置为 X：158、Y：−29;在第 110 帧处插入关键帧,修改其位置属性为 X：158、Y：58;在第 100～110 帧之间创建传统补间,并如图 8-154 所示编辑缓动。

(10)动画完成了,将帧频修改为 12fps,最终的时间轴如图 8-155 所示;按 Ctrl＋Enter 组合键测试动画,效果如图 8-156 所示。

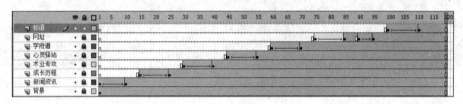

图 8-155　最终的时间轴

图 8-156　Banner 的最终效果

【例 8-16】　制作一个淡入淡出效果的图片展示 Banner。

(1)新建一个空白文档,尺寸大小设为 550×250 像素,将事先设计好的与舞台等大的 4 张图片导入到库中,并按展示顺序给图片依次重命名为 1、2、3、4。

(2)把图片 1 拖至舞台,与舞台对齐;右击图片,选择"转换为元件…"选项,如图 8-157 所示,把图片转换为图形元件;打开"属性"面板,在"色彩效果"属性的"样式"下拉菜单中选择"Alpha"选项,并将其值改为 0,如图 8-158 所示。

(3)在第 10 帧处插入关键帧,并将其"Alpha"值改为 100;在第 1～10 帧之间创建传统补间;在第 25 帧和 35 帧插入关键帧,并将第 35 帧处的"Alpha"值改为 0;在第 25～35 帧之间创建传统补间。

(4)锁定图层 1,新建图层 2;在第 35 帧插入关键帧,将图片 2 拖至舞台,与舞台对齐,并将其转换为图形元件,打开"属性"面板,在"色彩效果"属性的"样式"下拉菜单中选择"Alpha",并将其值改为 0;在第 45 帧插入关键帧,并将"Alpha"值改为 100;在第 35～45 帧之间创建传统补间。

(5)在图层 2 的第 60 帧和第 70 帧处插入关键帧,并将第 70 帧处的"Alpha"值改为 0;在第 60～70 帧之间创建传统补间。

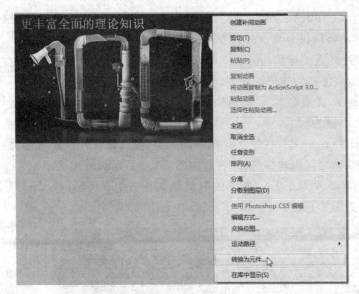

图 8-157　将图片转换为图形元件　　　　　　　　图 8-158　修改 Alpha 值

（6）用同样的步骤，将图片 3 和图片 4 进行相同操作，最终的时间轴如图 8-159 所示；
Banner 完成了，将帧频改为 12fps，按 Ctrl＋Enter 组合键测试动画。

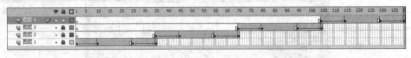

图 8-159　最终的时间轴

8.6.3　利用 Flash 制作一个网站的首页

【例 8-17】　利用 Flash 制作一个网站首页。

（1）打开 Flash CS5，新建一个空白的文档，尺寸大小设为 1000×600 像素，背景颜色
设置为"＃FF9900"。

（2）为了方便制作可以选择设计窗口右上角的显示比例，将场景缩小到 50％；选择
"矩形工具"，"笔触设置"为无色，"填充颜色"设置为白色，画一个 1000×120 的矩形置于
场景上方，如图 8-160 所示；再次选择"矩形工具"，将填充色的 Alpha 改为 30，画一个
1000×25 的矩形置于场景下方，如图 8-161 所示。

图 8-160　上方画一个矩形

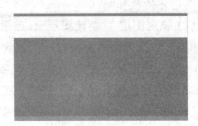

图 8-161　下方画一个矩形

（3）选择"文本工具"，大小设为"20"，颜色设为白色，Alpha 设为"100"，输入网址"www.xuefudao.com"，并将它移至透明度为 30 的那个矩形上，如图 8-162 所示；在第 120 帧处按 F5 插入帧。

（4）锁定图层 1，新建图层 2；将网站的 Logo 导入至舞台，并将它移至场景外的左下方，如图 8-163 所示；在第 10 帧处插入关键帧，并将 Logo 移至舞台中央，如图 8-164 所示；在第 20 帧处插入关键帧；在第 30 帧处插入关键帧，并将 Logo 移至如图 8-165 所示的位置；然后分别在第 1～10 帧、20～30 帧之间创建传统补间。

图 8-162　网址

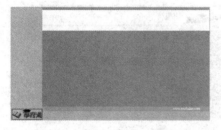

图 8-163　第 1 帧 Logo 的位置

图 8-164　第 10 帧 Logo 的位置

（5）锁定图层 2，新建图层 3；在第 35 帧插入关键帧，选择"矩形工具"，"笔触颜色"设置为无色，"填充颜色"设为"♯FFCC00"，画一个 750×5 的长条，如图 8-166 所示；在第 50 帧处插入关键帧；选中第 35 帧，将长条的宽改为 1；然后在第 35～50 帧之间创建补间形状；在第 60 帧处插入关键帧，将长条的高改为 10，在第 50～60 帧之间创建补间形状。

图 8-165　第 20 帧 Logo 的位置

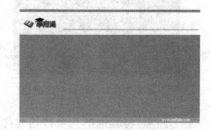

图 8-166　画一条长条

（6）锁定图层 3，新建图层 4；选择"插入"|"新建元件"菜单命令，新建名为"新闻资讯"的按钮元件；选择"矩形工具"，"笔触设置"为无色，"填充颜色"设为"♯FF9900"，画一个 90×50 的矩形，打开"对齐"面板进行垂直中齐和水平中齐的设置；指针经过处插入关键帧；选中弹起帧，将矩形的 Alpha 值修改为"0"；新建图层 2，选择"文本工具"，大小设为"20"，字体设为"宋体"，颜色设置为"♯FFCC00"，Alpha 值改回"100"，输入"新闻资讯"，打开"对齐"面板进行垂直中齐和水平中齐的设置；弹起和指针经过的按钮分别如图 8-167 和图 8-168 所示。

新闻资讯

图 8-167 按钮"弹起"状态   图 8-168 按钮"指针经过"状态

(7) 用同样的方法制作"回访频道"、"术业专攻"、"成长历程"、"资源下载"和"休闲娱乐"按钮元件。

(8) 在图层 4 的第 65 帧处插入关键帧,将"新闻资讯"按钮元件拖至舞台,如图 8-169 所示;在第 70 帧处插入关键帧,将"新闻资讯"移至如图 8-170 所示的位置;在第 65～70 帧之间创建传统补间。

图 8-169 第 65 帧的"新闻资讯"   图 8-170 第 70 帧的"新闻资讯"

(9) 锁定图层 4,新建图层 5;在第 70 帧处插入关键帧,将"回访频道"移至图 8-171 所示的位置;在第 75 帧处插入关键帧,将它移至图 8-172 所示的位置;在第 70～75 帧之间创建传统补间。

图 8-171 第 70 帧的"回访频道"   图 8-172 第 75 帧的"回访频道"

(10) 同理,将其他的几个按钮元件也做同样的操作,此时的时间轴如图 8-173 所示。

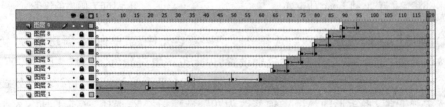

图 8-173 时间轴状态

(11) 锁定其他图层,新建图层 10,在第 95 帧处插入关键帧,导入一张图片到舞台,如图 8-174 所示,执行"修改"|"分离"菜单命令将图片分离;在第 110 帧处插入关键帧;选中

第 95 帧,将图片的高修改为 1;在第 95～110 帧之间创建补间形状。

(12) 锁定图层 10,新建图层 11;在第 110 帧处插入关键帧,选择"文本工具",大小设为"20",颜色设为白色,输入"致力于毕业生生涯设计",如图 8-175 所示,并将其转换为图形元件;在第 120 帧处插入关键帧;选中第 110 帧,在"属性"面板的色彩效果样式中选择"Alpha",并将值改为"0";在第 110～120 帧之间创建传统补间。

图 8-174　导入图片　　　　　　　　　　　图 8-175　输入文本

(13) 选中第 120 帧,打开"动作"面板,输入"stop();"。

(14) 网站完成了,最终的时间轴如图 8-176 所示;按 Ctrl＋Enter 组合键测试动画,效果如图 8-177 所示。

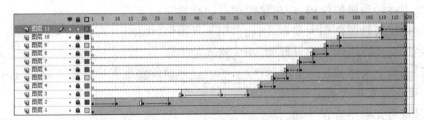

图 8-176　最终的时间轴

图 8-177　Flash 网站首页的效果

8.7　Flash 动画的测试和发布

动画制作完成后,可以将其导出或发布。在发布动画前,对动画进行适当的优化处理,可以保证在不影响影片质量的前提下获得最快的影片播放速度;通过测试,确定动画是否达到预期的效果,并检查动画中是否有明显的错误;此外,在发布影片时,可以设置多种发布格式,可以保证制作的动画与其他的应用程序兼容。

8.7.1　动画的优化

Flash 动画文件的大小直接影响它在网上的下载时间和速度,所以要在不损坏动画播放质量的前提下,对 Flash 动画进行优化以减小文件的大小。在发布动画时,Flash 会自动对动画进行优化处理。在导出动画之前,可以总体上优化动画,还可以局部优化动画,包括元素、文本、颜色和动作脚本等方面。

(1) 总体优化动画主要有以下方法。

- 对于重复使用的元素,应尽量考虑将其转换为元件使用。
- 减少逐帧动画的使用,应尽量使用补间动画。
- 位图比矢量图体积大很多,因此多用矢量图形,少用位图图像。
- 尽可能使用压缩效果最好的 MP3 格式的声音。
- 限制每个关键帧发生变化的区域,一般应使动作发生在尽可能小的区域内。

(2) 优化元素和线条主要有以下方法。

- 尽量将元素组合在一起。
- 对于随动画过程改变的元素和不随动画过程改变的元素,可以使用不同的图层分开。
- 实线线条构图最简单,多采用实线,尽可能少用短划线、虚线、波浪线等特殊线条。
- 尽量使用“铅笔”工具绘制线条。

(3) 优化文本和字体主要有以下方法。

- 尽量不要运用太多种类的字体和样式,否则会增大动画体积。
- 减少嵌入字体使用,对于“嵌入字体”选项只选中需要的字符,不要包括所有字体。

(4) 优化颜色主要有以下方法。

- 减少渐变色的使用。
- 减少 Alpha 透明度的使用,会减慢影片回放的速度。

(5) 优化动作脚本主要有以下方法。

- 在“发布设置”对话框的 Flash 选项卡中,启用“省略跟踪动作”复选框。这样在发布动画时就不使用 trace 动作。
- 定义经常重复使用的代码为函数。
- 尽量使用本地变量。

8.7.2 动画的测试

对于制作好的动画,在发布之前应养成测试动画的好习惯。测试动画可以尽早发现问题,如动画效果与最初设计是否一致,动画是否有明显错误,添加的行为语句是否正确等。

Flash CS5 的集成环境中提供了测试影片环境,可以在该环境进行一些比较简单的测试工作,例如测试按钮的状态、主时间轴上的声音、主时间轴上的帧动作、主时间轴上的动画、动画剪辑、动作、动画速度以及下载性能等。

随着网络的飞速发展,许多 Flash 作品都是通过网络进行传送的,因此下载性能非常重要。在网络流媒体播放状态下,如果动画的所需数据在到达某帧时仍未下载,影片的播放将会出现停滞,因此在计划、设计和创建动画的同时要考虑到网络带宽的限制以及测试动画的下载性能的必要性。

下面来演示动画测试的操作步骤。

(1) 打开一个 Flash 动画的源文件,选择"控制"|"测试影片"|"测试"菜单命令,打开测试界面。

(2) 选择"视图"|"带宽设置"菜单命令,打开如图 8-178 所示的测试窗口,测试窗口包括两部分,上面为模拟带宽监视模式的显示区,下面为动画播放区。

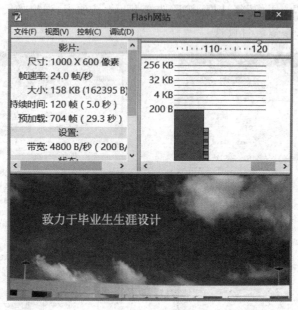

图 8-178　测试窗口

(3) 模拟带宽监视模式的显示区分为两部分:左侧为带宽的数字化显示栏,给出了动画播放的相关参数;右侧为带宽图形示意栏,给出了每帧大小的柱状图。在带宽图形示意栏中方框代表帧的数据量,数据量大的帧自然需要较多的时间才能下载完,如果方框在红线以上,即表示动画下载的速度慢于播放的速度,动画将会在这些地方停顿。据此,可以对影片做出相应的调整。另外还可以选择"视图"|"下载设置"菜单命令,选择不同的下

载速度进行监测。

8.7.3　动画的发布与导出

在发布 Flash 文档之前,首先需要确定发布的格式并设置该格式的发布参数再进行发布和导出。

1. 动画的发布设置

在默认情况下,使用"文件"|"发布"菜单命令可创建 SWF 文件以及将 Flash 影片插入浏览器窗口所需的 HTML 文档。用 Flash CS5 制作的动画是 FLA 格式的,因此,在动画制作完成后,需要将 FLA 格式的文件发布成扩展名为 .swf 的文件,才能应用于网页播放;如果需要在 Web 浏览器中放映 Flash 动画,则必须创建一个用来启动该 Flash 动画,并对浏览器进行有关设置的 HTML 文档。此外,在 Flash CS5 中还提供了其他多种发布格式,包括:GIF 发布格式、JPEG 发布格式、PNG 发布格式、Windows 放映文件、Macintosh 放映文件等,可以根据需要选择发布格式并设置相关的发布参数。

动画的发布设置方法如下:选择"文件"|"发布设置"菜单命令,将弹出"发布设置"对话框,如图 8-179 所示;选择"格式"选项卡,在"类型"中选中 Flash、HTML、"GIF 图像"、"JPEG 图像"和"PNG 图像"复选框,然后选择 Flash 选项卡,弹出如图 8-180 所示的选项对话框,可以对相关参数进行设置。

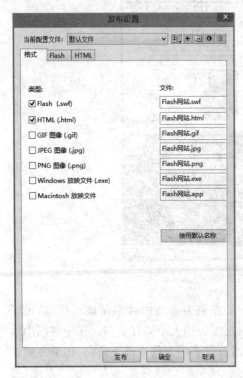
图 8-179　"发布设置"对话框

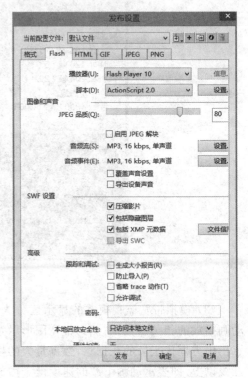
图 8-180　Flash 选项卡

2. 动画的导出

在 Flash CS5 中导出动画,可以选择导出命令,创建能够在其他应用程序中进行编辑的内容,并将动画直接导出为单一的格式。与发布动画不同,导出动画无须对背景音乐、图形格式以及颜色等进行单独设置,它可以把当前的 Flash 动画的全部内容导出为 Flash 支持的文件格式。

动画的导出通常分为两种方式:导出影片和导出图像。选择"文件"|"导出"菜单命令,在弹出的子菜单中选择"导出影片"或"导出图像"命令即可导出相应类型的内容。

思考与练习

1. 单项选择题

(1) 用于动画制作的主要工作场所通常称为(　　　)。

  A. 工作区   B. 舞台   C. 场景   D. 时间轴

(2) 在 Flash 中,要改变字体的颜色,可以通过(　　　)。

  A. 工具箱中的描绘颜色来改变   B. 工具箱中的填充颜色来改变

  C. 文本选项面板来改变   D. 文本属性来改变

(3) Flash 导出的动画文件类型为(　　　)。

  A. .fla   B. .avi   C. .swf   D. .gif

(4) Flash 的套索工具可以选择什么样的区域(　　　)?

  A. 方形   B. 圆   C. 多边形   D. 以上都是

(5) 利用时间轴实现动画效果。如果想要一个动作在页面载入 5 秒启动,并且是每秒 15 帧的效果,那么起始的关键帧应该设置在时间轴的(　　　)。

  A. 第 1 帧   B. 第 60 帧   C. 第 75 帧   D. 第 5 帧

(6) 在 Flash 中要绘制精确路径可使用(　　　)。

  A. 铅笔工具   B. 钢笔工具   C. 刷子工具   D. A、C 选项正确

(7) 要将一个字符串填充不同颜色,先要将字符串(　　　)。

  A. 打散   B. 组合   C. 转化为元件   D. 转化为按钮

(8) 插入帧的作用是(　　　)。

  A. 完整复制前一个关键帧的所有类别   B. 延时作用

  C. 插入一张白纸   D. 以上都不对

(9) 下列说法正确的是(　　　)。

  A. 一个 Flash 只能指定一个帧频率   B. 一个 Flash 可以指定两个帧频率

  C. 一个 Flash 最多能指定三个帧频率   D. 一个 Flash 能指定任意个帧频率

2. 名词解释

请解释 Flash 中以下概念的含义:时间轴、帧、普通帧、关键帧、帧频率。

3. 问答题

（1）简述 Flash 的特点和用途。

（2）在 Flash 中，静态文本、动态文本和输入文本的区别是什么？

（3）什么是元件和实例？它们有什么关系？

（4）元件的类型有哪些？各有什么特点？

（5）简述逐帧动画与补间动画的实现原理。

4. 实践题

（1）制作一个简单的倒计时动画，动画中的数字由 9 变到 1，每隔 1s 变化一次，如图 8-181 所示。

（2）利用补间形状动画制作一个汉字由"贫"到"富"的形状渐变动画。

（3）制作一个通过设置遮罩而产生的向上滚动文字的动画效果，如图 8-182 所示。

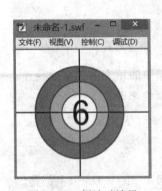

图 8-181　倒计时效果

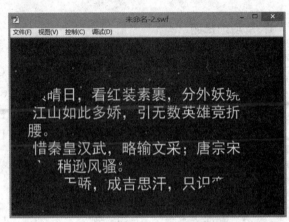

图 8-182　文字向上滚动效果

1. 文字向上滚动特效

代码名称	文字向上滚动特效
代码作用	文本自动向上滚动,当鼠标放到上面的时候停止滚动,移开鼠标恢复滚动
使用方法	将代码插入想要添加的表格之间
代码	<table border="1" bordercolor="#000000" bgcolor="#6699ff" cellpadding="5" cellspacing="0"> <tr> <td> <script language=javascript> document.write ("<marquee scrollamount='1' scrolldelay='30' direction=' UP' width='200' id='helpor_net' height='150' onmouseover='helpor_net. stop()' onmouseout='helpor_net. start()' Author: redriver; For more, visit:www.helpor.net>") document.write ("<h2><p align='center'><font color='#ffffff' face= '黑体'>偶 然</font></h2>") document.write ("<p align='right'><a href='#' target='_blank'><font color='#ffffff'>徐志摩</font></a>") document.write ("<p><font color='#ffffff'>") document.write (" 我是天空里的一片云,") document.write (" 偶尔投影在你的波心—— ") document.write (" 你不必讶异,") document.write (" 更无须欢喜—— ") document.write (" 在转瞬间消灭了踪影。") document.write (" ") document.write (" 你我相逢在黑暗的海上,") document.write (" 你有你的,我有我的,方向;") document.write (" 你记得也好,") document.write (" 最好你忘掉,") document.write (" 在这交会时互放的光亮!") document.write ("</font>") document.write ("</marquee>") </script> </td> </tr> </table>

效果	

2. 带链接的滚幕导航特效

代码名称	带链接和图标的文字向上滚动的特效
代码作用	文本自动向上滚动,文本前可以设置小图标,单击文本有超链接
使用方法	将代码插入<body>区域中想要添加的表格单元格内

代码	<pre><script language=javascript>
	<!--
	var index=9
	link=new Array(8);
	text=new Array(8);
	
	<!--此处换上你的链接-->
	link[0]='../index.html'
	link[1]='../html.htm'
	link[2]='../css.htm'
	link[3]='../js.htm'
	link[4]='../fp.htm'
	link[5]='../ps.htm'
	link[6]='../flash.htm'
	link[7]='../source.htm'
	link[8]='../free.htm'
	
	<!--此处换上你的链接文字-->
	text[0]='<font face="Arial">HOME</font>'
	text[1]='<font face="Arial">HTML</font>'
	text[2]='<font face="Arial">CSS</font>'
	text[3]='<font face="Arial">JAVASCRIPT</font>'
	text[4]='<font face="Arial">FRONTPAGE</font>'
	text[5]='<font face="Arial">PHOTOSHOP</font>'
	text[6]='<font face="Arial">FLASH</font>'
	text[7]='网页素材'
	text[8]='免费资源'
	
	document.write ("<marquee scrollamount='1' scrolldelay='100' direction
	='up' width='150' height='150'>");</pre>

| 代码 | ```
for (i=0;i<index;i++){
<!--此处换上你的图片-->
document.write (" <img src='../image/dot.gif' width='10' height='10'
border='0'><a href="+link[i]+" target='_blank'>");
document.write (text[i]+"</A><br>");
}
document.write ("</marquee>")
// -->
</script>
``` |
| 效果 | ☐HOME
☐HTML
☐CSS
☐JAVASCRIPT
☐FRONTPAGE
☐PHOTOSHOP
☐FLASH
☐网页素材
☐免费资源 |

3. 显示年月日和时间特效

代码名称	显示年月日和时间特效
代码作用	在网页上显示当前日期和时间

代码	1. 以下代码放在 head 区域内
	
	``
	<STYLE>
	TD {
	FONT-SIZE: 12px; COLOR: #ffffff; FONT-FAMILY: Verdana,Arial,Helvetica,
	sans-serif
	}
	</STYLE>
	<SCRIPT language=JavaScript>
	function tick() {
	var years,months,days,hours,minutes,seconds;
	var intYears,intMonths,intDays,intHours,intMinutes,intSeconds;
	var today;
	today=new Date(); //系统当前时间
	intYears=today.getFullYear(); //得到年份,getFullYear()比 getYear()更普适
	intMonths=today.getMonth()+1; //得到月份,要加 1
	intDays=today.getDate(); //得到日期
	intHours=today.getHours(); //得到小时
	intMinutes=today.getMinutes(); //得到分钟
	intSeconds=today.getSeconds(); //得到秒钟
	years=intYears+"-";
	if(intMonths<10){
	months="0"+intMonths +"-";
	} else {
	months=intMonths +"-";
	``

```

代码	```
	}
	if(intDays <10){
	days="0"+intDays +" ";
	} else {
	days=intDays+" ";
	}
	if (intHours==0) {
	hours="00:";
	} else if (intHours <10) {
	hours="0"+intHours+":";
	} else {
	hours=intHours+":";
	}
	if (intMinutes <10) {
	minutes="0"+intMinutes+":";
	} else {
	minutes=intMinutes+":";
	}
	if (intSeconds <10) {
	seconds="0"+intSeconds+" ";
	} else {
	seconds=intSeconds+" ";
	}
	timeString=years+months+days+hours+minutes+seconds;
	Clock.innerHTML=timeString;
	window.setTimeout("tick();",1000);
	}
	window.onload=tick;
	</SCRIPT>
	
	2. 以下代码放在 body 区域内
	
	<TABLE cellSpacing=0 cellPadding=0 width="100%" border=0>
	<TR bgColor=#73a3d4 height=40>
	<TD noWrap align=right width=209><SPAN id="Clock"></SPAN></TD>
	</TR>
	</TABLE>
	``

效果	2014-03-13 22:44:34

4. 无下标幻灯片特效

代码名称	无下标幻灯片特效
代码作用	以幻灯片方式显示自由滚动的图片

使用方法	1. 以下代码放在 HEAD 区域内
	
	``javascript
	<SCRIPT LANGUAGE="JavaScript" defer>
	var slideShowSpeed=2000;
	var crossFadeDuration=3;
	var Pic=new Array();
	
	<!--下面用来定义播放图片张数及文件名 -->
	Pic[0]="01.jpg";
	Pic[1]="02.jpg";
	Pic[2]="03.jpg";
	Pic[3]="04.jpg";
	
	var t;
	var j=0;
	var p=Pic.length;
	var preLoad=new Array();
	for (i=0; i <p; i++) {
	preLoad[i]=new Image();
	preLoad[i].src=Pic[i];
	}
	function runSlideShow() {
	if (document.all) {
	document.images.SlideShow.style.filter="blendTrans(duration=2)";
	document. images. SlideShow. style. filter =" blendTrans (duration = crossFadeDuration)";
	document.images.SlideShow.filters.blendTrans.Apply();
	}
	document.images.SlideShow.src=preLoad[j].src;
	if (document.all) {
	document.images.SlideShow.filters.blendTrans.Play();
	}
	j=j+1;
	if (j>(p-1)) j=0;
	t=setTimeout('runSlideShow()',slideShowSpeed);
	}
	</script>
	``
	
	2. 更改 BODY 为
	
	``html
	<body onload="runSlideShow()">
	``
	
	3. 具体引用代码
	
	``html
	<!--下面用来设定要滚动显示的首张图片的路径,可以放在表格的单元格中 -->
	<img id="SlideShow"/ src="01.jpg" width="260" height="200">
	``

| 效果 |  |

5. 跑马灯图片特效

代码名称	跑马灯图片特效
代码作用	多张图片跑马灯滚动,带文字描述,带超链
使用方法	将代码插入＜body＞区域中想要添加的表格单元格内。用图片路径替换代码中的"图片地址",用单击图片要链接的超链接路径替换代码中的"链接地址",文字描述处可写上对图片的文字描述语言
代码	<table width=708 border=0 cellpadding=0 cellspacing=0> <tr><td> <div id=www_qpsh_com style=overflow:hidden;height:179px;width:708px; color:#ff0000><table align=left cellpadding=0 cellspace=0 border=0>< tr><td id=www_qpsh_com1 valign=top> <table border=0 cellpadding=0 cellspacing=0> <tr><td><a href=" 链接地址" target=_blank><img border=0 src="图片地址" width=160 height=160 hspace=22></a> 文字描述 </td> <td width=30></td> <td><a href=" 链接地址" target=_blank><img border=0 src="图片地址" width =160 height=160 hspace=22></a> 文字描述 </td></td> <td width=30></td> <td><a href="链接地址" target=_blank><img border=0 src="图片地址" width =160 height=160 hspace=22></a> 文字描述 </td> <td><a href="链接地址" target=_blank><img border=0 src="图片地址" width =160 height=160 hspace=22></a> 文字描述 </td> <td width=30></td> <td><a href="链接地址" target=_blank><img border=0 src=" 图片地址" width =160 height=160 hspace=22></a> 文字描述 </td> </tr> </table>

代码	```
	</td><td id=www_qpsh_com2 valign=top></td></tr></table></div>
	<script>
	var speed=10//速度数值越大,速度越慢
	www_qpsh_com2.innerHTML=www_qpsh_com1.innerHTML
	function Marquee(){
	if(www_qpsh_com2.offsetWidth-www_qpsh_com.scrollLeft<=0)
	www_qpsh_com.scrollLeft-=www_qpsh_com1.offsetWidth
	else{
	www_qpsh_com.scrollLeft++
	}
	}
	var MyMar=setInterval(Marquee,speed)
	www_qpsh_com.onmouseover=function() {clearInterval(MyMar)}
	www_qpsh_com.onmouseout=function() {MyMar=setInterval(Marquee,speed)}
	</script>
	</td></tr>
	</table>
	``

效果	 文字描述4　　文字描述5　　文字描述1

附录 B 便捷的辅助设计小软件

本章推荐几个对网页设计与制作非常有帮助的辅助设计小软件，包括 Logo 制作专家、SWFText、123 Flash Menu 和 HyperSnap。

1. Logo 制作工具——Logo 制作专家

Logo 制作专家是一个制作精美的 Logo 设计软件，可以轻松地制作网站 Logo、商标等。它提供了多种模板和多款素材，也可以自己创作素材，用于设计。Logo 制作专家软件的工作界面如图 B-1 所示，由其制作出的 Logo 插到网页中的效果如图 B-2 所示。

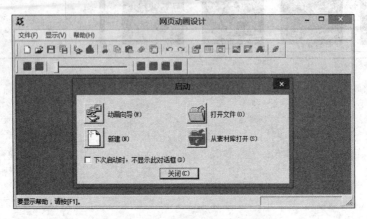

图 B-1　Logo 制作专家的工作界面

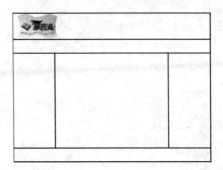

图 B-2　Logo 制作专家制作出的 Logo 效果

2. Banner 制作工具——SWFText

SWFText 是一款非常好的 Flash 文本特效动画制作软件,可以制作超过 200 种不同的文字效果和 20 多种背景效果,可以完全自定义文字属性,包括字体、大小、颜色等。使用 SWFText 完全不需要任何 Flash 知识就可以轻松制作出专业的 Flash 广告栏。Logo 制作专家软件的工作界面如图 B-3 所示,由其制作出的 Banner 插到网页中的效果如图 B-4 所示。

图 B-3　SWFText 的工作界面

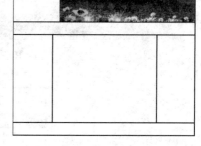

图 B-4　SWFText 制作出的 Banner 效果

3. Flash 导航栏制作工具——123 FlashMenu

123 FlashMenu 是一款十分强大且专业的 Flash 菜单制作工具,内置很多 Flash 菜单的模板,并支持多种浏览器。利用它,可以不需要懂得任何专业的编程技巧也可以创建出多种动态效果的 Flash 菜单。123 FlashMenu 软件的工作界面如图 B-5 所示,由其制作出的导航栏插到网页中的效果如图 B-6 所示。

4. 截图工具——HyperSnap

HyperSnap 是屏幕抓图工具。它不仅能抓住标准桌面程序,还能抓取 DirectX、3Dfx Glide 游戏和视频或 DVD 屏幕图。本软件能以 20 多种图形格式如 BMP、GIF、JPEG、TIFF、PCX 等保存并阅读图片,还可以使用热键或自动计时器从屏幕上抓图。HyperSnap 不仅是一个抓图软件,同时还是一个非常好的图像处理软件。它在"图像"菜单下提供了剪裁、更改分辨率、比例缩放、自动修剪、镜像、旋转、修剪、马赛克、浮雕和尖锐等功能。HyperSnap 有不同的版本,这里以 HyperSnap 6 为例,其工作界面如图 B-7 所示,其抓图的效果如图 B-8 所示。

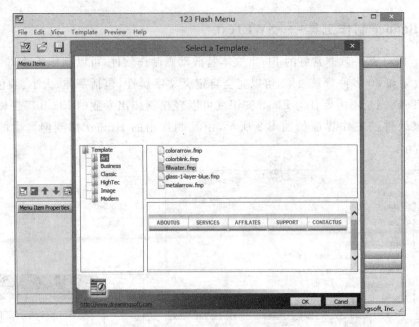

图 B-5　123 FlashMenu 的工作界面

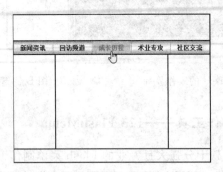

图 B-6　123 FlashMenu 制作出的导航栏效果

图 B-7　HyperSnap 6 的工作界面

————————————— 网页设计与制作教程（第 3 版）

图 B-8　HyperSnap 6 的抓图效果

附录 C 思考与练习的参考答案

第1章 网页制作基础知识

1. 单项选择题

(1) B (2) B (3) C (4) C (5) C (6) A (7) D (8) B

2. 名词解释

(1) 从网络通信的角度来看,Internet 是一个将世界各地的各种网络(包括计算机网、数据通信网以及公用电话交换网等)通过通信设施和通信协议(基于 TCP/IP 协议簇)互相连接起来所构成的互联网络系统;从信息资源的角度来看,Internet 是一个集各个领域的各种信息资源为一体,供网上用户共享的信息资源网。

(2) HTTP 是一种 Internet 上最常见的协议,它是用于从 WWW 服务器传输超文本到本地浏览器的传送协议。

(3) FTP(File Transfer Protocol,文件传输协议)是计算机网络上主机之间传送文件的一种服务协议。

(4) Internet 地址又称 IP 地址,它能唯一确定 Internet 上每台计算机、每个用户的位置。在 Internet 上主机与主机之间要实现通信,每一台主机都必须要有一个地址,而且这个地址应该是唯一的,不允许重复。

(5) 域名就是对应于 IP 地址的用于在互联网上标识机器的有意义的字符串。

(6) DNS(Domain Name Server,)指的是域名服务器,它实际上是一个服务器软件,运行在指定的计算机上,通过一个名为"解析"的过程将域名转换为 IP 地址,或者将 IP 地址转换为域名。

(7) URL(Universal Resource Locator,统一资源定位器)是标识每个站点及站点上的每个网页的一个唯一的地址。

(8) HTML 是一种用来制作超文本文档的简单标记语言。

3. 问答题

(1) 答案略。

(2) Internet 的功能:信息的获取与发布、电子邮件、网上聊天交际、电子商务、多媒体服务和娱乐功能、网上事务处理、远程登录服务、文件传输、网络新闻组、电子公告牌、万维网、网上旅游、远程教育、远程医疗、网上炒股、网上银行、网上理财、网络传真、网络盈利等。

（3）工作过程：

① 浏览器向 DNS 获取 http://www.xuefudao.com 的 IP 地址；

② 浏览器与 IP 地址建立 TCP 连接，端口为 80；

③ 浏览器执行 HTTP 协议，发送 GET index.html 命令，请求读取该文件；

④ 服务器返回 index.html 文件代码到客户端；

⑤ 客户端的浏览器解释此页面，显示出页面内容。

（4）超链接是指站点内不同网页之间、站点与 Web 之间的链接关系，它可以使站点内的网页成为有机的整体，还能够使不同站点之间建立联系。

作用：超链接是构成网站最为重要的部分之一，单击网页中的超链接，即可跳转至相应的位置，因此可以非常方便地从一个位置到达另一个位置。

（5）区分动态网页与静态网页的基本方法：第一看后缀名，静态网页每个网页都有一个固定的 URL，且网页 URL 以 .htm、.html、.shtml 等常见形式为后缀；第二看是否能与服务器发生交互行为。具有交互功能的就是动态网页，而静态网页就是指普通的展示信息网页，不带交互功能，页面的内容无法实现在线更新。

（6）网页设计工具：Dreamweaver 和 FrontPage。辅助工具包括：图片编辑工具如 Photoshop、Fireworks 等；动画制作工具，如 Flash、3ds Max 等；还有网页特效工具，如网页特效精灵、有声有色等。

（7）答案略。

第 2 章　HTML 简介

1. 单项选择题

（1）C　（2）C　（3）C　（4）B　（5）D　（6）B　（7）B　（8）A

2. 判断题

（1）×　（2）×　（3）√　（4）×　（5）×　（6）√　（7）√　（8）√

3. 找错误

（1）

① 无 src 属性。

② 多属性之间应该用空格隔开。

③ 尾标记应写为</b>。

④ 尾标记应写为</a>。

⑤ 尾标记应写为</p>。

⑥ 标记可以嵌套，但不可以交叉。

⑦ 标记名与括号间不能有空格。

(2)

① 无 type 属性。

② checkbox 不是标记。

③ height＝"6" width＝"100"改为 rows＝"6" cols＝"100" 表示。

④ ＜option＞是双标记,选项放中间,应写成：＜option value＝"orange"＞orange
＜/option＞。

4. 问答题

(1) 标记是网页文档中的一些有特定意义的符号,这些符号指明如何显示文档中的
内容。例如：＜u＞我们是中国人!＜/u＞表示在"我们是中国人!"文字下加下划线。标
记有单标记和双标记之分,也可以具有相应的各种属性。

(2) 标记 br 和 p 都可以用来换行,但是二者是有区别的。＜br＞标记使当前行强行
中断而另起一行,但是新行与原来的行保持相同的属性,即新行与原来的行属于同一段
落,而＜p＞标记在换行的时候另起了一新的段落;＜br＞标记无对应的结束标记
＜/br＞,而＜p＞标记必须和＜/p＞配合使用,不能省略＜/p＞。

(3) 区别在于：

① 表格是在同一个网页中将页面划分为不同区域;

② 框架是在同一个浏览器窗口中显示多个网页;

③ 框架可以通过指定超链接的目标框架获得交互式的布局效果。

(4) 表单可以用于调查、订购、搜索等信息收集功能,使网页具有交互性。例如在网
上要申请一个电子信箱,就必须按要求填写完成网站提供的表单页面,填写姓名、年龄、联
系方式等个人信息。

表单信息处理的过程为：当单击表单中的"提交"按钮时,在表单中输入的信息就会
从客户端的浏览器上传到服务器中,然后由服务器中的有关表单处理程序(ASP、CGI 等
程序)进行处理,处理后或者将用户提交的信息储存在服务器端的数据库中,或者将有关
的信息返回到客户端浏览器中,这样网页就具有了交互性。

5. 实践题

(1) 源代码如下：

```
<table width="800" border="1" bordercolor="black" align="center">
  <tr>
    <td width="150" height="80">网站标志</td>
    <td colspan="2">广告条</td>
  </tr>
  <tr>
    <td>导航条 1</td>
    <td width="150" rowspan="6" align="center" bgcolor="red">内容一</td>
    <td width="150" rowspan="6" align="center" bgcolor="red">内容二</td>
  </tr>
  <tr>
```

```
    <td>导航条 2</td>
  </tr>
  <tr>
    <td>导航条 3</td>
  </tr>
  <tr>
    <td>导航条 4</td>
  </tr>
  <tr>
    <td>导航条 5</td>
  </tr>
  <tr>
  </tr>
  <tr>
    <td colspan="3" align="center">版权信息</td>
  </tr>
</table>
```

（2）代码略。

第3章　CSS 基础知识

1. 单项选择题

（1）A　（2）A　（3）D　（4）D　（5）B　（6）D　（7）C

2. 问答题

（1）CSS 的优点：

① 强大的控制能力和排版布局能力；

② 实现了内容与样式的分离，方便团队的开发；

③ 简化了网页的代码，可以制作体积更小、下载速度更快的网页；

④ 可以构建公共样式库，便于重用样式；

⑤ 便于修改网站的样式，便于同时更新许多页面。

（2）选择器的作用在于定义 CSS 的名称及样式，以便引用。

CSS 常用的选择器包括标记选择器、类选择器、ID 选择器、伪类选择器、后代选择器和通用选择器等。

（3）定义时，类以英文形式的句点"."为起始标志，ID 以"♯"为起始标志；使用时，类可以在一个页面中被多个不同的元素引用，而 ID 在一个页面中只能被引用一次。

3. 案例分析题

（1）CSS 样式的含义：将表格边框宽度设为 1px，颜色设为 ♯ FF0000，边框为实线；表格中的字体大小设为 12px，字体类型为 arial；表格宽度为 600px；设置单元格和表头部分的样式：内边距为 6px，边框宽度 2px，实线，颜色为 ♯FFFF00，底部和右侧边框颜色特别设为♯0000FF。

(2) CSS样式的含义:设置超链接样式:未操作时的颜色为♯008000,无下划线;单击过后的颜色变为♯990099,无下划线;单击时的颜色变为♯ff0000,有下划线;悬停时的颜色变为♯3333CC,有下划线。

(3) CSS样式表:

```
body{
        background-image:url(img/login_back.gif);
        background-repeat:repeat-y;
}
.picButton{
        background-image:url(img/login_submit.gif);
        color:#FFFFFF;
        font-size: 14px;
        font-weight:bold;
        margin: 0px;
        border: 0px;
        padding: 0px;
}
```

4. 实践题

(1) CSS 文件中的代码如下:

```
td {
        color: #000FFF;
        font-size: 14px;
        padding: 5px;
}
a {
        color: #667788;
        text-decoration: none;
}
a:hover {
        color: #FF5566;
        text-decoration: underline;
}
```

(2) 答案略。

第4章　网站建设概论

1. 单项选择题

(1) D　(2) C　(3) D　(4) D　(5) D

2．问答题

（1）网站的开发大致可分为网站的规划、网站的设计、网站的实现、网站的测试和发布、网站的推广和维护 5 个阶段。每个阶段又分若干步骤。

（2）答案略。

（3）目录结构规划如下：

对于"英雄城—南昌"网站,建立站点根文件夹为"nanchang",根文件夹下创建一个主页 index. html 和 8 个子文件夹,子文件夹分别命名为"food"、"live"、"go"、"shop"、"buy"、"amuse"、"images"以及"program"。前 6 个文件夹对应存放 6 个栏目的内容,"images"文件夹存放 index. html 中出现的所有图像、动画、音频等多媒体元素,"program"文件夹存放 CSS 文件、脚本程序等。

（4）答案略。

（5）内容第一的原则等略。

（6）网页版面布局大致可分为"国"字型、拐角型、"三"型、对称对比型、标题正文型、框架型、封面型、Flash 型等。举例略。

（7）网站宣传常用的手段有：传统媒介推广法、网络广告推广法、搜索引擎推广法、合作推广法、网络工具推广法、免费搭送推广法。举例略。

（8）在本地机器上进行测试的基本方法是用浏览器一页一页地浏览网页发现错误,要考虑使用目前较主流的操作系统和浏览器进行浏览,同一种浏览器不同的分辨率也要兼顾测试一下。测试内容还包括链接的正确跳转、网页的大小和脚本程序能否正确运行等。

（9）答案略。

第 5 章　Dreamweaver CS5 基础知识

1．单项选择题

(1) A　(2) B　(3) C　(4) D　(5) B　(6) D　(7) B　(8) A　(9) B　(10) D
(11) D　(12) C

2．问答题

（1）所见即所得的网页制作工具是指创建的网页文件在编辑过程中的显示与文件最终在浏览器中显示的效果是一样的,用户不需要接触 HTML 源代码就可以做出希望要的页面。

（2）图像映射是将整张图片作为链接的载体,将图片的整个部分或某一部分设置为链接。热点链接的原理就是利用 HTML 语言在图片上定义一定形状的区域,然后给这些区域加上链接,这些区域被称之为热点。

（3）行为是由动作和事件组成的,一般的动作是由事件来激活动作。事实上,动作是预先写好的能够执行某种任务的 JavaScript 代码组成,而事件是与浏览器前用户的操作相关,如鼠标的滚动等。

（4）利用模板和库可以将网站设计得风格一致,使网站维护变得轻松。在需要更新时,只要改变一个文件就可以使整个站点的相关页面同时得到更新。对于制作大型站点、静态页面,特别是需要整个站点风格统一的用户来讲,模板与库是最佳的也是必需的选择。

3. 实践题

略。

第 6 章　CSS＋Div 网页布局

1. 单项选择题

(1) A　(2) B　(3) C、B　(4) D

2. 问答题

(1) 优势:

① 页面载入更快;

② 降低网站流量费用;

③ 易于修改;

④ 视觉一致;

⑤ 更易于被搜索引擎找到。

(2) 将盒子之间通过各种定位方式排列使之达到想要的效果就是 CSS 布局基本思想。用 CSS 布局的基本步骤如下:

① 将页面用 div 分块;

② 通过 CSS 设计各块的位置和大小,以及相互关系;

③ 在网页的各大 div 块中插入作为各个栏目框的小块。

(3) 块级元素总是占据一个矩形区域,并且同级兄弟块依次竖直排列,左右撑满。例如:<ul>;行内元素不占有独立的区域,并且同级元素之间横向排列,到最右端自动换行。例如:<a>;display 属性用于确定盒子的类型。display 属性设为 inline,即为"行内";设为 block,即为"块级"。

3. 解释以下 CSS 样式的含义。

(1) 设置 id 属性为 header、pagefooter、container 的 div 层上下外边框为 0,左右外边框为 auto,宽度为相对于父元素宽度的 85％。

(2) 设置 id 属性为 content 的 div 层为绝对定位,宽度为固定宽度 300px。

4. 实践题

(1) 代码如下:

```
<html>
<head>
<title>实践题 1</title>
<style type="text/css">
```

```
.wrap{
    padding: 10px;
    width: 600px;
    height: 40px;
    border: 1px solid black;
    font-size: 16px;
}
.left{
    float:left;
    font-weight: bold;
}
.right{
    float:right;
}
.right a{
    font-size: 16px;
    font-weight: bold;
    color: black;
}
</style>
</head>
<body>
    <div class="wrap">
        <p class="left">||栏目标题 1</p>
        <p class="right"><a href="#">more</a></p>
    </div>
</body>
</html>
```

(2) 代码如下：

```
<html>
<head>
<title>实践题 2</title>
<style type="text/css">
div{
    border: 1px solid black;
}
.warp{
    width: 600px;
    height: 800px;
    padding: 20px;
}
.top{
    width: 600px;
```

```
        height: 50px;
    }
    .main{
        border: none;
        margin: 20px 0;
        height: 600px;
        overflow: hidden;
    }
    .main-left{
        border: none;
        width: 450px;
        height: 600px;
    }
    .main-right{,
        width: 100px;
        height: 570px;
    }
    .main_left_top{
        width: 450px;
        height: 100px;
    }
    .main_left_content{
        border: none;
        margin: 20px 0;
        width: 450px;
        height: 450px;
        overflow: hidden;
    }
    .main_left_content div{
        width: 210px;
        height: 448px;
    }
    .bottom{
        width: 600px;
        height: 100px;
    }
    .fll{
        float: left;
    }
    .flr{
        float: right;
    }
</style>
</head>
<body>
    <div class="warp">
```

```
    <div class="top"></div>
    <div class="main">
        <div class="main-left fll">
            <div class="main_left_top"></div>
            <div class="main_left_content">
                <div class="left fll"></div>
                <div class="right flr"></div>
            </div>
        </div>
        <div class="main-right flr"></div>
    </div>
    <div class="bottom"></div>
    </div>
</body>
</html>
```

(3) 主要考查绝对定位知识,效果如图 C-1 所示。

图　C-1

第 7 章　Photoshop CS5 基础知识

1. 单项选择题

(1) D　(2) C　(3) A　(4) C　(5) C　(6) C

2. 填空题

(1) RGB

(2) 矢量

(3) 橡皮擦工具、背景橡皮擦工具

(4) 移动、裁剪

3. 名词解释

(1) 像素:像素是组成图像的最基本的单元要素,即图像点。

(2) 分辨率:分辨率是指在单位长度内包含的像素的多少。

（3）色相：色相是指每种颜色的固有颜色，这是一种颜色区别于另一种颜色的最明显的特征。

（4）饱和度：饱和度是指色彩的鲜艳、饱和纯净的程度。

（5）明度：明度是指色彩的明暗程度，即色彩明度间的差别和深浅的区别。

4. 问答题

（1）在 Photoshop 中最常见的色彩模式有：RGB 模式、CMYK 模式、HSB 模式、Lab 颜色模式、位图模式、灰度模式、索引颜色模式、双色调模式和多通道模式等；在 Photoshop 中有二十多种文件格式，一般最常用的文件格式有：BMP、JPEG、GIF、PSD、PNG、PDF 等。

（2）矢量图是指由一系列数学公式表达的线条所构成的图形，在此类图形中构成图像的线条颜色、位置、曲率、粗细等属性都由许多复杂的数学公式表达；位图是指由像素点组合而成的图像。

矢量图与位图的特点：矢量图使用函数来记录图形中的颜色、尺寸等属性，文件容量比较小；矢量图的任何放大和缩小，都不会使图像失真和降低品质，精确度较高，但矢量图不适于制作一些色调丰富或色彩变化较大的图像；位图最显著的特征就是它可以表现颜色的细腻层次，可以逼真地表现自然界的景观，但图像在缩放和旋转时会产生失真现象；由于位图是通过每个像素来表现图像的位置和颜色的，在保存时需要记录下每一个像素的位置和色彩数据，因此形成的文件容量较大。

（3）在 Photoshop 中图层主要分为背景层、文字层、蒙版层、效果层、调整层和普通层等。背景层在所有图层的最下方，名称必须是"背景"；文字层是由创建文字工具而产生的图层；蒙版层不能单独出现，必须依附在其他图层之后；效果层是在当前层上添加图层效果时产生的特殊图层；调整层专为调整图像色彩、明暗产生的图像，该图层之下的所有层均受到调节影响；普通层是没有任何特殊标志的图层。

（4）通道主要分为 3 类：颜色通道、Alpha 通道和专色通道。色彩通道：用于存储色彩信息，色彩通道的名称和数量都是由当前的图像模式决定的；Alpha 通道用于保存选区；专色通道用于存储专色的通道，多与打印相关。

5. 实践题

（1）要点：选中"污点修复画笔工具"，选择适当的画笔大小，上方的类型选择"近似匹配"，选中要去除的对象即可。

（2）要点：用"钢笔工具"绘制路径。

（3）要点：本例使用"快速选择工具"选取整头牛进行抠图最为方便。

（4）要点：利用滤镜的"径向模糊"即可完成该效果。

第 8 章　Flash CS5 基础知识

1. 单项选择题

（1）B　（2）B　（3）C　（4）C　（5）C　（6）B　（7）A　（8）B　（9）A

2．名词解释

（1）时间轴主要用于组织和控制动画在一定时间内播放的图层数和帧数。

（2）帧是影响动画中最小时间单位的单幅影像画面，相当于电影胶片上的每一格镜头。

（3）普通帧就是不起关键作用的帧，也被称为延长帧，普通帧中的内容和其左边关键帧的内容一样，它是关键帧的延续。

（4）关键帧是用来描述动画中关键画面的帧，或者说是能改变内容的帧，每个关键帧的画面都不同于前一个。

（5）帧频率是指每秒钟刷新的图片的帧数，也可以理解为图形处理器每秒钟能够刷新几次。对影片内容而言，帧速率指每秒所显示的静止帧格数。

3．问答题

（1）Flash 的特点：①使用矢量技术；②支持流媒体技术；③强大的交互性；④使用方便，得到平台广泛支持；⑤普及性强，制作成本低。

Flash 的用途：①制作网站动态元素，甚至整个网站；②开发交互性游戏；③设计多媒体教学课件；④制作电子贺卡等多媒体动画；⑤开发手机应用程序。

（2）静态文本、动态文本和输入文本的区别：静态文本为具有确定内容和外观的、不随命令变化的文本，又称"静态文本块"，它在 Flash 影片中将会以背景呈现在浏览者面前，不可以选择或更改；动态文本一般被赋予了一定的变量值，通过函数运算使文本动态更新，因此能够实现动态效果，又称动态文本字段；输入文本又称"输入文本字段"，允许用户为表单、调查表或其他目的输入文本，产生交互。

（3）元件：是指在动画制作过程中可以重复使用的元素。实例：实例是库中元件在舞台上的副本，具备元件的所有属性。

元件和实例的关系：只要把元件库中的元件拖放到场景中，就可以创建一个相应的实例，实例是对元件的引用。

（4）Flash 中的元件有 3 类：图形元件、按钮元件和影片剪辑元件。

图形元件：用于创建可反复使用的图形或连接到主时间轴的动画片断，图形元件和主影片的时间轴同步工作，图形元件中不能使用交互控件和声音；按钮元件：主要用于在影片中创建交互按钮，以响应鼠标的单击、翻转等操作；影片剪辑元件：用于创建可以重用的动画片段，它有自己的时间轴，与主影片的时间轴是完全独立的。

（5）逐帧动画：在时间轴的每帧上逐帧绘制不同的内容，使其连续播放而成动画；补间动画：只需创建起始帧和结束帧，中间的帧由 Flash 通过计算，自动进行创建。

4．实践题

（1）要点：本例主要是运用逐帧动画的原理，注意"对齐"面板的运用。

（2）要点：本例主要是创建补间形状动画，注意要将文字分离为形状。

（3）要点：本例主要是建立传统补间动画，并通过设置遮罩图层产生文字向上滚动效果。

参 考 文 献

［1］ 杨选辉.网页设计与制作教程(第2版).北京：清华大学出版社,2008

［2］ 郭娜等.网站建设与网页设计完全实用手册.北京：电子工业出版社,2011

［3］ 唐四薪.基于Web标准的网页设计与制作.北京：清华大学出版社,2009

［4］ 张兵义等.网站规划与网页设计(第2版).北京：电子工业出版社,2011

［5］ 成昊等.Dreamweaver CS5网页设计教程.北京：科学出版社,2011

［6］ 袁云华等.Dreamweaver CS5基础教程.北京：人民邮电出版社,2011

［7］ 曹方.CSS从入门到精通(第2版).北京：化学工业出版社,2011

［8］ 文杰书院.Photoshop CS5图像处理基础教程.北京：清华大学出版社,2012

［9］ 张希玲等.Flash CS5动画设计与制作(第2版).北京：科学出版社,2011

年轻人的

新知识课堂

平台功能介绍

➡ **如果您是教师，您可以**

建立课程
管理课程

管理题库
发布试卷
布置作业
管理问答与话题

➡ **如果您是学生，您可以**

发表话题
提出问题
加入课程

下载课程资料
编辑笔记
使用优惠码和激活序列号

➡ **如何加入课程**

1 找到教材封底"数字课程入口"

范例

数字课程入口

刮开涂层
获取二维码

刮开涂层

2 刮开涂层获取二维码，扫码进入课程

范例

获取帮助

扫一扫直接进入平台使用指南

获取更多详尽平台使用指导可输入网址
http://www.wqketang.com/course/550

如有疑问，可联系微信客服：DESTUP

文泉课堂
WWW.WQKETANG.COM

清华大学出版社
出品的在线学习平台